확률론

PROBABILITY THEORY

Tadahisa Funaki 지음

유현재 옮김

KM 경문사

머리말

이 책은 확률론의 입문서이다. 확률론의 기본은 가법성이다. 즉, 「어떤 사건이 동시에 일어나지 않는 몇 개의 사건으로 쪼개질 때 그 확률은 각 사건의 확률의 합이 된다」고 하는 성질이다. 고등학교까지는 주로 경우의 수가 유한한 상황을 생각하여 고찰의 대상으로 삼았다.

그러나, 확률론의 근본 목표는 허투루 일어나는 현상 가운데 일정한 규칙성을 내는 것, 즉 무작위 시행을 몇 번인가 반복한 뒤 나타나는 법칙을 탐구하는 것이다. 그것은 수학적으로는 극한정리라고 하는 형식으로 공식화된다. 이러한 종류의 논의는 일어날 수 있는 경우의 수가 무한히 많은 상황에서 비로소 가능해진다. 게다가, 그러기 위해서는 사건의 가산 무한 분할에 대해서도 가법성이 적용될 수 있도록 확률의 개념을 확장하여 생각할 필요가 있다는 것을 알 수 있다. 이것을 확률의 σ-가법성이라고 한다. 한눈에 고전적 가법성(유한 가법성)과 σ-가법성의 차이는 그렇게 크지 않다고 생각할지도 모른다. 그러나 실제로는 이것은 매우 큰 차이가 있다. 현대 확률론은 콜모고로프의 이론 체계, 즉 르베그의 측도론과 적분론에 기반하여 구성되어 있다.

여기서 이 책의 내용을 대략적으로 살펴보자. 1장에서는 왜 확률의 σ-가법성이 중요한지, 그 이유를 간단한 예를 통해 설명하고 학습의 동기부여로 삼는다. 문제를 공식화하는 과정에서 확률변수, 기댓값, 독립성 등 확률론에서 등장하는 기초적인 개념이 간단한 경우에 한해서지만 도입된다. 이 부분은 특히 예비 지식 없이 읽을 수 있다. 현재 르베그 적분론이라고 부르는 이론 체계의 구축에는 원래 확률론의 정비라는 관점이 깊이 관여하고 있었다. 르베그 적분론을 학습하기 전에 이 부분에 대해 알아두는 것은, 이론의 목표 중 하나를 미리 알게 되는 것이기도 하며, 의미가 있을 것이라고 생각한다. 장 말미에 이 책에서 쓰는 기호의 목록을 첨부했다.

본론은 2장에서부터 시작한다. 전체를 통하여 이 책에서는 확률론을 체계적으로 배우고자 하는 사람들에게 최소한으로 필요하다고 생각하는 대상을 엄선하여 다루었다. 따라서 내용적으로 특별히 새로운 사항이 있는 것은 아니다. 하지만, 가능한 한 설명을 세심하게 하려고 노력했다. 예를 들어, 몇 가지 증명을 병렬로 제시하거나 가법성의 중요성을 여러 번 언급하는 등, 서술의 반복을 꺼리지 않은 것은 이러한 생각의 표현이다.

2장에서는 르베그 적분론의 복습도 겸하여 현대 확률론의 기초 개념을 정리한다. 독자로는 이미 르베그 적분론을 어느 정도 학습한 사람을 상정하고 있지만 그렇지 않은 경우에도 읽어나갈 수 있도록 기본적인 사항을 정리하는 등 일정한 배려를 하였다. 확률은 일반적으로 추상 공간 위에서 정의된 측도로 전체 측도가 1이 되도록 규격화된 것이다. 확률공간, 확률측도 및 그의 기댓값과 분포, 더 나아가 확률변수열의 수렴과 같은 기초적인 개념을 일반적인 설정 하에서 설명한다.

3장에서는 확률론에서 가장 중요한 개념인 독립성을 도입한다. 그러기 위해 먼저 조건부 확률 및 조건부 기댓값을 정의하고 거기로부터 독립성에 자연스럽게 이끌어 간다.

4장, 5장에서는 독립인 확률변수의 열에 대하여 극한정리를 논한다. 이것은 확률론의 주요한 주제 가운데 하나이다. 특히, 이 장들에서는 큰 수의 법칙, 중심극한정리 및 작은 수의 법칙을 서술한다. 또, 확률변수열의 분포수렴과 확률측도의 특성함수를 도입한다.

시간을 나타내는 매개변수가 붙은 확률변수의 집합을 확률과정이라고 한다. 확률과정은 무작위로 변하는 현상을 수학적으로 파악하기 위한 도구이다. 중요한 확률과정의 유형으로서 먼저 6장에서는 마팅게일에 대하여 고찰한다. 이것은 4장에서 설명할 독립인 확률변수열의 합에 대한 콜모고로프의 아이디어를 일반화하여 얻은 개념인데 독립성과 비교하면 한결 완화된 조건으로 정의된다. 마팅게일의 이론은 학부학생에게는 다소 고급 수준이며, 이런 의미에서 이 시리즈의 수준을 넘을지도 모른다. 그러나 그 응용 범위는 최근 점점 더 확대되고 있으며, 이 책에서도 다루기로 했다.

7장에서는 마르코프과정에 대해 고찰한다. 이것도 어떤 의미에서 독립성의 개념을 일반화하여 얻는 확률과정의 유형이다. 주로 상태공간, 시간 매개변수가 이산적인 경우를 취급하지만 연속 시간의 경우 주요한 예로 브라운 운동과 푸아송 과정을 다룬다.

통상적인 수학과의 교육과정으로 말하면, 르베그 적분론을 배운 뒤 3학년 후기부터 4학년 전기에 걸쳐 이 책의 2장부터 5장까지와 7장의 일부를 학습하고 그 뒤 대학원 초년 정도까지 6장과 7장의 나머지 부분을 학습하는 것이 표준적이라고 생각한다. 실제로 이 책은 저자가 2000년, 2001년의 여름학기에[1] 도쿄대학교 이학부 수학과와 교양학부 기초과학과 4학년생을 대상으로 강의한 「확률론」의 강의노트, 그리고 2003년의 여름학기에 수학과와 대학원 수리과학연구과의 학생을 공통 대상으로 강의한 「마팅게일」에 대한 강의노트를 기초로 하여 썼다.

이 책의 집필을 권해주신 분은 도쿄대학의 야지마 켄지 교수(현재는 가쿠슈인대학)이다. 이 분은 초고를 통독하고 많은 조언을 해주셨다. 또한, 한다 켄지(사가대학), 스기우라 마코토(류큐대학), 코모리야 케이시(츠쿠바대학), 오토베 요시키(신슈대학), 사카가와 히로노부(게이오대학) 각 선생으로부터 귀중한 의견과 오류 지적 등을 다수 받았다. 더불어 출판에 있어 아사쿠라 서점 편집부 여러분께 큰 신세를 졌다. 이분들께 깊은 감사를 드린다.

2004년 9월

후나키 타다히사

---

1) 역자 주. 일본에서 여름학기 기간은 보통 7월초부터 9월초까지이다.

차 례

1
확률론을 배우는 데 있어

확률론의 시작은 1654년 파스칼(Pascal)과 페르마(Fermat)의 편지 교환 [8]에 있다고 전해진다. 거기서 「두 명이 게임을 할 때 어떤 사정으로 도중에 게임을 중단할 수밖에 없을 경우 판돈을 각각 어떻게 배분하면 가장 합리적일까」라는 문제가 논의되었다. 이런 종류의 문제는, 말할 것도 없이 지금에 와서는, 고등학교에서 배우는 확률론의 내용을 충분히 이해한다면 기본적으로 해결할 수 있는 범위에 있다.

확률론의 진정한 주제는 마구 일어나는 현상으로부터 일정한 규칙성을 찾아내는 데 있다. 즉, 무작위적인 시행을 여러 번 반복한 뒤 처음 나타나는 법칙을 탐구하는 것으로, 그것은 수학적으로는 여러 가지 극한정리로 공식화된다.

현대확률론은 콜모고로프(Kolmogorov)의 이론 체계 [1], 달리 말하면 르베그(Lebesgue)의 측도론·적분론 [2]을 바탕으로 건축된다. 고등학교 때 배운 것과 같이 가법성을 그 기본 법칙으로 삼는다. 즉,

동시에 일어나지 않는 사상의 합의 확률은 각 사상의 확률의 합이 된다

는 성질을 말한다. 단, 여기서 대상으로 하는 사상은 많아야 유한개이고 그런 의미로 이와 같은 가법성은 정확히 말해 유한가법성이라고 부른다. 한편, 현대확률론에서는 한 걸음 더 나아가 확률의 σ-가법성(완전가법성 또는 가산가법성이라고 하기도 함)을 요구한다. σ-가법성은

동시에 일어나지 않는 가산개의 사상의 합에 대한 확률의 가법성

이다. 언뜻 보아 유한 가법성과 σ-가법성의 차이는 그다지 커 보이지 않을지도 모른다. 그러나 실제로 이것은 커다란 전진으로 이 차이가 확률론에서 매우 중요한 역할을 한다. 1장에서 왜 확률의 σ-가법성이 중요할까, 그 이유를 간단한 예를 들어 설명하고 학습의 동기부여를 하고자

한다. 문제를 공식화하는 과정에서 확률변수, 기댓값, 독립성 등 확률론에 등장하는 기초적인 개념이 도입된다.

1.1 무작위 현상

어떤 식의 결과가 일어날까 분명히 예측하기가 곤란하여, 그것은 실제 실행한 뒤가 아니라면 알 수 없다고 말하는 상황은 일상생활의 여러 장면에서 종종 나타난다. 예를 들어, 일기예보나 입학시험에 대해 생각해보면 좋다. 거기서는 강수확률이 몇%라든가 합격할 가능성은 어느 정도라든가 식으로 말한다. 현재 과학기술의 수준은 며칠 뒤의 기상을 100% 확실히 예측할 수 있는 데까지 이르지 못했으며 시험에 확실히 합격한다고도 단언할 수 없다. 또는, 교통량이 많은 도로에서 교통조사를 하면 동일 시간대에 동일 장소에서 한다고 해도 통과하는 자동차의 대수는 매일매일 변화하여 일정하지 않다. 서비스를 받기 위해 은행 창구나 현금지급기 코너에서 줄 서 있는 사람의 수는 변한다. 만원 전차 안의 사람 수도 그러하다. 이와 같이 장래의 결과를 확실히 예측하기가 불가능하고 관측할 때마다 다른 결과를 얻는 현상은 대략 사회생활 전반에 걸쳐 찾을 수 있다. 이와 같은 현상은 무작위적이라고 한다.

확률론이란, 무작위적 현상을 대상으로 하여 그것을 수학적으로 해석하고 거기로부터 일정한 법칙성을 발견하는 것을 목표로 하는 학문분야이다. 확률론을 배우면 경마나 복권당첨이 높아진다는 등 오해도 있는 듯하지만 물론 그런 것은 있을 수 없다. 확률론은, 「확률은 미리 알려져있다」는 전제 아래 시작하기 때문이다. 확률 자체는, 예를 들어 관측한 데이터로부터 추정하고 구하는 것은 오히려 통계학이라고 부르는 분야의 역할이고, 확률론에서는 어디까지나 각자의 확률은 이미 안다고 가정하고 해석을 시작한다.

예를 들어 복권의 경우, 전체 몇 장이 팔리고 그 중 1등이 몇 장이 있는지와 같은 정보는 적어도 추첨 전에 미리 알고 있다. 그런 의미에서 당첨 확률은 미리 알고 있다. 확률론을 사용하면 복권을 사는 데 있어 손실 또는 거꾸로 이득에 대해 수학적으로 수치를 주어 답할 수 있다 (기댓값이 작으면 손실이지만 분산이 크면 이득을 생각할 수도 있다). 현상에서는 복권보다 훨씬 복잡한 요인을 포함하지만, 주식・채권과 같은 시장에서 어떻게 투자하는 것이 유리할까, 또는 위험을 최소로 할까, 확률론을 이용하여 어느 정도 답하는 것도 마찬가지로 가능하다. 실제, 그런 연구가 최근 활발하게 진행되고 있다.

1.2 동전던지기의 확률

그러면, 「확률이 미리 주어져있다」는 것은 도대체 무엇을 의미하는 것일까. 먼저 아주 단순한 예를 기반으로 생각해보자.

앞과 뒤가 차이가 없는, 공평한 동전이 있다고 하자. 이 동전을 던졌을 때 앞면이 나올 확률은 $\frac{1}{2}$, 뒷면이 나올 확률도 $\frac{1}{2}$이라고 생각할 수 있다. 또는 실제 동전은 앞뒷면이 차이가 나서 앞이 나올 확률은 p, 뒤가 나올 확률은 q일지도 모른다. 단, $p, q \geq 0$이고 확률의 합계는 1로 규격화하여 생각하므로 $p+q=1$이다. 앞면이 나오기 쉬우면 $p > \frac{1}{2}$이다. 이미 주의했던 것처럼 확률론에서는「왜 앞과 뒤가 나올 확률이 p와 q일까」라는 것은 문제삼지 않는다. 오히려 이런 식의 확률을 사전에 안다고 할 때 그 결과로 무엇을 알 수 있는지를 문제로 삼는 것이다.

치우친 동전의 확률이 p, q로 주어졌다고 해도 그러한 것을 구체적으로 상상하는 것은 쉽지 않을지도 모른다. 그래서 동전 대신에 카드를 생각해도 좋다. 예를 들어, 카드가 전부 5장인데 그 중 3장은 앞, 2장은 뒤라고 씌어 있다고 하자. 이런 카드를 섞어 무작위로 1장을 뽑는다. 이 경우, 겉보기에 이런 카드는 구별이 되지 않는다고 하면 앞이라고 씌어진 카드를 뽑을 확률은 $\frac{3}{5}$이고 뒤라고 씌어진 카드를 뽑을 확률은 $\frac{2}{5}$라고 생각할 수 있다. 따라서 이런 식의 카드 문제는, 확률론적으로는 $p = \frac{3}{5}, q = \frac{2}{5}$인 편향된 동전던지기와 마찬가지 모델인 것이다.

1.3 독립성

확률론의 목표는 무작위 시행을 반복한 뒤에 나타나는 법칙성을 탐구하는 것이다. 그러할 때 가장 중요한 역할을 하는 것은 확률에 대하여 독립성이라고 하는 개념이다. 무작위 시행은 수학적으로는 독립성에 의해 공식화된다.

예를 들어, 동전던지기를 2회 반복하여 실행한다고 하자. 이 경우, 얻어진 결과를 (1차, 2차)로 순서대로 나란히 쓰면

$$(\text{앞}, \text{앞}), \quad (\text{앞}, \text{뒤}), \quad (\text{뒤}, \text{앞}), \quad (\text{뒤}, \text{뒤})$$

의 4개가 있다. 1차 결과가 2차 결과에 영향을 주지 않는다고 가정하면 이러한 것들의 확률은 각각

$$p \times p, \quad p \times q, \quad q \times p, \quad q \times q$$

가 된다고 생각할 수 있다. 예를 들어, 1차에 앞면이 나올 확률은 p이고 그런 조건 아래서 다음 2차에도 다시 앞면이 나올 확률은 p이므로 (앞, 앞)의 확률은 $p \times p$가 된다고 생각할 수 있는 것이다. 이런 식으로, 다른 어떠한 결과에 대해서도 2번 시행에 대한 확률이 각각의 시행의 확률의 곱으로 주어질 때, 1차 시행과 2차 시행은 독립이라고 한다. 독립성은 자연스러운 개념이므로 그것을 이해하는 데 어려움은 없을 것이다. 물론 현실에서는 모든 시행이 독립인 것은 아니다.

동전던지기와 마찬가지인 5장의 카드문제를 생각해보자. 잘 섞은 카드로부터 1장을 꺼낼 때 앞이 씌어진 카드를 뽑을 확률은 $\frac{3}{5}$이었다. 겉보기에 구별할 수 없는 5장의 카드 가운데 3장에 앞이라고 씌어 있기 때문이다. 한번 뽑은 카드를 원래대로 돌리고 잘 섞은 뒤 다시 1

장을 뽑아보자. 5장의 카드를 구별하여 생각하면 두 차례의 시도에서 카드를 뽑을 방법은 전부 $5 \times 5 = 25$가지이다. 이런 경우 전부 같은 확률로 나타난다고 할 수 있으므로 각각의 확률은 $\frac{1}{25}$이다. 첫 번째가 앞이고 두 번째도 앞인 것은 그 가운데 $3 \times 3 = 9$가지 있다. 따라서 (앞, 앞)의 결과를 얻을 확률은 $\frac{9}{25}(= \frac{3}{5} \times \frac{3}{5})$이고 $p \times p$로 주어진다. (앞, 뒤)와 같은 그 외의 3가지 경우도 확인해 보면, 이 시행은 확실히 독립성을 가진다는 것을 알 수 있다.

그런데 5장의 카드가 주어졌을 때 첫 번째 뽑은 카드를 원래대로 돌려놓지 않고 두 번째 카드를 뽑으면 결과는 어떠할까? 이러한 법칙으로 카드를 뽑는 방법은 전부 $5 \times 4 = 20$가지인데 그 가운데 1회, 2회 모두 앞이라 쓰인 카드를 뽑는 것은 $3 \times 2 = 6$가지이므로 (앞, 앞)이 나올 확률은 $\frac{6}{20}$이 된다. 이것은 독립일 때의 확률 $\frac{9}{25}$와 다르다. 이러한 시행은 독립성을 갖지 못한다. 첫 번째 시행의 결과가 두 번째 시행에 영향을 주기 때문이다.

1.4 독립시행의 확률

그러면 다음으로 치우침이 있는 동전을 반복하여 여러 차례 던지는 경우의 확률에 대해 생각해보자. 여기서 편의상 동전은 n회 던지는 것으로 하자. 이 경우, 간단하게 앞면은 a, 뒷면은 b가 씌어졌다고 하면 n회 시행의 결과로 얻는 것은 a, b를 n개 순서로 나열한 것으로 나타낼 수 있다. 예를 들어,

$$(a, a, b, \ldots, a) \tag{1.1}$$

는 1회 시행의 결과는 앞, 2회는 앞, 3회는 뒤, …, n회는 앞이 되는 것을 나타낸다. 만약 각 회의 시행이 서로 영향을 주지 않고 실행한다고 하면 이러한 결과가 얻어질 확률은

$$p \times p \times q \times \cdots \times p \tag{1.2}$$

로 주어진다고 생각하는 것이 자연스럽다. (1.2)는 특별한 결과인 (1.1)에 대해서만 생각했지만 일반적인 결과에 대해서도 마찬가지로 논할 수 있다. 이를 위하여 먼저 n회 동전던지기의 결과로 얻을 수 있는 전체 경우를 파악할 필요가 있다. 즉, a, b를 n개 순서로 나열한 전체 집합을 Ω라고 하자. 수학적으로 Ω는 집합 $\{a, b\}$의 n중 곱집합 $\Omega = \{a, b\}^n$으로 주어지는 2^n개의 점으로 이루어진 집합이다. Ω의 원소 ω는

$$\omega = (\omega_1, \omega_2, \omega_3, \ldots, \omega_n) \tag{1.3}$$

으로 표현된다. ω_1은 첫 번째 시행의 결과를 표시하고 그 값은 a 또는 b이다. 이하 마찬가지로 $\omega_2, \omega_3, \ldots, \omega_n$도 a 또는 b를 취하며 두 번째, 세 번째로부터 n번째까지 시행의 결과를 순서대로 표시한다. 이러한 ω를 한 개 정했을 때 그것이 나타날 확률은

$$p^{\#(a)} \times q^{\#(b)} \tag{1.4}$$

로 주어진다. 여기서

$$\sharp(a) = \sharp\{k; 1 \le k \le n, \omega_k = a\},$$
$$\sharp(b) = \sharp\{k; 1 \le k \le n, \omega_k = b\}$$

는 각각 ω에 나타나는 a, b의 개수를 나타낸다. 실제 (1.1)과 같은 ω 가 나타나는 확률은 (1.2)에 주어졌지만 (1.2)는 p를 $\sharp(a)$회, q를 $\sharp(b)$회 곱한 것이므로 (1.4)의 형태로 고쳐 쓸 수 있는 것이다. 확률이 (1.2) 또는 일반적으로 (1.4)와 같이 곱의 형태로 주어지는 경우 n회의 시행은 독립이라고 한다.

ω가 나타날 확률을 $P(\{\omega\})$로 쓰고 그것이 (1.4)로 주어지는 것을

$$P(\{\omega\}) = p^{\sharp(a)} \times q^{\sharp(b)} \tag{1.5}$$

와 같이 나타내기도 한다. P는 확률을 의미하는 "probability"의 머리글자를 취한 것이다. 수학적으로 P는 집합 Ω에서 구간 $[0,1]$로 가는 함수이다.

1.5 확률의 가법성

일반적으로 Ω는 유한집합으로 Ω의 각 원소 ω에 대하여 그가 나타날 확률 $P(\{\omega\})$가 주어졌다고 하자. 말할 필요도 없지만 $P(\{\omega\})$는 0과 1 사이의 값을 취하는 것으로 한다. 이 경우, Ω의 부분집합 A에 대하여

$$P(A) = \sum_{\omega \in A} P(\{\omega\}) \tag{1.6}$$

라고 정의하면 확률 P는 $[0,1]$ 안의 값을 취하는 집합함수(즉, 집합 A의 함수)로 확장할 수 있다. 확률론에서는 보통 일어날 수 있는 모든 경우를 모은 전체 집합 Ω를 표본 공간, ω를 표본(또는 견본 혹은 근원 사건), Ω의 부분집합 A를 사건[1)]이라고 한다.

확률 P가 가지는 성질을 간단히 정리해 보자. 먼저 (1.6)과 $P(\{\omega\}) \ge 0$으로부터 분명히 임의의 사건 A에 대하여

$$P(A) \ge 0 \tag{1.7}$$

가 된다. 또, 사건 A, B가 동시에 일어나지 않는다면, 즉 $A, B \subset \Omega$가 $A \cap B = \emptyset$를 만족하면 (이 경우 A와 B는 서로 배반, 또는 서로소라고 한다) A 또는 B가 일어날 확률은 정의 (1.6)으로부터 각각의 확률의 합이 된다. 다시 말해 확률 P는

$$A \cap B = \emptyset \quad \Longrightarrow \quad P(A \cup B) = P(A) + P(B) \tag{1.8}$$

---

1) 역자 주. 저자는 "사상(事象)"이라고 하였으나 우리나라 수학계에서 보편적으로 사용하는 "사건"으로 번역함.

라고 하는 가법성을 가진다. 이 성질은 쉽게 유한개의 사상의 경우로 확장할 수 있다. 실제로 $k = 1,2,\ldots$에 대하여 사상 $A_1, A_2, \ldots, A_k$가 동시에 일어나지 않으면, 즉 $1 \le i < j \le k$에 대하여 $A_i \cap A_j = \emptyset$ (서로소라고 한다)을 만족하면 $A_1, A_2, \ldots, A_k$ 가운데 어떤 것이든 일어날 확률은 각각 확률의 합이 된다. 즉,

$$A_i \cap A_j = \emptyset \,(1 \le i < j \le k) \quad \Longrightarrow \quad P\left(\bigcup_{i=1}^{k} A_i\right) = \sum_{i=1}^{k} P(A_i) \tag{1.9}$$

가 성립한다. 이것을 확률 P의 유한 가법성이라고 한다. 유한 가법성은 (1.6)으로부터 바로 나오나 (1.8)을 반복 사용하여 귀납적으로 보이는 것도 가능하다. 더 나아가 표본 공간 전체의 확률은

$$P(\Omega) = 1 \tag{1.10}$$

을 만족하도록 규격화한다. 특히, $A^c = \Omega \setminus A$를 A의 여집합이라 할 때 (1.8)과 (1.10)으로부터 $P(A) + P(A^c) = P(\Omega) = 1$ 이므로

$$P(A^c) = 1 - P(A) \tag{1.11}$$

가 성립한다. A^c는 A가 일어나지 않는 사건을 나타내고 A의 여사건이라고 한다.

그러면 치우침이 있는 동전을 n회 던지는 문제로 다시 돌아가서 확률을 생각해보자. 즉, $\Omega = \{a,b\}^n$ 위에서 (1.5)와 (1.6)에 따라 정해지는 확률 P에 대하여 생각하자. 이 경우, 예를 들어 첫 번째 앞면이 나오는 사건을 A_1이라고 하면 그것은 "$\omega_1 = a$"를 만족하는 ω의 집합이므로 $A_1 = \{\omega \in \Omega; \omega_1 = a\}$로 나타낼 수 있다. A_1은 확실히 Ω의 부분집합으로 사건이 된다. 그 확률 $P(A_1)$은 (1.5)와 (1.6)으로부터

$$P(A_1) = \sum_{\omega \in \Omega; \omega_1 = a} p^{\sharp(a)} \times q^{\sharp(b)}$$

로 주어진다. 이 합은 더 나아가

$$\begin{aligned} &= p \sum_{\omega_2 = a,b} \cdots \sum_{\omega_n = a,b} p^{\sharp\{k; 2 \le k \le n, \omega_k = a\}} \times q^{\sharp\{k; 2 \le k \le n, \omega_k = b\}} \\ &= p \times (p+q)^{n-1} \\ &= p \end{aligned}$$

로 변형하여 계산할 수 있다. 당연히 이것은 1회 동전던지기에서 앞면이 나올 확률과 같다. 또, P가 (1.10)을 만족하는 것도

$$\begin{aligned} P(\Omega) &= \sum_{\omega \in \Omega} p^{\sharp(a)} \times q^{\sharp(b)} \\ &= (p+q)^n \\ &= 1 \end{aligned}$$

이므로 쉽게 알 수 있다.

1.6 확률변수와 기댓값

확률이 주어졌을 때 여러 가지 문제를 관련지어 생각할 수 있다. 여기서는 치우침이 있는 동전던지기에 근거하여 도박 문제를 예로 삼아 논해보자. 각 회의 시행은 독립으로 하고 동전을 1회 던질 때마다 z원을 걸어 앞면이 나오면 $z+x$원을, 뒷면이 나오면 $z+y$원을 받아가는 것으로 하자. 이 경우, 동전던지기 1회당 도박에서 이득(또는 손실)의 기대 금액은

$$m = xp + yq \quad (\text{원}) \tag{1.12}$$

이라고 생각하는 것이 자연스럽다. 확률 p로 x원, 확률 q로 y원의 이득이 있으므로 x에 확률 가중치 p를 곱하고 마찬가지로 y에 확률가중치 q를 곱해 이것들의 합을 취한 것이다. m을 이 도박에서 이득 금액의 기댓값(또는 평균값)이라고 한다.

이런 식의 기댓값의 정의는 직관적이지만 그렇게 정의하는 진정한 이유는 어디에 있는 것일까? 「1회당」이라고 하는 것은 도박을 여러 번 반복한 뒤에 1회당 고려한 평균적인 이득 금액이라고 생각할 수 있다. 어쨌거나 그러한 수학적 근거를 명시할 필요가 있다.

그러기 위해 먼저 위의 도박 문제를 더 수학적인 말로 표현하여 공식화함으로써 시작하자. S_n을 n회 내기 뒤의 소지금이라고 하자. 특히 S_0는 도박을 시작하기 전의 소지금이다. 다음에 $X_1, X_2, \ldots, X_n$을 각각 1회차, 2회차,…,n회차에 내기하여 얻은 이득(또는 손실) 금액이라고 하자. 즉, X_1은 x 또는 y 값을 취하여「$X_1 = x$일 확률은 p, $X_1 = y$일 확률은 q」이다. $X_2, \ldots, X_n$에 대해서도 마찬가지다. n회 도박에 따른 이득의 총합은 $\sum_{k=1}^{n} X_k$이므로 n회 도박한 뒤의 소지금 S_n은

$$S_n = S_0 + \sum_{k=1}^{n} X_k$$

로 표현할 수 있다.

여기서 S_n이나 $X_1, X_2, \ldots, X_n$은 수학적으로 도대체 무엇일까? 아마 많은 독자는 위의 설명은 아직 모호하여 정확성이 부족하다고 느낄 것이다.

$k = 1, 2, \ldots, n$에 대하여 X_k라고 하는 것은 k회차 동전던지기의 결과가 앞면이면 x, 뒷면이면

y라고 하는 값을 취하는 변수이다. 다시 말해 n회에 걸친 시행의 결과 $\omega = (\omega_1, \omega_2, \ldots, \omega_n) \in \Omega$가 주어졌을 때 k회차 시행의 결과가 앞(또는 뒤)이라는 것과 ω의 k번째 좌표 ω_k가 a(또는 b)라고 하는 것은 동등하므로 X_k는

$$X_k(\omega) = \begin{cases} x, & \omega_k = a\text{일 때} \\ y, & \omega_k = b\text{일 때} \end{cases} \tag{1.13}$$

로 정의되는 ω의 함수 $X_k(\omega)$이다. 즉, X_k는 Ω으로부터 $\mathbb{R}$(또는 집합 $\{x, y\}$)로 가는 사상 $X_k : \Omega \to \mathbb{R}$이다. 예를 들어, ω가 (1.1)과 같은 a, b의 열일 때

$$X_1(\omega) = x, X_2(\omega) = x, X_3(\omega) = y, \ldots, X_n(\omega) = x$$

이다. 일반적으로 이렇게 정의되는 Ω 위의 함수를 확률변수라고 한다. S_n이나 $X_1, X_2, \ldots, X_n$은 모두 확률변수이다.

「$X_1 = x$일 확률이 p」라고 모호하게 말했으나 이는 X_1의 값이 x일 사건, 즉

$$A_1 = \{\omega \in \Omega; X_1(\omega) = x\}$$

의 확률이 p라는 것을 의미한다. 실제로 (1.13)으로부터 사건 A_1은

$$A_1 = \{\omega \in \Omega; \omega_1 = a\}$$

로 바꿔쓸 수 있고 이것은 앞절에서 본 것과 같은 사건이다. 따라서 $P(A_1) = p$이고

$$P(\{\omega \in \Omega; X_1(\omega) = x\}) = p \tag{1.14}$$

임을 알 수 있다. 이것이 $X_1 = x$일 확률이 p」라는 기술을 수학적으로 정확히 표시한 것이다.

확률론의 관습으로 Ω나 ω를 생략하여 쓰는 경우가 많다. 이에 따르면 (1.14)는 간단히

$$P(X_1 = x) = p$$

로 쓸 수 있다. 마찬가지로 $k = 1, 2, \ldots, n$에 대하여

$$P(X_k = x) = p, \quad P(X_k = y) = q \tag{1.15}$$

등으로 표현할 수 있다. ω를 생략하여 쓰는 이유는 Ω를 취할 때 임의성이 있는 경우에 대해서 Ω 자신은 그렇게 중요한 의미를 가지고 있지 않기 때문인데 이에 대해서는 뒤에 적당한 기회에 설명하겠다(§2.1.3 참조).

기댓값의 개념은 일반적인 확률변수에 대하여 정의하는 것이 가능하다. $Y : \Omega \to \mathbb{R}$를 확률변수라고 하자. 즉, Y는 Ω 위의 실숫값 함수이다. 이러한 Y에 대하여

$$E[Y] = \sum_{\omega \in \Omega} Y(\omega) P(\{\omega\}) \tag{1.16}$$

로 두고 Y의 기댓값(또는 평균값)이라고 한다. E는 기댓값을 뜻하는 'expectation'의 머리글자를 취한 것이다. 위에서 생각한 확률변수 X_1의 기댓값은 이 정의에 의하면

$$\begin{aligned} E[X_1] &= \sum_{\omega \in \Omega} X_1(\omega) P(\{\omega\}) \\ &= \sum_{\omega \in \Omega; X_1(\omega)=x} X_1(\omega) P(\{\omega\}) + \sum_{\omega \in \Omega; X_1(\omega)=y} X_1(\omega) P(\{\omega\}) \\ &= xP(X_1 = x) + yP(X_1 = y) \\ &= xp + yq \end{aligned}$$

로 되고 (1.12)의 m과 일치한다. 단, 이 계산에서 두 번째 줄은 Ω의 원소 ω를 $X_1(\omega)$의 값이 x일지 y일지에 따라 분류하여 그런 값들의 합을 취한 것이다. 셋째 줄의 등호는, 예를 들어 첫째 항의 합에 대하여 말하면 $X_1(\omega) = x$이므로

$$\sum_{\omega \in \Omega; X_1(\omega)=x} xP(\{\omega\})$$

와 같고 x는 상수이므로 합의 밖으로 내어

$$\begin{aligned} &= x \sum_{\omega \in \Omega; X_1(\omega)=x} P(\{\omega\}) \\ &= xP(X_1 = x) \end{aligned}$$

로 변형하여 얻었다. $X_2, \ldots, X_n$에 대해서도 마찬가지로 기댓값은 m이다.

1.7 큰 수의 약법칙

치우침이 있는 동전던지기에 기초를 둔 도박 문제에서 위와 같이 표본 공간 Ω 위에서 확률 P와 확률변수의 열 $X_1, X_2, \ldots, X_n$을 가지고 공식화하였다. 이와 같은 공식화 아래서 내기를 n회 반복하여 한 뒤 1회당 평균적인 이득금액은

$$\frac{1}{n} \sum_{k=1}^{n} X_k \tag{1.17}$$

로 표현할 수 있다. n회의 내기에 따른 이득의 총액 $\sum_{k=1}^{n} X_k$를 횟수 n으로 나눈 것으로 1회당 이득금액을 구한 것이다. 물론, (1.17)은 정확히 하면

$$\frac{1}{n}\sum_{k=1}^{n} X_k(\omega)$$

로 써야하고 이 자신 새로운 확률변수로 정의된다 (1.17)을 $X_1, X_2, \ldots, X_n$의 표본평균(또는 견본평균)이라고 한다.

경험적으로 도박을 여러 번 반복한 뒤 1회당 평균 이득금액을 생각하면 기댓값 m에 가까울 것으로 예상한다. 실제 그것은 아래와 같이 수학적으로 엄밀하게 설명할 수 있다. 즉, 임의의 $\varepsilon > 0$에 대하여

$$\lim_{n\to\infty} P\left(\left|\frac{1}{n}\sum_{k=1}^{n} X_k - m\right| > \varepsilon\right) = 0 \tag{1.18}$$

이 성립한다. (1.18)은 열 $(X_k)_{k=1,2,\ldots,n}$(또는 표본평균)에 대한 큰 수의 약법칙이라고 부른다. (1.18)은 위에서 설명한 것과 같이 ω를 생략하여 표시한 것인데 정확히 하면

$$\lim_{n\to\infty} P\left(\left\{\omega \in \Omega; \left|\frac{1}{n}\sum_{k=1}^{n} X_k(\omega) - m\right| > \varepsilon\right\}\right) = 0$$

으로 써야 한다. 다시 말하면 사건

$$A = \left\{\omega \in \Omega; \left|\frac{1}{n}\sum_{k=1}^{n} X_k(\omega) - m\right| > \varepsilon\right\}$$

의 확률은 $n \to \infty$일 때 0에 가까워진다. 지금까지 시행의 횟수 n을 고정하고 생각했으나, 여기서는 먼저 n을 고정하여 사건 A의 확률 $P(A)$를 계산한 뒤 그 값의 극한을 취하여 그것이 0이 됨을 주장하고 있다. 특히 표본 공간 Ω와 그 위의 확률 P는 n에 대하여 다른 것을 대상으로 한다는 것에 주의해야 된다. 따라서 원래는 Ω, P는 각각 Ω_n, P_n과 같이 n에 대하여 구별하여 써야 한다.

(1.18)은 확률의 성질 (1.11)로부터

$$\lim_{n\to\infty} P\left(\left|\frac{1}{n}\sum_{k=1}^{n} X_k - m\right| \le \varepsilon\right) = 1 \tag{1.19}$$

로 말해도 마찬가지이므로 n회 도박을 행한 뒤 1회당 이득 금액이 거의 m원일 확률, 정확히 말하면 $m - \varepsilon$원과 $m + \varepsilon$원 사이에 놓일 확률이 도박의 수를 늘려 $n \to \infty$로 할 때 1에 매우 가깝게 되는 것을 의미한다. 여기서 기댓값 m에 대한 정의의 수학적 의미가 나타나는 것이다.

예를 들어, 만일 동전던지기의 결과가 앞면만 계속해서 나온다면 $X_1 = X_2 = \cdots = X_n = x$이므로 1회당 이득 금액은

$$\frac{1}{n}\sum_{k=1}^{n} X_k = x$$

가 된다. 그러나 (1.19)로부터 $x = m$인 경우(즉, $p = 1$이거나 $x = y$와 같이 자명한 경우)를 제외하면 이러한 것은 거의 일어나지 않는다는 것을 알 수 있다. 직관적으로도 $0 < p < 1$이라면 앞면만 나온다는 것은 먼저 있을 수 없다고 생각할 수 있기 때문에 이것은 당연하다.

큰 수의 법칙이 성립하는 데는 시행의 독립성이 깊이 관련되어 있다. 극단적인 말이 되겠지만 1회차 시행만이 임의이고 그 뒤로는 같은 결과가 계속된다고 하자. 다시 말해 확률 P를

$$P\Big(\{(a,a,\ldots,a)\}\Big) = p, \quad P\Big(\{(b,b,\ldots,b)\}\Big) = q$$

이고 그 외의 ω에 대해서는 $P(\{\omega\}) = 0$으로 정하자. 이 경우, (1.13)에서 정의한 $X_1, X_2, \ldots, X_n$은 각각 역시 (1.15)를 만족하는 확률변수이지만 항상 $X_1 = X_2 = \cdots = X_n$이므로 위에서 말한 바와 같이 표본평균은 1회차 시행에만 좌우되어 x 또는 y가 되므로(위의 자명한 경우를 제외하고) (1.19)가 성립하지 않는 것은 명백하다.

그러나 독립인 동전던지기에서는 $0 < p < 1$일 때 앞면만 나오거나 뒷면만 나오는 것은 생각하기 어렵다. 언제 앞이 나오고 뒤가 나오는지는 물론 ω에 따라 다르지만 어쨌든 $X_k(\omega)$는 k를 움직이며 생각할 때 값 x를 취하기도 하고 y를 취하기도 하여 자주 그 값을 바꾼다. 이것을 $X_1, X_2, \ldots, X_n$의 변동(fluctuation)이라고 한다. 변동의 효과는 실제 합 $\sum_{k=1}^{n} X_k$를 취하고 그것을 n으로 나눌 때 서로 상쇄되어, $n \to \infty$를 취하면 표본평균이 상수 m에 가까울 확률이 거의 1이 되는 것이다.

예를 들어, $x = 1, y = 0$으로 하고 생각해보자. 이 경우 $\sum_{k=1}^{n} X_k$는 $X_k = 1$ 이 되는 k의 개수, 즉 n회까지 앞이 나오는 횟수 $\sharp(a)$를 나타낸다. 다시 말해 표본평균

$$\bar{X} = \frac{1}{n}\sum_{k=1}^{n} X_k \equiv \frac{1}{n}\sharp(a)$$

는 n회까지의 시행에서 앞이 나오는 상대빈도(또는 상대도수, relative frequency)를 나타낸다. $x = 1, y = 0$인 경우 $m = p$이므로 (1.19)는 $n \to \infty$를 취하면 앞이 나오는 상대빈도가 p에 압도적으로 높은 확률로 가깝다는 것을 나타낸다.

관점을 바꾸면, 치우침이 있는 동전던지기에서 앞이 나올 확률 p는 n회의 시행에서 상대빈도로부터 추정하는 것이 가능하다. 다만, 실제에서 n을 어느 정도 크게 해야 좋은지는 문제가 된다. (1.19)로부터는 그와 같은 정보는 얻지 못한다. 예를 들어, 21, 22쪽의 표 1.4, 표 1.5가 보여주듯이 오차 ε을 $\varepsilon = 0.03$으로 취할 때 $n = 1,000$이라고 하면

$$p = \frac{1}{2} \implies P(|\bar{X} - p| \leq \varepsilon) = 0.94633\cdots$$
$$p = \frac{3}{5} \implies P(|\bar{X} - p| \leq \varepsilon) = 0.95110\cdots$$

이 된다.

그런데 큰 수의 약법칙 (1.18)의 증명은 실제로는 그렇게 어렵지 않은데 여기서 소개하고자 한다. 먼저 사건 A에 대하여 Ω 위의 함수 1_A를

$$1_A(\omega) = \begin{cases} 1, & \omega \in A\text{일 때} \\ 0, & \omega \notin A\text{일 때} \end{cases}$$

으로 정의하자. 1_A를 사건 A의 정의함수(defining function)라고 한다. 또는 지시함수(indicator function), 특성함수라고 부르기도 한다. 책에 따라 1_A를 χ_A로 표기하기도 한다. 단, 특성함수라는 용어는 확률론에서는 다른 의미로 쓰이기도 하는데 그 경우에는 구별할 필요가 있다(§5.2 참조).

확률 $P(A)$는 정의함수의 기댓값과 같다. 즉,

$$P(A) = E[1_A] \tag{1.20}$$

가 성립한다. 실제로 기댓값의 정의 (1.16)으로부터

$$\begin{aligned} E[1_A] &= \sum_{\omega \in \Omega} 1_A(\omega) P(\{\omega\}) \\ &= \sum_{\omega \in A} P(\{\omega\}) \\ &= P(A) \end{aligned}$$

이므로 (1.20)은 분명하다. 적분론의 용어로 말할 때 (1.20)은, A의 면적(또는 부피)은 A 위에서 1이고 A 밖에서 0인 함수를 적분한 것과 같다고 말하는 것에 다름 아니다.

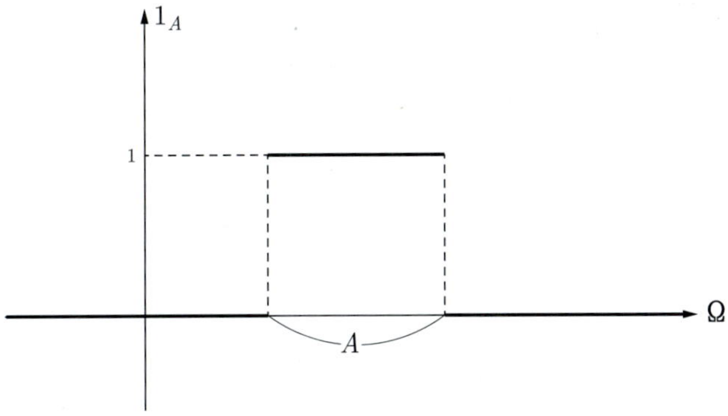

그림 1.1: 정의함수

(1.18)의 증명은 체비셰프의 부등식이라고 하는, 확률의 간단한 평가식이 필요한데 여기서 준비해두자.

보조정리 1.1 (체비셰프의 부등식)

$X : \Omega \to \mathbb{R}$를 확률변수라고 하자. 이때, 임의의 $\varepsilon > 0$에 대하여

$$P(|X| \geq \varepsilon) \leq \frac{1}{\varepsilon^2} E[X^2]$$

이 성립한다.

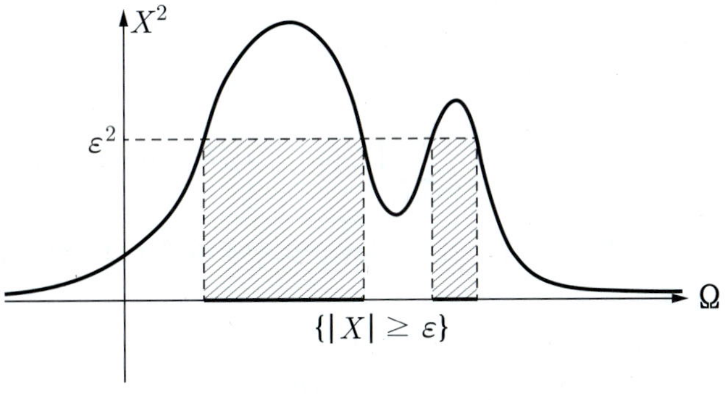

그림 1.2: 체비셰프의 부등식

[**증명**] 사건 A를 $A = \{|X| \geq \varepsilon\}$이라고 하면 (1.20)으로부터

$$P(|X| \geq \varepsilon) = E[1_{\{|X| \geq \varepsilon\}}] \tag{1.21}$$

이 되는데 우변의 기댓값의 안에서 임의의 $\omega \in \Omega$에 대하여

$$1_{\{|X| \geq \varepsilon\}} \equiv 1_{\{\omega; |X(\omega)| \geq \varepsilon\}} \leq \frac{X^2(\omega)}{\varepsilon^2}$$

가 성립한다. 따라서 (1.21)의 우변의 기댓값은 위로부터

$$\le E\left[\frac{X^2(\omega)}{\varepsilon^2}\right] = \frac{1}{\varepsilon^2}E[X^2]$$

으로 평가될 수 있다. 여기서, 말할 필요도 없지만 2개의 확률변수 Y_1, Y_2가 모든 ω에 대하여 $Y_1(\omega) \le Y_2(\omega)$를 만족하면 기댓값에 대해서도 $E[Y_1] \le E[Y_2]$가 성립하는 것을 이용하였다. ■

그러면 (1.18)을 증명해보자.

[(1.18)의 증명] 1단계 (체비셰프 부등식의 이용) : (1.18)의 확률은 확률변수 $X = \frac{1}{n}\sum_{k=1}^{n} X_k - m$에 대하여 체비셰프의 부등식을 적용하면

$$P\left(\left|\frac{1}{n}\sum_{k=1}^{n} X_k - m\right| > \varepsilon\right) \le \frac{1}{\varepsilon^2}E\left[\left|\frac{1}{n}\sum_{k=1}^{n} X_k - m\right|^2\right]$$

으로 평가될 수 있다. 그런데 우변의 기댓값 안에서 제곱항을 전개하면 이것은

$$\frac{1}{\varepsilon^2 n^2}\sum_{j,k=1}^{n} E\Big[\big(X_j - m\big)(X_k - m)\Big] \tag{1.22}$$

과 같다.

2단계 (독립성) : 그러나, $j \ne k$일 때

$$E\Big[\big(X_j - m\big)(X_k - m)\Big] = 0 \tag{1.23}$$

이다. 실제로 기댓값의 정의로부터

$$E\Big[\big(X_j - m\big)(X_k - m)\Big] = \sum_{\omega\in\Omega}\big(X_j(\omega) - m\big)(X_k(\omega) - m)\,P(\{\omega\})$$

이지만 $X_j(\omega)$와 $X_k(\omega)$의 값이 각각 x일지 또는 y일지에 따라 Ω의 원소 ω를 4가지 경우로 분류하여 합하면 우변은

$$\sum_{z_1=x,y}\sum_{z_2=x,y}(z_1 - m)(z_2 - m)\,P(X_j = z_1, X_k = z_2) \tag{1.24}$$

와 같음을 알 수 있다. §1.6의 마지막에서 $E[X_1]$을 계산하였는데 그것과 같은 형태의 변형이다. 그런데, 예를 들어 $z_1 = z_2 = x$인 경우

$$\begin{aligned} P(X_j = x, X_k = x) &= P(\omega_j = a, \omega_k = a) \\ &= p \times p \end{aligned} \tag{1.25}$$

이다. 여기서는 사건 $A_2 = \{\omega \in \Omega; \omega_j = a, \omega_k = a\}$의 확률 $P(A_2)$를 계산하는 것이지만 기본적

으로는 §1.5의 $P(A_1)$을 계산하는 것과 같다. z_1, z_2가 다른 값을 취하는 경우에도 마찬가지로 계산하면

$$\begin{aligned} P(X_j = x, X_k = y) &= p \times q \\ P(X_j = y, X_k = x) &= q \times p \\ P(X_j = y, X_k = y) &= q \times q \end{aligned} \tag{1.26}$$

가 된다. 또는 (1.15)에 주의하면 (1.25), (1.26)은 임의의 $z_1, z_2 (\in \{x, y\})$에 대하여

$$P(X_j = z_1, X_k = z_2) = P(X_j = z_1) \times P(X_k = z_2) \tag{1.27}$$

로 정리할 수 있다. 성질 (1.27)을 확률 P 아래서 확률변수 X_j, X_k 의 독립성이라고 한다. 이것을 아래와 같이 표에 정리해 둔다.

$X_j \backslash X_k$	x	y
x	p^2	pq
y	pq	q^2

표 1.1: $P(X_j = z_1, X_k = z_2)$

X_j	
x	p
y	q

표 1.2: $P(X_j = z)$

이런 성질로부터 (1.24)는 더 나아가

$$\begin{aligned} &= \sum_{z_1 = x, y} (z_1 - m) P(X_j = z_1) \times \sum_{z_2 = x, y} (z_2 - m) P(X_k = z_2) \\ &= E\left[X_j - m\right] \times E\left[X_k - m\right] \end{aligned}$$

과 같이 고쳐 쓸 수 있다. 그러나, $E[X_j] = E[X_k] = m$이므로 이 곱은 0이 되고 따라서 (1.23)을 보였다.

특히, (1.22)는

$$\frac{1}{\varepsilon^2 n^2} \sum_{k=1}^{n} E\left[(X_k - m)^2\right] \tag{1.28}$$

과 같다.

3단계 (분산의 계산) : 그런데 합 (1.28)의 각 항을 계산하면 $m = xp + yq,\ p + q = 1$에 주의하여

$$\begin{aligned} E\left[(X_k - m)^2\right] &= (x - m)^2 p + (y - m)^2 q \\ &= (x - y)^2 q^2 p + (x - y)^2 p^2 q \\ &= (x - y)^2 pq \end{aligned}$$

가 된다. 이것은 확률변수 X_k 의 분산이라고 하는 양이다. 따라서 (1.28)은

$$\frac{(x-y)^2pq}{\varepsilon^2 n}$$

와 같고 $n \to \infty$일 때 0으로 수렴하는 것을 알 수 있다. 따라서 1단계의 계산으로 돌아가서 (1.18)의 결론을 보였다. ■

큰 수의 약법칙 (1.18)에서 $n \to \infty$로 하지만 확률을 계산하는 것은 어디까지나 n을 고정시키고 하는 것이며 일어날 수 있는 모든 경우의 집합 $\Omega = \{a,b\}^n$는 유한집합이다. 경우의 수가 유한인 경우의 확률을 계산하고 $n \to \infty$로 하는 것이다. 그런 의미에서 확률 계산은 원리적으로 고등학교 때 배운 범위에 포함된다.

1.8 확률의 σ-가법성과 큰 수의 강법칙

그러면 표본평균이 m 근처에 머문다는 확률만이 아니라 표본평균 (1.17) 자신의 극한을 따지는 것은 불가능한 것인가. 그러나 이러한 문제를 따지기 위해서는 적어도 확률변수의 열 $(X_k)_{k=1,2,\ldots}$를 동시에 생각하는 것이 필요하다. X_k는 k번째 내기에서 이득 금액이기 때문에 이런 것을 동시에 취급한다는 것은 동전던지기의 결과로 나올 수 있는 전체 경우를 다해 a,b를 가산 무한개, 순서대로 나열할 수 있는 전체를 생각하여 표본 공간으로 $\Omega = \{a,b\}^{\mathbb{N}}$으로 취할 필요가 있다. 이것은 무한개의 점으로 이루어진 집합이다.[2] 각 $\omega \in \Omega$의 확률은, 예를 들어 $\omega = (a,a,b,\ldots,a,\ldots)$에 대하여 (1.2)를 확장하여

$$P(\{\omega\}) = p \times p \times q \times \cdots \times p \times \cdots$$

와 같이 무한 곱으로 정의하는 것이 자연스럽다. 그러나, 이렇게 정의하면 필연적으로 0이 돼버린다. 단, 여기서 $0 < p,q < 1$로 한다. 즉, $\omega \in \Omega$에 대하여 확률 $P(\{\omega\})$는 의미를 가지지 못한다. 따라서, 확률 P는 처음부터 Ω의 부분집합, 즉 사건 A에 대하여 정의할 필요가 있다.

그러면 어떠한 사건에 대하여 확률이 정의될 수 있을까? 분명하게 유한 번째까지의 동전던지기의 결과를 지정하여 얻는 사건, 예를 들어 $n = 1,2,\ldots$에 대하여 $w^{(n)} = (w_1^{(n)}, w_2^{(n)}, \ldots, w_n^{(n)}) \in \Omega_n = \{a,b\}^n$을 생각할 때

$$A(w^{(n)}) = \Big\{\omega = (\omega_1,\omega_2,\ldots,\omega_n,\ldots) \in \Omega; \quad \omega_1 = w_1^{(n)}, \omega_2 = w_2^{(n)}, \ldots, \omega_n = w_n^{(n)}\Big\} \tag{1.29}$$

2) $\{a,b\}^{\mathbb{N}}$는 $\mathbb{N}$으로부터 $\{a,b\}$로 가는 사상 전체를 나타내고 연속인 농도(potency)를 가진다고 알려져 있다.

과 같은 형태의 사건에 대해서는

$$P\Big(A(w^{(n)})\Big) = P_n\Big(\{w^{(n)}\}\Big)\ \Big(= p^{\sharp(a;w^{(n)})} \times q^{\sharp(b;w^{(n)})}\Big) \tag{1.30}$$

으로 확률을 정의하면 좋다. 사건 $A(w^{(n)})$은 첫 번째가 $w_1^{(n)}$, 두 번째가 $w_2^{(n)}, \ldots$, n번째가 $w_n^{(n)}$인 경우 전체를 나타내고 그 확률은 (1.4)와 같지 않으면 안 되기 때문이다. 단 $\sharp(a;w^{(n)}), \sharp(b;w^{(n)})$는 각각 $w^{(n)}$ 안에 있는 a, b의 개수를 나타낸다. (1.29)와 같은 사건, 또는 그러한 것들의 합집합으로 얻어지는 사건 전체의 집합을 $\mathcal{F}_n$으로 나타내기로 하자. 즉,

$$A \in \mathcal{F}_n \quad \Longleftrightarrow \quad \widetilde{A} \subset \Omega_n \text{가 존재하여 } A = \bigcup_{w^{(n)} \in \widetilde{A}} A(w^{(n)}) \tag{1.31}$$

이다. $\mathcal{F}_n$의 원소는 Ω의 부분집합이다. $\mathcal{F}_n$에 속하는 사건은 n번째까지의 동전던지기의 결과에만 의존하여 정하는 사건이라고 해도 좋다.

$\mathcal{F}_n$에 속하는 일반 사건 A에 대하여 확률 $P(A)$는 (1.6)과 마찬가지로 (1.30)으로부터 정하는 것이 가능하다. 즉, $A \in \mathcal{F}_n$가 (1.31)과 같은 형태의 사건이라면

$$P(A) = \sum_{w^{(n)} \in \widetilde{A}} P\Big(A(w^{(n)})\Big)$$

으로 정의한다. 이 경우, 한 가지 주의할 것이 있다. 그것은 $A \in \mathcal{F}_n$이라면 $A \in \mathcal{F}_{n+1}$(또는 $m > n$에 대하여 $A \in \mathcal{F}_m$)이기도 하지만 $P(A)$는 모순없이 정의되어야 한다는 것이다. 말하자면

$$P_{n+1}\Big(\{(w^{(n)}, a)\} \cup \{(w^{(n)}, b)\}\Big) = P_n\Big(\{w^{(n)}\}\Big) \tag{1.32}$$

이기 때문이다. 단, $(w^{(n)}, a)$는 $(w_1^{(n)}, w_2^{(n)}, \ldots, w_n^{(n)}, a) \in \Omega_{n+1}$을 나타낸다. $(w^{(n)}, b)$도 마찬가지다. (1.32)의 양변은 $n+1$번째가 앞이든 뒤든 좋은 확률이다. (1.32)를 일관성조건이라고 한다.

여기까지의 논의에서 n은 임의이므로 P는 집합족(즉, 사건의 모임) $\bigcup_{n=1}^{\infty} \mathcal{F}_n$의 위에서 정의된 집합함수이다. 분명하게 이렇게 정의된 P는 유한 가법성 (1.9)를 가진다. 즉, $k = 1, 2, \ldots$에 대해

$$A_1, A_2, \ldots, A_k \in \bigcup_{n=1}^{\infty} \mathcal{F}_n \text{가 } A_i \cap A_j = \emptyset \ (1 \le i < j \le k)$$

$$\Longrightarrow \quad P\left(\bigcup_{i=1}^{k} A_i\right) = \sum_{i=1}^{k} P(A_i) \tag{1.33}$$

를 만족한다. 실제로, k는 임의이지만 어쨌거나 $A_1, A_2, \ldots, A_k$는 유한개이므로 n을 충분히 크게 잡으면 이것들은 모두 같은 $\mathcal{F}_n$에 속하게 되고 따라서 (1.33)은 (1.9)로부터 바로 보일 수 있게 된다.

표본 공간을 $\Omega = \{a, b\}^{\mathbb{N}}$으로 잡으면 (1.13)에 의해 확률변수의 무한 열 $(X_k)_{k=1,2,\ldots}$를 Ω 위의

함수로 동시에 취급할 수 있다. (1.13)에서 ω_k는 $\omega = (\omega_1, \omega_2, \ldots) \in \Omega$의 k번째 좌표이다.

실제로 열 $(X_k)_{k=1,2,\ldots}$를 동시에 생각하면 확률 1로

$$Y_n = \frac{1}{n}\sum_{k=1}^{n} X_k \to m \quad (n \to \infty) \tag{1.34}$$

이 성립함을 알 수 있다. 이 성질을 표본평균 $(Y_n)_{n=1,2,\ldots}$에 대한 큰 수의 강법칙이라고 한다. 자세한 것은 4장에서 논의할 것이지만 여기서는 적어도 다음과 같은 점을 주의해야 한다. 이러한 법칙을 정리로 나타내기 위해서는 사건

$$A = \left\{ \omega \in \Omega \,;\, \lim_{n\to\infty} \frac{1}{n}\sum_{k=1}^{n} X_k(\omega) = m \right\} \tag{1.35}$$

에 대하여 확률이 정의되지 않으면 안된다. 그런 다음 먼저 그 확률 $P(A)$가 1일지 어떨지와 같은 논의가 가능하게 된다. 그런데 불행히도 A는 집합족 $\bigcup_{n=1}^{\infty} \mathcal{F}_n$에 속하지 않는다. 말하자면 아무리 횟수가 많더라도 유한 번의 동전던지기의 결과만으로는 표본평균의 극한을 결정할 수 없기 때문이다. 따라서 확률 $P(A)$는 아직 정의되지 않았다. 이렇게 하여 확률 P가 $\bigcup_{n=1}^{\infty} \mathcal{F}_n$ 위에서 정의되는 것은 불충분하고 더 폭넓은 종류의 사건에 확장하여 생각할 필요가 있다는 것을 알 수 있다.

(1.35)의 사건 A를 좀 더 쉽게 알 수 있는 형태로 고쳐 써보자. 그러기 위해 $n \to \infty$인 극한을 ε–δ식으로 표현하면 $\omega \in A$라는 것은 임의의 $\varepsilon > 0$에 대하여 $n_0 = n_0(\omega, \varepsilon)$가 존재하여 임의의 $n \geq n_0$에 대해

$$\left| \frac{1}{n}\sum_{k=1}^{n} X_k(\omega) - m \right| < \varepsilon$$

이 성립하는 것과 같은 것임을 알 수 있다. 따라서 ε을 대신하여 $j = 1, 2, \ldots$를 임의로 하여 $\frac{1}{j}$을 취하면

$$A = \bigcap_{j=1}^{\infty} \bigcup_{n_0=1}^{\infty} \bigcap_{n=n_0}^{\infty} A_{n,j} \tag{1.36}$$

로 고쳐 쓰는 것이 가능하다. 단,

$$A_{n,j} = \left\{ \omega \in \Omega \,;\, \left| \frac{1}{n}\sum_{k=1}^{n} X_k - m \right| < \frac{1}{j} \right\}$$

이다. (1.36)의 우변을 이해하는 것은 $\cap$을 「임의의」로, $\cup$을 「존재하여」로 바꾸어 앞에서부터 순서대로 읽어가면 된다. 즉, $\omega \in A$ 라는 것은 「임의의 $j = 1, 2, \ldots$에 대하여 n_0가 존재하여 임의의 $n \geq n_0$에 대해 $\omega \in A_{n,j}$인 것」과 동치라는 것을 표현한 것이 (1.36)이다. 이러한 표현은 처음엔 알기 어려울 수도 있다. 그러나 익숙해지면 편리하다고 생각하게 될 것이다.

$A_{n,j}$는 $\omega = (\omega_1, \omega_2, \ldots) \in \Omega$의 n번째까지의 좌표에 따라 정해지는 Ω의 부분집합이므로

$A_{n,j} \in \mathcal{F}_n$이다. A는 $A_{n,j}$들의 가산 번의 공통 부분이나 합집합을 만드는 조작을 거쳐 만들어진다. 따라서 확률 $P(A)$가 정의되기 위해서는 P의 정의역이 $\bigcup_{n=1}^{\infty} \mathcal{F}_n$으로부터 그것을 포함하는 σ–집합대수에 확장되면 좋겠다는 생각이 든다. 여기서 σ–집합대수는 르베그 적분론의 기본적 개념 중 하나로 위와 같이 가산 번의 집합연산을 행하여도 닫혀있는 성질을 가진 집합족이다. 자세한 것은 2장에서 복습할 것이다. P는 확장한 σ–집합대수 위에서 가법성을 갖도록 정의할 필요가 있다. 그것도 (1.33)과 같이 유한개의 사건만 대상으로 하는 것이 아니라 무한 가산개의 사건을 동시에 다룰 필요가 있다. 이것이 확률의 σ–가법성이다.

1.9 현대 확률론의 성립

어쨌든 이렇게 하여 확률 P는 정의역을 σ–집합대수로 확장하고 그 위에서 σ–가법성이라고 부르는 성질을 만족하는 것으로 자연스럽게 이끌려 간다. 표본 공간 Ω가 유한집합인 경우 모든 부분집합이 가측 집합, 즉 확률이 정의되는 집합이 되어 이런 종류의 문제는 일어나지 않았다.

현대 확률론의 성립은 19세기 후반부터 시작된 수학 전반에 걸친 엄밀화, 즉 공리화를 향한 커다란 흐름과 무관하지 않다. 실제, 이와 같은 엄밀화의 흐름 가운데 르베그(1902)는 면적의 개념이나 또는 거기에 기반을 두고 적분론을 고찰하는 것을 검토하게 되었다 [2]. 그는 면적의 개념을 심도있게 고찰하여 측도, 즉 σ–가법성을 가지는 집합 함수를 생각하게 되었다. 그런 접근은 아직 기하학적 요소가 짙게 남아 있었지만 그런 제약으로부터 측도의 개념을 내어 추상 공간 위에서 측도론·적분론을 확립하는 것은 수학적으로는 매우 자연스러운 흐름이다. 그것은 프레쉐(Fréchet) (1915)의 공헌인데 [1], 그의 연구 동기 가운데는 확률론이 있다.

확률론에서 대상이 되는 표본 공간 Ω는 종종 무한 차원 공간이다. 이러한 공간 위에서 확률론을 다루기 위해서는 르베그의 고찰에서 나아가 프레쉐가 취한 접근법이 필수적이다. 그런데 확률론의 공리론적 입장에서 말하면 실제로 Ω에, 예를 들어 위상과 같은 특별한 구조를 부가할 필요 없이 아주 추상적으로 논의하면 좋다는 것을 알 수 있다. 이러한 입장을 철저히 한 사람이 콜모고로프 citeKol (1933)인데 그의 고찰 방식이 현재 확률론의 기초이다.

이 강좌 가운데 「르베그적분과 함수 해석」 [3]에 대해, 야지마켄지씨가 강조했다시피 르베그 적분이 필요한 가장 중요한 이유 중 하나는 「함수열의 극한」을 조직적으로 잘 다룰 수 있게 하는 것이다. 리만(Riemann) 적분에서는 극한 함수가 반드시 가적분이 되는 것은 아니며 이러한 좋은 성질을 일반적으로 보증할 수 없다. §1.8에서 큰 수의 강법칙을 논의하였다. 거기서 생각한 표본평균 $(Y_n)_{n=1,2,\ldots}$은 Ω 위의 함수열이고 그 극한을 논하기 위해서는 르베그의 측도론의 개념이 중요한 역할을 한다. 이것은 확률론에서 아주 자연스러운 방향이었다고 할 수 있다. 확률의 σ–가법성의 중요성을 최초로 간파한 것은 보렐(Borel)이 큰 수의 강법칙을 증명한 것이다 (1909).

확률론은 측도론의 틀 안에 완전히 포함된다는 주장도 있다. 이것은 어떤 의미로 옳다. 그러나 원래 추상 측도론의 성립 자체에 확률론이 깊이 관여해 왔다. 게다가 확률론에서 가장 중요한 개념은 독립성이다. 이것은 콜모고로프의 저서 [1] 안에서「독립성 자체가 확률론을 특징짓는 수학적 개념이다」라고 기술하여 특별히 주의를 주고 있다. 독립성, 또는 그것을 조금 약화하여 $n \to \infty$일 때 점근적 독립성을 의미하는 혼합성을 측도론에 부가하여 흥미로운 많은 현상을 발견할 수 있기 때문이다. 더욱이 확률론에서는 마르코프성이라는 개념이 있다. 이것은 현재 상태를 안다는 조건 하에서 과거와 미래의 독립성을 의미하는데 역시 거기서 독립성의 역할은 크다.

또한 콜모고로프는 그 저서에서 확률론과 물리학의 관계를 지적하고 있다. 실제로 확률론의 중요한 응용의 예로 통계역학이 있다. 통계역학의 주된 목표는 우리들의 일상생활에서 관측하는 물리 현상을 분자·원자의 운동과 같은 미시적 레벨에서 설명하는 것이다. 분자·원자는 막대한 자유도를 가진 집단을 형성하여, 따라서 그런 것들을 다루는 데는 확률론적인 사고가 유효하다. 확실히 분자·원자의 상태를 하나하나 결정하는 것은 불가능할 것이다. 대신에 통계역학에서는 각 미시적 상태는 모두 같은 확률을 가지고 나타난다고 가정한다. 소위 등중율(等重率)의 원리이다. 수학적으로 말하면 거기서 확률은 미리 정의되었다. 이러한 생각의 근원은 19세기 후반 맥스웰(Maxwell)이나 볼츠만(Boltzmann)까지 거슬러 올라간다. 예를 들어, 맥스웰은 등중율의 원리로부터 기체분자의 속도에 대하여 맥스웰의 분포를 도입하였다(§5.5.1참조).

그러나 이러한 연구를 확률론에 바탕을 둔 수학적 틀 안에서 엄밀히 논해보고자 하는 일은 1960년대가 되어서야 시작되었다. 그것은 콜모고로프 스쿨에 속해 있던 도브루신(Dobrushin), 시나이(Sinai) 같은 이들의 지도에 의한 것이며 이런 계보는 오늘에 이르기까지 꾸준히 이어지고 있다.

확률론의 응용은 현재 매우 광범위한 분야에 걸쳐 있다. 통계역학과 양자역학 같은 물리학 외에도, 예를 들어 화학을 비롯한 자연과학, 또는 공학과 경제학 같은 데서 확률론은 폭넓게 이용되고 있다. 그러한 것들에 공통되는 것은 우연 현상을 모델화하여 수학적으로 해석하고 현상을 해명하는 것을 목표로 하는 사고방식이다. 특히 최근에는 금융공학(수리 파이낸스라고도 함)에서 확률론은 필수적인 기술이다.

• 100회 동전던지기의 확률

ℓ		ℓ		ℓ		ℓ	
50	0.0796	53, 47	0.0666	56, 44	0.0390	59, 41	0.0159
51, 49	0.0780	54, 46	0.0580	57, 43	0.0301	60, 40	0.0108
52, 48	0.0735	55, 45	0.0485	58, 42	0.0223		

表 1.3: $n = 100, p = q = \frac{1}{2}$

표1.3은 동전을 100회 던질 때 앞면이 나올 회수 $\sharp(a)$가 ℓ일 확률을 나타낸다. 이 표로부터

$$P(45 \le \sharp(a) \le 55) = 0.7288 \qquad (\varepsilon = 0.05)$$

$$P(40 \le \sharp(a) \le 60) = 0.9650 \qquad (\varepsilon = 0.10).$$

한편, 체비셰프의 부등식에 따른 평가((1.18)의 증명 참조)에 의하면

$$P(45 \le \sharp(a) \le 55) \ge 0$$

$$P(40 \le \sharp(a) \le 60) \ge 0.75$$

가 얻어진다. 이것은 위의 실제 수치와 비교하면 상당히 거친 평가이다.

• 1000회 동전던지기의 확률

ℓ		ℓ		ℓ		ℓ	
500	0.02523						
501, 499	0.02517	516, 484	0.01512	531, 469	0.00369	546, 454	0.00037
502, 498	0.02502	517, 483	0.01416	532, 468	0.00326	547, 453	0.00030
503, 497	0.02478	518, 482	0.01320	533, 467	0.00286	548, 452	0.00025
504, 496	0.02443	519, 481	0.01226	534, 466	0.00250	549, 451	0.00021
505, 495	0.02400	520, 480	0.01134	535, 465	0.00218	550, 450	0.00017
506, 494	0.02347	521, 479	0.01045	536, 464	0.00189		
507, 493	0.02287	522, 478	0.00959	537, 463	0.00163		
508, 492	0.02220	523, 477	0.00876	538, 462	0.00140		
509, 491	0.02146	524, 476	0.00798	539, 461	0.00120		
510, 490	0.02066	525, 475	0.00723	540, 460	0.00103		
511, 489	0.01981	526, 474	0.00653	541, 459	0.00087		
512, 488	0.01892	527, 473	0.00587	542, 458	0.00074		
513, 487	0.01800	528, 472	0.00526	543, 457	0.00062		
514, 486	0.01705	529, 471	0.00470	544, 456	0.00053		
515, 485	0.01609	530, 470	0.00417	545, 455	0.00044		

표 1.4: $n = 1,000, p = q = \frac{1}{2}$

표 1.4로부터

$$P(490 \le \sharp(a) \le 510) = 0.49335 \qquad (\varepsilon = 0.01)$$

$$P(470 \le \sharp(a) \le 530) = 0.94633 \qquad (\varepsilon = 0.03)$$

$$P(450 \le \sharp(a) \le 550) = 0.99861 \qquad (\varepsilon = 0.05).$$

한편, 체비셰프의 평가에 의하면

$$P(470 \leq \sharp(a) \leq 530) \geq 0.72222$$

$$P(450 \leq \sharp(a) \leq 550) \geq 0.9$$

를 얻는다.

- 1000회 동전던지기의 확률 (치우침이 있는 경우)

ℓ		ℓ		ℓ		ℓ	
570	0.00396	585	0.01605	600	0.02574	615	0.01619
571	0.00448	586	0.01705	601	0.02570	616	0.01518
572	0.00504	587	0.01804	602	0.02555	617	0.01417
573	0.00564	588	0.01900	603	0.02530	618	0.01317
574	0.00630	589	0.01994	604	0.02494	619	0.01219
575	0.00700	590	0.02083	605	0.02449	620	0.01124
576	0.00774	591	0.02168	606	0.02394	621	0.01031
577	0.00854	592	0.02247	607	0.02331	622	0.00943
578	0.00937	593	0.02319	608	0.02260	623	0.00858
579	0.01024	594	0.02383	609	0.02182	624	0.00778
580	0.01115	595	0.02439	610	0.02098	625	0.00702
581	0.01210	596	0.02486	611	0.02009	626	0.00630
582	0.01306	597	0.02524	612	0.01915	627	0.00564
583	0.01405	598	0.02551	613	0.01819	628	0.00503
584	0.01505	599	0.02568	614	0.01719	629	0.00446
						630	0.00394

표 1.5: $n = 1,000, p = \frac{3}{5}, q = \frac{2}{5}$

표 1.5로부터

$$P(590 \leq \sharp(a) \leq 610) = 0.50205 \qquad (\varepsilon = 0.01)$$

$$P(570 \leq \sharp(a) \leq 630) = 0.95110 \qquad (\varepsilon = 0.03).$$

한편, 체비셰프의 평가에 의하면

$$P(570 \leq \sharp(a) \leq 630) \geq 0.73333$$

을 얻는다. X_k의 분산 pq는 $p = \frac{3}{5}, q = \frac{2}{5}$인 경우가 $p = \frac{1}{2}, q = \frac{1}{2}$인 경우보다 작고 그것은 확률에도 반영된다.

기호

- $\mathbb{N}, \mathbb{Z}, \mathbb{Q}, \mathbb{R}, \mathbb{C}$는 각각 자연수, 정수, 유리수, 실수, 복소수 전체를 나타낸다. 더하여 $\mathbb{Z}_+ = \{0\} \cup \mathbb{N}$, $\bar{\mathbb{Z}}_+ = \mathbb{Z}_+ \cup \{\infty\}$, $\bar{\mathbb{N}} = \mathbb{N} \cup \{\infty\}$, $\mathbb{R}_+ = [0, \infty)$로 둔다.

- $x, y \in \mathbb{R}$에 대하여

$$x \vee y = \max\{x, y\},\ x \wedge y = \min\{x, y\}$$

$$x^+ = x \vee 0,\ x^- = (-x) \vee 0$$

$$[x] = \max\{a \in \mathbb{Z}; a \leq x\} \quad ([\cdot]\text{는 가우스 기호})$$

$$\operatorname{sgn} x = 1\,(x > 0),\ -1\,(x < 0),\ 0\,(x = 0)$$

  을 나타낸다(sgn는 §3.2.3에서는 다른 의미로 사용된다).

- 실수열 $(a_n)_{n=1,2,\ldots}$과 $(b_n)_{n=1,2,\ldots}$에 대하여 $n \to \infty$일 때 $a_n = O(b_n)$, $a_n = o(b_n)$는 각각 $\sup_n \left|\frac{a_n}{b_n}\right| < \infty$와 $\lim_{n\to\infty} \frac{a_n}{b_n} = 0$을 나타낸다. 또 $a_n \sim b_n$은 $\lim_{n\to\infty} \frac{a_n}{b_n} = 1$을 의미한다.

- $C_b(S)$는 거리공간 S 위에서 실숫값을 가지고 유계이고 연속인 함수 전체를 나타낸다. S의 예로 $S = \mathbb{R}, \mathbb{R}^d, \mathbb{R}^n$ 등을 생각한다.

- $\mathcal{P}$는 집합족 또는 확률측도 전체를 이루는 집합을 나타낸다. 경우에 따라 구분하므로 주의가 필요하다.

- $\sharp\{k; \cdots\}$는 조건 $\cdots$를 만족하는 k의 개수를 나타낸다.

2

확률론의 기초 개념

1장에서는 확률에 대하여, 소박한 의미의 유한 가법성으로부터 시작한 뒤 더 나아가 σ–가법성을 요청하는 것이 얼마나 중요하고 필요한가를 말하였다. σ–가법성을 가진 집합함수를 측도라고 부르는데, 그런 의미에서 확률이란 전 측도가 1인 측도에 다름 아니다.

이 장에서는 르베그 적분론의 복습도 겸하고 현대 확률론의 기초 개념을 정리한다. 물론 σ–가법성을 측도에 대한 공리로 가정하고 아무리 추상론을 전개하더라도, 애초에 그러한 성질을 가진 것이 실제로 존재하지 않으면 그것은 탁상공론이다. 르베그 적분론은 먼저 길이·면적 또는 부피와 같은 개념을 확장하여, σ–가법성을 만족하도록 측도를 구성하는 데서부터 시작한다. 이는 후속 이론 전개의 견고한 토대가 된다. 길이나 면적을 생각하는 경우 기초가 되는 공간은, 길이는 직선(또는 곡선), 면적은 평면(또는 곡면)과 같이 명확한 기하학적 구조를 가진다. 구성한 측도는 그러한 공간 위의 르베그 측도이다. 한편 확률론에서 기초가 되는 공간은, 대상이 되는 시도에서 얻을 수 있는 모든 경우를 망라하여 정해지는 집합이다. 앞 장에서 서술한 것과 같이 이런 공간은 표본 공간이라고 부르고 일반적으로 무한차원 공간이다. 그러나 이론의 범용성을 널리 추구하는 입장에서 말하자면, 표본 공간은 우선 추상적인 집합으로 생각하여 설정하는 것이 더 적절하다. 확률은 추상공간 Ω 위에서 정의된 측도이고 전체 공간의 확률이 1이 되도록 규격화된 것이다.

아래에서 확률공간 $(\Omega, \mathcal{F}, P)$, 확률변수 $X = X(\omega)$ 및 X의 분포라고 하는 개념을 도입한다. 확률변수 X는 Ω 위의 함수이다. X의 기댓값을 측도 P에 대한 X의 르베그 식 적분으로 정의한다. 그 뒤 확률변수의 열 $(X_n)_{n=1,2,\ldots}$에 대하여 대개수렴, 확률수렴, p차 평균수렴, 법칙수렴이라고 하는 네 가지 다른 수렴의 개념을 도입하고 그것들 사이의 관계를 논한다. 마지막으로 $(X_n)_{n=1,2,\ldots}$의 고른 적분가능성에 대하여 생각한다.

2.1 확률공간과 확률변수

2.1.1 확률공간

Ω는 일반적인(특히 아무런 구조도 가지지 않은) 집합이라고 하자. 이러한 Ω를 추상공간이라고 할 수 있다. Ω의 부분집합 전체의 집합, 즉 Ω의 멱집합을 집합론의 기법을 따라 $\mathcal{P}(\Omega)$로 표시하자. 식으로 쓰면

$$\mathcal{P}(\Omega) = \{A; A \subset \Omega\}$$

이다.

정의 2.1

(1) $\mathcal{F} \subset \mathcal{P}(\Omega)$, 즉 Ω의 부분집합을 원소로 하는 집합족 $\mathcal{F}$가 σ–집합대수 (σ–field, σ–algebra)라고 하는 것은 $\mathcal{F}$가 아래 세 조건을 만족할 때를 말한다.

1) $\Omega \in \mathcal{F}$

2) $A \in \mathcal{F}$이면 $A^c = \Omega \setminus A \in \mathcal{F}$

3) $A_n \in \mathcal{F}, n = 1, 2, \ldots$이면 $\bigcup_{n=1}^{\infty} A_n \in \mathcal{F}$

추상공간 Ω에 σ–집합대수 $\mathcal{F}$를 부여한 공간 $(\Omega, \mathcal{F})$를 가측 공간(measurable space)이라고 한다.

(2) 가측 공간 $(\Omega, \mathcal{F})$ 위의 측도 P[1]로 $P(\Omega) = 1$을 만족하는 것을 확률측도(probability measure)라고 한다. 즉, 두 조건

1) $P : \mathcal{F} \to [0,1]$이고 $P(\Omega) = 1$

2) (σ–가법성, σ–additivity) $A_n \in \mathcal{F}, n = 1, 2, \ldots$이 서로소, 즉

$$A_i \cap A_j = \emptyset \ (1 \le i < j < \infty) \quad \Longrightarrow \quad P\left(\bigcup_{n=1}^{\infty} A_n\right) = \sum_{n=1}^{\infty} P(A_n)$$

을 만족하는 P이다.

(3) 3개 조 $(\Omega, \mathcal{F}, P)$를 확률공간(probability space)이라고 한다.

Ω를 표본 공간(sample space), Ω의 원소 ω를 표본 또는 견본(sample) 또는 근원사건(elementary event), $\mathcal{F}$의 원소 A를 사건(event)이라고 한다. 사건 A가 일어날 확률은 $P(A)$이다. $\mathcal{F}$는 확

1) 일반적으로 $P(\Omega) = 1$ 이외의 조건, 즉 조건 2) (σ–가법성)를 만족하는 $P : \mathcal{F} \to [0, \infty]$를 측도라고 한다. 이 경우 3개 조 $(\Omega, \mathcal{F}, P)$ 를 측도공간(measure space)이라고 한다.

률을 잴 수 있는 사건의 집합이다. σ–집합대수는 책에 따라 σ–집합체, σ–가법적 집합체, σ–대수, 완전 가법적 집합족, 완전 집합대수, 가산 집합대수 등 여러 가지 이름으로 부르는 경우가 있다.[2)]

집합족 $\mathcal{F}$가 정의 2.1-(1)의 조건 1), 2)와

3)′ $n = 1, 2, \ldots$은 임의이고 $A_1, A_2, \ldots, A_n \in \mathcal{F}$라면 $\bigcup_{i=1}^{n} A_i \in \mathcal{F}$

를 만족할 때 간단히 집합대수, 또는 유한집합대수(finitely additive class)라고 한다. 정의 2.1-(1)의 조건 1), 2)로부터 쉽게 Ω의 공집합 $\emptyset$에 대하여

$$\emptyset \in \mathcal{F}$$

임을 알 수 있다. $\Omega^c = \emptyset$이기 때문이다. 따라서 조건 3)에서 어떤 번호 n_0 이후의 A_n을 모두 $\emptyset$으로 하면 특별히 σ–집합대수는 유한집합대수임을 알 수 있다. 또, P가 정의 2.1-(2)의 조건 2)를 대신하여

2)′ $k = 1, 2, \ldots$에 대하여 $A_1, A_2, \ldots, A_k \in \mathcal{F}$가

$$A_i \cap A_j = \emptyset \ (1 \leq i < j \leq k) \quad \Longrightarrow \quad P\left(\bigcup_{i=1}^{k} A_i\right) = \sum_{i=1}^{k} P(A_i)$$

를 만족할 때 P는 유한 가법적이라고 한다. 확률론에서 진정한 의미가 있는 흥미로운 이론은 σ–집합대수·σ–가법성을 통하여 생겨나고 단순한 유한집합대수·측도의 유한 가법성으로부터는 얻을 수 없다고 말할 수 있다.

보조정리 2.2

(1) $\mathcal{F}$를 σ–집합대수라고 할 때 $A_n \in \mathcal{F}, n = 1, 2, \ldots$이면 $\bigcap_{n=1}^{\infty} A_n \in \mathcal{F}$이다.

(2) P가 σ–가법적이면 (또는 유한 가법적이라고 하더라도) $P(\emptyset) = 0$이 성립한다.

(3) (측도의 단조성) $A, B \in \mathcal{F}$가 $A \subset B$이면 $P(A) \leq P(B)$이다.

[증명] 먼저 (1)을 보이자. 그러기 위해 $B_n = A_n^c$으로 두면 $B_n \in \mathcal{F}$이므로 $\bigcup_{n=1}^{\infty} B_n = \left(\bigcap_{n=1}^{\infty} A_n\right)^c \in \mathcal{F}$이다. 따라서 $\bigcap_{n=1}^{\infty} A_n \in \mathcal{F}$가 됨을 알 수 있다. (2)는 $\Omega = \Omega \cup \emptyset \cup \emptyset \cup \cdots$ (또는 $\Omega = \Omega \cup \emptyset$) 이므로

$$1 = P(\Omega) = P(\Omega) + P(\emptyset) + P(\emptyset) + \cdots$$

가 되어 얻는다. (3)은

$$P(B) = P(A) + P(B \setminus A) \geq P(A)$$

이므로 명백하다. ■

---

2) 역자 주. 원서에서는 σ-가법족(加法族)이라는 용어를 사용한다.

집합족 $\mathcal{A} \subset \mathcal{P}(\Omega)$가 주어졌을 때 $\mathcal{A}$를 포함하는 가장 작은 σ–집합대수 $\mathcal{F}$, 즉

$$\sigma\text{–집합대수 } \mathcal{G}\text{가 } \mathcal{A} \subset \mathcal{G} \quad \Longrightarrow \quad \mathcal{F} \subset \mathcal{G}$$

를 만족하는 σ–집합대수 $\mathcal{F}$를 $\sigma(\mathcal{A})$로 쓰고 $\boldsymbol{\mathcal{A}}$가 생성하는 **σ–집합대수**라고 한다. $\sigma(\mathcal{A})$는 유일하게 존재하고

$$\sigma(\mathcal{A}) = \bigcap_{\mathcal{G}:\sigma\text{–집합대수},\mathcal{G}\supset\mathcal{A}} \mathcal{G}$$

로 표현할 수 있다(예를 들어, 야지마 [3] §1.6 참조. 특히 우변이 σ–집합대수가 됨에 주의하라).

σ–집합대수 $\mathcal{F}$는 직관적으로, 대상으로 하는 현상이 가진 정보량(좀 더 정확하게는 그런 현상을 조사하여 얻는 정보의 전체)이라고 볼 수 있다.

보기 2.3 (정보량의 예1)

주사위를 1회 던진다고 하자. 이 경우 나오는 눈의 전체는 $\Omega = \{1, 2, \ldots, 6\}$이다. 예를 들어,

$$\mathcal{F} = \{\emptyset, \{1, 3\}, \{2, 4, 5, 6\}, \Omega\}$$

라고 하면 $\mathcal{F}$는 Ω의 σ–집합대수이다. 이 $\mathcal{F}$는 1과 3의 눈을 빨간색으로 칠하고 그 외의 눈을 파란색으로 칠한 상태를 나타내고 있다. 1과 3은 같은 색이어서 구별이 되지 않게 되고, 그런 의미에서 정보량은 원래 주사위보다 감소하였다.

보기 2.4 (정보량의 예2)

제 1장에서 살펴본 동전던지기의 예를 생각하자. 즉, $\Omega = \{a, b\}^{\mathbb{N}}$으로 두자. $w^{(n)} \in \Omega_n = \{a, b\}^n$ 이 주어졌을 때 $A = A(w^{(n)})$를 (1.29)와 같은 형태의 Ω의 부분집합이라고 하자. 이 경우 Ω_n의 부분집합 $\widetilde{A}$에 대하여

$$\begin{aligned} A(\widetilde{A}) &= \bigcup_{w^{(n)} \in \widetilde{A}} A(w^{(n)}) \\ &= \left\{\omega = (\omega_1, \omega_2, \ldots) \in \Omega; (\omega_1, \omega_2, \ldots, \omega_n) \in \widetilde{A}\right\} \end{aligned} \tag{2.1}$$

로 두면 $A(\widetilde{A}) \subset \Omega$가 된다. 예를 들어, $A(\emptyset) = \emptyset, A(\Omega_n) = \Omega$가 되는 것은 자명하다.

$$\mathcal{F}_n = \{A(\widetilde{A}); \widetilde{A} \in \mathcal{P}(\Omega_n)\}, \quad n = 1, 2, \ldots$$

로 두면 $\mathcal{F}_n$은 Ω의 σ–집합대수가 된다(이것은 독자가 각자 확인하기 바란다. 실제로 $\mathcal{F}_n$은 유한집합이다). $\mathcal{F}_n$을 정의하는 기초가 된 $w^{(n)}$은 n회까지 시행의 결과를 나타내므로 $\mathcal{F}_n$은 n회까지의 시행에 따라 결정되는 σ–집합대수이다. 다시 말하면 n회까지의 시행이

가지는 정보량이다.

이것은 다음과 같이 이해할 수도 있다. 예를 들어, 임의의 $A \in \mathcal{F}_n$를 취할 때 $\omega \in A$이고 $\omega' \in \Omega$이 $\omega_k = \omega'_k, 1 \leq k \leq n$을 만족하면 필연적으로 $\omega' \in A$이다. 즉, $\mathcal{F}_n$에는 $n+1$회 이후의 시행의 결과를 판정하는 정보를 포함하고 있지 않다. $\mathcal{F}_0 = \{\emptyset, \Omega\}$도 σ-집합대수이다. $\mathcal{F}_0$는 0회까지의, 즉 시행을 시작하기 이전의, 어떤 정보도 없는 상태를 표시한다.

보기 2.5

일반적으로 위상공간 S가 주어졌을 때 S의 열린집합 전체의 집합을 $\mathcal{O} \equiv \mathcal{O}(S)$로 둔다. $\mathcal{O}$를 포함한 가장 작은 σ-집합대수 $\sigma(\mathcal{O})$를 보렐 집합족, 또는 위상적 σ-집합대수라고 말하고 $\mathcal{B}(S)$로 쓴다. 보렐 집합족이 중요한 이유는 아래와 같은 점에 있다. 예를 들어, $\mathcal{B}(\mathbb{R})$은 $\mathbb{R}$의 구간 전체를 포함한 가장 작은 σ-집합대수라고 말해도 좋다(연습문제 2.1 참조). 구간은 말할 필요도 없이 $\mathbb{R}$에서 가장 기초적인 집합으로, 가측이 되는 것, 즉 길이가 정의될 수 있기를 바란다. 따라서 σ-가법성을 논하기 위해서는 최소한 $\mathcal{B}(\mathbb{R})$의 원소 모두가 가측이 되지 않으면 안 된다.

보기 2.6 (무한 직접곱 공간(直積空間), 이산 시간의 경우)

보기 2.4의 동전던지기를 일반화하여 생각해보자. 보기 2.4에서 1회 시행의 결과는 $\{a, b\}$, 즉 {앞, 뒤}의 두 가지였다. 집합 $\{a, b\}$는 일반 가측 공간 $(S, \mathcal{S})$[3]에 확장하는 것이 가능하다. 즉, 1회 시행의 결과로 얻는 모든 경우를 모은 집합이 S이고 그 위에 σ-집합대수 $\mathcal{S}$를 부여하여 생각하는 것이다. 예를 들어, 결과가 연속인 값을 취할 때 $S = \mathbb{R}, \mathcal{S} = \mathcal{B}(\mathbb{R})$로 잡고 가측 공간 $(S, \mathcal{S}) = (\mathbb{R}, \mathcal{B}(\mathbb{R}))$을 생각하면 좋다.

S에서 값을 취하는 시행을 가산 번 반복하여 얻는 결과 전체는 직접곱 공간(또는 직접곱 집합) $\Omega = S^{\mathbb{N}}$으로 표시한다. 즉, $\omega = (\omega_1, \omega_2, \ldots) \in S^{\mathbb{N}}$이라 할 때 $\omega_k \in S$는 k번째 시행의 결과를 나타낸다.

Ω의 부분집합 C가 원통집합(cylinder set)이라고 하는 것은 $n = 1, 2, \ldots$에 대하여 $t_1, t_2, \ldots, t_n \in \mathbb{N}, A_1, A_2, \ldots, A_n \in \mathcal{S}$이 존재해서 C가

$$\begin{aligned} C &\equiv C(t_1, t_2, \ldots, t_n; A_1, A_2, \ldots, A_n) \\ &= \left\{\omega \in \Omega\,; \omega_{t_1} \in A_1, \omega_{t_2} \in A_2, \ldots, \omega_{t_n} \in A_n\right\} \end{aligned}$$

으로 쓸 수 있을 때를 말한다. 예를 들어, 보기 2.4의 (2.1)은 $\widetilde{A}$가 $\widetilde{A} = A_1 \times A_2 \times \cdots \times A_n$

3) 집합 S와 그 위의 σ-집합대수 $\mathcal{S}$의 조 $(S, \mathcal{S})$를 가측 공간이라고 한다(정의 2.1-(1) 참조).

의 꼴일 때

$$A(\widetilde{A}) = C(1,2,\ldots,n;A_1,A_2,\ldots,A_n)$$

이다. Ω 위의 σ–집합대수 $\mathcal{F}$에 대해서는 원통집합 전체가 생성하는 것을 취하는 것이 자연스럽다(§3.3.2 참조). 즉,

$$\mathcal{F} = \sigma\Big\{C(t_1,t_2,\ldots,t_n;A_1,A_2,\ldots,A_n);\\ n=1,2,\ldots,t_1,t_2,\ldots,t_n \in \mathbb{N}, A_1,A_2,\ldots,A_n \in \mathcal{S}\Big\}$$

이다. 말하자면 C는 t_1번째, t_2번째,…,t_n번째 시행의 결과를 지정하여 얻는 사건이므로 가장 기본적인 사건이고 그런 것은 확률을 재는 대상이 될 필요가 있기 때문이다.

보기 2.7

(1) (이산 유한 직접곱 공간 위의 확률) $S = \{s_1,s_2,\ldots,s_r\}$는 유한집합이고 $p = (p(\{s_j\}))_{1\le j\le r}$는 S 위의 확률측도라고 하자(1장에서 p는 0과 1 사이의 수를 표시하였지만 여기서는 측도임에 주의하기 바란다). 즉, $p(\{s_j\}) \ge 0$이고 $\sum_{j=1}^{r} p(\{s_j\}) = 1$이다. 이 경우 $\Omega = S^n$에 대하여

$$P(\{\omega\}) = \prod_{k=1}^{n} p(\{\omega_k\}), \qquad \omega = (\omega_1,\omega_2,\ldots,\omega_n) \in \Omega$$

로 두면 $P(\{\omega\})$는

$$P(\{\omega\}) \ge 0, \quad \sum_{\omega\in\Omega} P(\{\omega\}) = 1$$

을 만족한다. 따라서 σ–집합대수로 Ω의 부분집합 전체를 생각하여 $\mathcal{F} = \mathcal{P}(\Omega)$로 취하고 $A \in \mathcal{P}(\Omega)$에 대하여 $P(A)$를 (1.6)으로 정하면 P는 $(\Omega,\mathcal{F})$ 위의 확률측도가 된다. 이런 식으로 정의한 확률공간 $(\Omega,\mathcal{F},P)$를 r개의 결과를 가지는 독립 동일 시행이라고 한다. 특히 $r=2$일 때 베르누이(Bernoulli) 시행이라고 한다(「독립성」에 대해서 자세한 것은 3장을 참고하기 바란다).

(2) 예를 들어, 주사위 던지기를 공식화하려면 $S = \{1,2,\ldots,6\}$으로 취하면 좋다. 또, 각 $\omega = (\omega_1,\omega_2,\ldots,\omega_n) \in \Omega = \{1,2,\ldots,6\}^n$의 확률은 $P(\{\omega\}) = 6^{-n}$으로 주어진다. p를 $S = \{1,2,\ldots,6\}$ 위에서 고른 확률(고른 확률측도)로 할 때 P는 직접곱 공간 $\Omega = S\times S\times\cdots\times S(\equiv S^n)$ 위의 직접곱 측도(§3.3 참조) $P = p\times p\times\cdots\times p$와 일치한다.

(3) (이산 무한 직접곱 공간 위의 확률) n회까지라고 결정하지 않고 임의의 횟수를 던지는 것을 허락하는 주사위 던지기를 공식화하기 위해서는 보기 2.6에서 설명한 것처럼 무한 직접곱 공간 $\Omega = \{1,2,\ldots,6\}^{\mathbb{N}} \equiv S^{\mathbb{N}}$을 생각할 필요가 있다. σ–집합대수는 Ω의

원통집합으로부터 생성되는 것을 취하자. 이것은 Ω의 직접곱 위상으로부터 정해지는 보렐 집합족과 일치한다. 또 확률측도 P에 대해서는 p의 무한 직접곱 측도를 취하면 좋다(자세한 것은 §3.3에서 설명한다).

보기 2.8 (무한 직접곱 공간, 연속시간의 경우)

보기 2.6에서는 1회 시행의 결과를 공간 S로 일반화하여 생각했다. 그러나 시행은 1회, 2회,...로 이산적으로 반복하는 경우를 다루고 시행의 횟수를 매개변수화하는 집합(index set)으로 $\mathbb{N}$을 취하였다. $\mathbb{N}$은 시간의 매개변수 공간으로 생각할 수 있다. $\omega = (\omega_1, \omega_2, \dots) \in S^{\mathbb{N}}$는 1초 뒤의 결과가 ω_1, 2초 뒤의 결과가 $\omega_2, \dots$를 나타낸다고 생각할 수 있기 때문이다.

시간 매개변수를 연속으로 하여 생각하는 것도 필요하다(§6.2, §7.6–§7.8 참조). 이 경우, 시간 매개변수 공간은 음이 아닌 시간을 생각한다면 $[0, \infty)$, 과거·미래의 양방향에 걸쳐 생각한다면 $\mathbb{R}$을 취하면 된다. 일반적으로 시간 매개변수 공간을 $\mathbb{T}$로 쓴다. 이산 시간에서는 $\mathbb{T} = \mathbb{N}$으로 하였지만 연속 시간에서는 $\mathbb{T} = [0, \infty), \mathbb{R}$ 등을 취한다. 집합 S 위를 움직이는 운동 전체는 연속 시간에서는 직접곱 공간 $\Omega = S^{\mathbb{T}}$로 표시한다. 즉, Ω는 $\mathbb{T}$에서 S로 가는 사상 전체

$$\Omega = \{\omega : \mathbb{T} \to S\}$$

이고 Ω의 각 원소를 $\omega = (\omega(t))_{t \in \mathbb{T}}$로 하면 $\omega(t) \in S$는 t시각의 상태를 나타낸다. 보기 2.6과 마찬가지로 Ω의 원통집합을 정의할 수 있다. 즉, $C \in \mathcal{P}(\Omega)$가 원통집합이라는 것은 $n = 1, 2, \dots$에 대하여 $t_1, t_2, \dots, t_n \in \mathbb{T}$, $A_1, A_2, \dots, A_n \in \mathcal{S}$가 존재하여

$$C = \{\omega = (\omega(t))_{t \in \mathbb{T}} \in \Omega \,;\, \omega(t_1) \in A_1, \omega(t_2) \in A_2, \dots, \omega(t_n) \in A_n\}$$

으로 쓸 수 있는 때를 말한다. Ω 위의 σ–집합대수에 대하여는 역시 원통집합 전체가 생성하는 것을 취하는 것이 자연스럽다.

참고 2.9

일반적으로 표본 공간 Ω가 위상공간일 때는 $\mathcal{F} = \mathcal{B}(\Omega)$로 취하는 것이 많다. (예를 들어, 무한 직접곱 공간 $\mathbb{R}^{\mathbb{N}}$의 σ–집합대수에 대해서는 §7.1 참조. 또는 참고 3.22를 볼 것).

- **σ–가법성과 동치인 공식**

σ–가법성, 즉 정의 2.1-(2)의 조건 2)는 다음과 같이 바꿔놓으면 편리하다. 정리 2.10의 조건 2), 3)은 측도의 연속성이라고 부르는 성질이다.

정리 2.10

σ–집합대수 $\mathcal{F}$ 위의 $[0,1]$–값을 가지는 함수 P가 주어져서 유한 가법적이고 $P(\Omega)=1$을 만족한다고 하자. 이 경우 아래 1)–4)는 서로 동치이다.

1) P는 σ–가법적이다.

2) $A_n \in \mathcal{F}, n=1,2,\ldots$이 단조 증가(즉, $A_1 \subset A_2 \subset \cdots$, $A_n \nearrow$로 쓴다)인 경우

$$P\left(\bigcup_{n=1}^{\infty} A_n\right) = \lim_{n\to\infty} P(A_n).$$

3) $A_n \in \mathcal{F}, n=1,2,\ldots$가 단조 감소(즉, $A_1 \supset A_2 \supset \cdots$, $A_n \searrow$로 쓴다)인 경우

$$P\left(\bigcap_{n=1}^{\infty} A_n\right) = \lim_{n\to\infty} P(A_n).$$

4) $A_n \in \mathcal{F}, n=1,2,\ldots$가 단조 감소이고 $\bigcap_{n=1}^{\infty} A_n = \emptyset$ $(A_n \searrow \emptyset)$일 때

$$\lim_{n\to\infty} P(A_n) = 0.$$

[**증명**] 정리 2.10의 증명 가운데「1) $\Longrightarrow$ 2), 3)」은 예를 들어 [3] 명제 6.2에 있다.「2) $\Longleftrightarrow$ 3)」은 각각 A_n의 여집합을 생각하면 된다.「3) $\Longrightarrow$ 4)」는 $P(\emptyset)=0$이므로 명백하다.

마지막으로「4) $\Longrightarrow$ 1)」을 보이자. 그러기 위해 $A_n \in \mathcal{F}, n=1,2,\ldots$은 서로소라고 하자. 이 경우 $B_N = \bigcup_{n=N+1}^{\infty} A_n, N=1,2,\ldots$으로 두면

$$\bigcup_{n=1}^{\infty} A_n = \left(\bigcup_{n=1}^{N} A_n\right) \bigcup B_N$$

이고 $B_N \in \mathcal{F}, N=1,2,\ldots$은 단조 감소로 $\bigcap_{N=1}^{\infty} B_N = \emptyset$를 만족한다. 따라서 조건 4)로부터 $\lim_{N\to\infty} P(B_N)=0$이 된다. 그런데 P의 유한 가법성으로부터

$$P\left(\bigcup_{n=1}^{\infty} A_n\right) = \sum_{n=1}^{N} P(A_n) + P(B_N)$$

이므로 $N \to \infty$일 때 P의 σ–가법성을 얻는다. ■

따름정리 2.11 (열가법성)

P는 $(\Omega, \mathcal{F})$ 위의 확률측도라고 하자. 이 경우 임의의 $A_n \in \mathcal{F}, n=1,2,\ldots$에 대하여

$$P\left(\bigcup_{n=1}^{\infty} A_n\right) \le \sum_{n=1}^{\infty} P(A_n)$$

이 성립한다.

따름정리 2.11의 증명은 쉬우나, 예를 들어 야지마(谷島) [3] 명제 6.1을 참조하기 바란다.

- 거의 확실한 사건

사건 $A \in \mathcal{F}$가 $P(A) = 1$을 만족할 때 A가 거의 확실하게(almost surely) 일어난다, 또는 P-*a.s.* ω에 대하여 A가 성립한다고 한다. 간단하게 A *a.s.*라고 쓴다. 르베그 식 적분론에서 "거의 모든 곳에서" (almost everywhere, *a.e.*)와 같은 개념이다. 거의 모든(almost all, *a.a.*) ω에 대하여 A가 성립한다고 말하기도 한다.

- 확률공간의 완비성

정의 2.12

확률공간 $(\Omega, \mathcal{F}, P)$가 완비(complete)라고 하는 것은

$$N \in \mathcal{F}, P(N) = 0,\ A \subset N \quad \Longrightarrow \quad A \in \mathcal{F}$$

를 만족할 때를 말한다. 즉, 영집합(측도 0인 가측집합)의 모든 부분집합이 가측(즉, 집합족 $\mathcal{F}$에 속한다)일 때를 말한다.

참고 2.13

확률공간 $(\Omega, \mathcal{F}, P)$가 임의로 주어졌을 때 완비인 확률공간 $(\Omega, \bar{\mathcal{F}}, \bar{P})$를 취하여 $\mathcal{F} \subset \bar{\mathcal{F}}$이고 임의의 $A \in \mathcal{F}$에 대하여 $P(A) = \bar{P}(A)$가 성립하도록 할 수 있다. $(\Omega, \bar{\mathcal{F}}, \bar{P})$를 $(\Omega, \mathcal{F}, P)$의 완비화(completion)라고 한다.[4)]

2.1.2 확률변수

아래에서 $(\Omega, \mathcal{F}, P)$는 일반적인 확률공간이라고 하자.

정의 2.14

(1) Ω 위의 실숫값 함수 $X = X(\omega)$가 확률변수(random variable)라고 하는 것은 X가 사상

$$X : (\Omega, \mathcal{F}) \to (\mathbb{R}, \mathcal{B}(\mathbb{R}))$$

---

4) Ω를 개구간 $(0,1)$이라고 하자. 이 경우 $\mathcal{F}$를 $(0,1)$ 위의 보렐 집합족 $\mathcal{B}((0,1))$, m을 르베그 측도라고 하면 $(\Omega, \mathcal{F}, m)$는 확률공간이지만 완비는 아니다. 그러나 $\bar{\mathcal{F}}$로 $(0,1)$ 위의 르베그 가측 집합족 $\mathcal{L}((0,1))$을 취하면 $(\Omega, \bar{\mathcal{F}}, m)$는 완비이다 [3].

로 가측인 때를 말한다. 즉, 임의의 $A \in \mathcal{B}(\mathbb{R})$에 대하여 A의 X 역상

$$X^{-1}(A) \equiv \{\omega \in \Omega\,;\, X(\omega) \in A\} = \{X \in A\}$$

가 $X^{-1}(A) \in \mathcal{F}$ 를 만족하는 것을 말한다.

(2) 더 일반적으로 $(S, \mathcal{S})$를 가측 공간이라고 하고 $X = X(\omega)$가 S-값의 확률변수라고 하는 것은

$$X : (\Omega, \mathcal{F}) \to (S, \mathcal{S})$$

가 가측 사상이 되는 때를 말한다. 즉, 임의의 $A \in \mathcal{S}$에 대하여 $X^{-1}(A) \in \mathcal{F}$ 가 성립하는 것을 말한다.

명제 2.15

Ω 위의 실숫값 함수 $X = X(\omega)$에 대하여 아래 1)–5)는 서로 동치이다.[5)]

1) X는 확률변수이다.

2) 임의의 $a \in \mathbb{R}$에 대하여 $\{X \le a\} \in \mathcal{F}$가 성립한다.

3) 임의의 $a \in \mathbb{R}$에 대하여 $\{X < a\} \in \mathcal{F}$가 성립한다.

4) 임의의 $a \in \mathbb{R}$에 대하여 $\{X \ge a\} \in \mathcal{F}$가 성립한다.

5) 임의의 $a \in \mathbb{R}$에 대하여 $\{X > a\} \in \mathcal{F}$가 성립한다.

[**증명**] 「2) $\Longleftrightarrow$ 5)」, 「3) $\Longleftrightarrow$ 4)」는 각각 $\{X \le a\}^c = \{X > a\}$, $\{X < a\}^c = \{X \ge a\}$이므로 명백하다. 「2) $\Longrightarrow$ 3)」, 「3) $\Longrightarrow$ 2)」를 보이는 것은 각각

$$\{X < a\} = \bigcup_{n=1}^{\infty} \left\{X \le a - \frac{1}{n}\right\}$$

$$\{X \le a\} = \bigcap_{n=1}^{\infty} \left\{X < a + \frac{1}{n}\right\}$$

에 유의하면 된다. 이상으로부터 2)–5)가 서로 동치임을 알았다.

다음, $A = (-\infty, a]$로 취하면 $A \in \mathcal{B}(\mathbb{R})$이므로 1)로부터

$$\{X \le a\} = X^{-1}(A) \in \mathcal{F}$$

---

5) 제1장에서 주의한 것과 같이 확률론에서 Ω나 ω를 생략하고 쓰는 경우가 많다. 정의 2.14-(1)의 $\{X \in A\}$와 마찬가지로, 예를 들어 $\{X \le a\} = \{\omega \in \Omega; X(\omega) \le a\}$이다.

를 알 수 있다. 따라서「1) $\Longrightarrow$ 2)」이다.

마지막으로「2) $\Longrightarrow$ 1)」을 보이자. 그러기 위해

$$\mathcal{B}_0 = \left\{A \in \mathcal{B}(\mathbb{R}); X^{-1}(A) \in \mathcal{F}\right\}$$

로 두자. 조건 2)로부터 임의의 무한 닫힌 구간 $(-\infty, a] \in \mathcal{B}_0$를 만족한다. 한편, $\mathcal{B}_0$가 σ-집합대수임을 쉽게 보일 수 있다. 실제로

- $X^{-1}(\mathbb{R}) = \Omega \in \mathcal{F}$이므로 $\mathbb{R} \in \mathcal{B}_0$,
- $A \in \mathcal{B}_0 \Longrightarrow X^{-1}(A^c) = \left(X^{-1}(A)\right)^c \in \mathcal{F} \Longrightarrow A^c \in \mathcal{B}_0$,
- $A_n \in \mathcal{B}_0, n = 1, 2, \ldots \Longrightarrow X^{-1}\left(\bigcup_{n=1}^{\infty} A_n\right) = \bigcup_{n=1}^{\infty} X^{-1}(A_n) \in \mathcal{F}$
  $\Longrightarrow \bigcup_{n=1}^{\infty} A_n \in \mathcal{B}_0$,

의 세 가지에 유의하면 된다. 이상으로부터

$$\sigma\left(\{(-\infty, a]; a \in \mathbb{R}\}\right) \subset \mathcal{B}_0$$

임을 알 수 있다. 그런데 연습문제 2.1로부터 좌변은 $\mathcal{B}(\mathbb{R})$과 일치한다. 따라서 $\mathcal{B}(\mathbb{R}) \subset \mathcal{B}_0$를 얻었다. 그러나 정의로부터 $\mathcal{B}_0 \subset \mathcal{B}(\mathbb{R})$이므로 결국 $\mathcal{B}_0 = \mathcal{B}(\mathbb{R})$임을 알았다. 이것은

$$A \in \mathcal{B}(\mathbb{R}) \quad \Longrightarrow \quad X^{-1}(A) \in \mathcal{F}$$

를 의미하고 1)을 보였다. ■

Ω 위의 실숫값 함수 X에 대하여 $\{X \leq a\}$, $\{X < a\}$, $\{X \geq a\}$, $\{X > a\}$로 말한 집합은 모두 기본적인 집합, 즉 기본적인 사건이다. 예를 들어, $\{X \leq a\}$는 X의 값이 a 이하가 되는 ω의 집합이고 당연히 그런 확률이 정의되기를 바란다. 확률이 정의되기 위해서는 그것이 $\mathcal{F}$에 속하지 않으면 안 된다. 확률변수란 그러한 바람직한 성질을 가진 함수이다.

보기 2.16

$X_1, X_2, \ldots, X_n$을 실숫값 확률변수라고 하자. 이 경우

$$X(\omega) = \left(X_1(\omega), X_2(\omega), \ldots, X_n(\omega)\right)$$

로 두면 X는 $\mathbb{R}^n$-값의 확률변수이다(연습문제 2.2 참조).

• 합성함수

르베그 적분론에서 배운 바와 같이 가측함수의 합성함수는 가측이다.[6] 특히, 확률변수에 대하여 다음 명제가 성립한다.

명제 2.17

$X_1, X_2, \ldots, X_n$을 실숫값 확률변수의 열, $g : (\mathbb{R}^n, \mathcal{B}(\mathbb{R}^n)) \to (\mathbb{R}, \mathcal{B}(\mathbb{R}))$를 가측함수라고 하면 $Y = g(X_1, X_2, \ldots, X_n)$도 확률변수이다.[7] 특히, 확률변수의 합 · 차 · 곱 · 나눗셈(단, 분모는 0이 아닌 것으로 함)은 확률변수이다.

• 확률공간의 완비성과 확률변수

명제 2.18

X는 실숫값 확률변수, Y는 Ω 위의 실숫값 함수로 $N \in \mathcal{F}$이 존재하여

$$\{X \neq Y\} \subset N \quad \text{이고} \quad P(N) = 0$$

을 만족한다고 하자(일반적으로 $\{X \neq Y\} \in \mathcal{F}$로 말할 수 없음에 주의하기 바란다). 이 경우, 확률공간 $(\Omega, \mathcal{F}, P)$가 완비이면 Y도 확률변수이다.

[**증명**] 임의의 $a \in \mathbb{R}$에 대하여 집합 $\{Y \leq a\}$와 $\{X \leq a\}$의 대칭차를 A로 두자. 즉, $A = \{Y \leq a < X\} \cup \{X \leq a < Y\}$이다. 이 경우 $A \subset \{X \neq Y\} \subset N$이므로 $(\Omega, \mathcal{F}, P)$의 완비성으로부터 $A \in \mathcal{F}$이다. 그런데 X는 확률변수이므로 $\{X \leq a\} \in \mathcal{F}$이다. 따라서 $\{Y \leq a\} \in \mathcal{F}$임을 알 수 있다. 즉, Y는 확률변수이다. ■

• 확률변수열의 극한

명제 2.19

$(X_n)_{n=1,2,\ldots}$을 실숫값 확률변수의 열이라고 하면

$$\inf_{n \geq 1} X_n, \quad \sup_{n \geq 1} X_n, \quad \liminf_{n \to \infty} X_n, \quad \limsup_{n \to \infty} X_n$$

은 모두 (유한이라면) 확률변수이다. 특히 X_n이 극한 X를 가지면, 즉 $X = \lim_{n \to \infty} X_n$이면 X도 확률변수이다. 단, $\inf_{n \geq 1} X_n$이나 $\lim_{n \to \infty} X_n$ 등은 각각 모든 ω에 대하여 (즉,

---

6) 일반적으로 $(S_i, \mathcal{S}_i), i = 1, 2, 3$가 가측 공간이고 사상 $f : (S_1, \mathcal{S}_1) \to (S_2, \mathcal{S}_2), g : (S_2, \mathcal{S}_2) \to (S_3, \mathcal{S}_3)$가 가측이면 합성함수 $g \circ f : (S_1, \mathcal{S}_1) \to (S_3, \mathcal{S}_3)$는 가측이다. 완비화 아래서 이러한 사실은 성립하지 않는다. 예를 들어, 2개의 르베그 가측함수 $f, g : (\mathbb{R}, \mathcal{L}(\mathbb{R})) \to (\mathbb{R}, \mathcal{B}(\mathbb{R}))$의 합성함수 $g \circ f$는 반드시 가측인 것은 아니다. 단, $\mathcal{L}(\mathbb{R})$은 $\mathbb{R}$ 위의 르베그 가측 집합족을 표시한다.

7) 여기서도 ω를 생략하여 썼다. Y는 $Y(\omega) = g\big(X_1(\omega), X_2(\omega), \ldots, X_n(\omega)\big)$로 정의되는 Ω 위의 함수이다.

ω를 고정하고 실수열의 inf, lim 등으로) 정의한다. 예를 들어,

$$\left(\inf_{n\geq 1} X_n\right)(\omega) = \inf_{n\geq 1} X_n(\omega)$$

이다. 또 $\Omega_0 = \{\omega \in \Omega; \lim_{n\to\infty} X_n(\omega)$가 존재$\}$로 두면 $\Omega_0 \in \mathcal{F}$이다. 특히 $P(\Omega_0) = 1$이고 어떤 함수 $X : \Omega \to \mathbb{R}$에 대하여 $X(\omega) = \lim_{n\to\infty} X_n(\omega)$, $\omega \in \Omega_0$가 성립할 경우[8], 확률공간 $(\Omega, \mathcal{F}, P)$가 완비라면 X는 확률변수이다.

[**증명**] 임의의 $a \in \mathbb{R}$에 대하여

$$\left\{\inf_{n\geq 1} X_n < a\right\} = \bigcup_{n=1}^{\infty}\{X_n < a\}$$

$$\left\{\sup_{n\geq 1} X_n > a\right\} = \bigcup_{n=1}^{\infty}\{X_n > a\}$$

가 되는 것에 유의하면 $\inf_{n\geq 1} X_n, \sup_{n\geq 1} X_n$이 확률변수가 되는 것을 알 수 있다. $\liminf_{n\to\infty} X_n$, $\limsup_{n\to\infty} X_n$에 대해서는

$$\liminf_{n\to\infty} X_n = \sup_{n\geq 1}\left(\inf_{m\geq n} X_m\right)$$

$$\limsup_{n\to\infty} X_n = \inf_{n\geq 1}\left(\sup_{m\geq n} X_m\right)$$

이므로 inf, sup에 대한 결과를 이용하면 된다. 또

$$\Omega_0 = \left\{\liminf_{n\to\infty} X_n = \limsup_{n\to\infty} X_n \in \mathbb{R}\right\}$$

이므로 $\Omega_0 \in \mathcal{F}$임을 알 수 있다. 마지막 주장은 $\widetilde{X} : \Omega \to \mathbb{R}$를 $\widetilde{X}(\omega) = \lim_{n\to\infty} X_n(\omega)\,(\omega \in \Omega_0$인 경우), $0\,(\omega \notin \Omega_0$인 경우)로 정하면 $\widetilde{X}$는 확률변수가 되는 것에 유의하여 $\widetilde{X}$와 X에 대해 명제 2.18을 적용하면 된다. ■

• 확률변수가 생성하는 σ–집합대수

명제 2.20

$(S, \mathcal{S})$는 가측 공간이고 X를 S–값을 가지는 확률변수라고 하자. 이 경우

$$\mathcal{F}_X = \{X^{-1}(A); A \in \mathcal{S}\}$$

로 두면 $\mathcal{F}_X$는 σ–집합대수이다. 또 $\mathcal{F}_X$는 X를 확률변수로 하기 위해 필요한 가장 작은

---

8) 이 경우 X_n은 X에 거의 확실하게 수렴한다고 한다. 정의 2.45 참조.

Ω 위의 σ-집합대수이다. 즉, $\mathcal{G}$는 σ-집합대수이고 $X : (\Omega, \mathcal{G}) \to (S, \mathcal{S})$가 가측이 되면 $\mathcal{G} \supset \mathcal{F}_X$ 이다.

[증명] $\mathcal{F}_X$가 σ-집합대수가 되는 것은

- $\Omega = X^{-1}(S) \in \mathcal{F}_X$
- $X^{-1}(A) \in \mathcal{F}_X \Longrightarrow \left(X^{-1}(A)\right)^c = X^{-1}(A^c) \in \mathcal{F}_X$
- $X^{-1}(A_n) \in \mathcal{F}_X, n = 1, 2, \ldots$
  $\Longrightarrow \bigcup_{n=1}^{\infty} X^{-1}(A_n) = X^{-1}\left(\bigcup_{n=1}^{\infty} A_n\right) \in \mathcal{F}_X$

이므로 쉽게 확인할 수 있다. $\mathcal{F}_X$의 최소성도 명백하다. 실제로, X가 $\mathcal{G}$-가측이 되기 위해서는

$$A \in \mathcal{S} \quad \Longrightarrow \quad X^{-1}(A) \in \mathcal{G}$$

가 되지 않으면 안 되고 이것은 $\mathcal{F}_X \subset \mathcal{G}$를 의미한다. ■

$\mathcal{F}_X$를 확률변수 $\boldsymbol{X}$가 생성하는 σ-집합대수라고 하고 $\sigma(X)$로 쓴다. 특히, 실숫값 확률변수 $X_1, X_2, \ldots, X_n$이 주어졌을 때 $X = (X_1, X_2, \ldots, X_n)$은 $\mathbb{R}^n$-값의 확률변수가 되지만 $\sigma(X)$를 $\sigma(X_1, X_2, \ldots, X_n)$로 쓰는 경우가 있다.

보기 2.21 (막걸음, random walk)

$\{1, -1\}$ 위의 확률측도 p가 $p(\{1\}) = p(\{-1\}) = \frac{1}{2}$을 만족하고(즉, 고른 확률), 직접곱 공간 $\Omega = \{1, -1\}^{\mathbb{N}}$와 직접곱 측도 $P = p \times p \times \cdots$ (§3.3 참조)를 생각하자. 1 또는 -1의 값을 취하는 확률변수 $X_k, k = 1, 2, \ldots$를 $\omega = (\omega_1, \omega_2, \ldots) \in \Omega$에 대하여 $X_k(\omega) = \omega_k$로 정하자. 이 경우 $S_n = \sum_{k=1}^{n} X_k, n = 1, 2, \ldots,$ $S_0 = 0,$을 원점에서 출발하는, 1차원 격자 $\mathbb{Z}$ 위의 (대칭이고 단순한) 막걸음이라고 한다(§7.5 참조). 보기 2.4에서 생각한 $\mathcal{F}_n$은 $a = 1, b = -1$로 하고 $\sigma(X_1, X_2, \ldots, X_n)$과 일치한다.

2.1.3 분포

정의 2.22

(1) 실숫값 확률변수 X의 분포(probability distribution 또는 간단히 distribution) 또는 법칙(law)이라고 하는 것은

$$P_X(A) = P(X^{-1}(A)), \qquad A \in \mathcal{B}(\mathbb{R})$$

로 정의되는 $(\mathbb{R}, \mathcal{B}(\mathbb{R}))$ 위의 확률측도 P_X 를 말한다(연습문제 2.3 참조). 다시 말하면 P_X 는 측도 P 의 가측사상 X 에 따른 상측도(像測度)이다.
(2) 마찬가지로 S-값 확률변수 X 의 분포 P_X 를 정의할 수 있다. 윗식에서 $A \in \mathcal{S}$ 라고 하면 되고 P_X 는 $(S, \mathcal{S})$ 위의 확률측도가 된다.

§1.6에서 지적한 것과 같이 확률변수의 분포에 주목하여 말하면 확률공간 $(\Omega, \mathcal{F}, P)$를 취하는 데에는 임의성이 있다. 물론, Ω는 확률이나 확률변수 등을 생각하기 위해 기초적인 공간으로 역할을 하고 있으나 실제 Ω 자신이 그만큼 중요하게 의미를 가지는 것은 아니다.

보기 2.23

예를 들어, 보기 2.21의 막걸음에 대하여 생각해보자. 거기서 $\Omega = \{1, -1\}^{\mathbb{N}}$ 으로 취했으나 바꿔서 $\Omega = \{a, b\}^{\mathbb{N}}$ 으로 취하고 확률변수 $X_k, k = 1, 2, \ldots$ 를 (1.13)으로 정의해도 된다. 단, $x = 1, y = -1$ 이다. $\Omega = \{a, b\}^{\mathbb{N}}$ 위의 확률측도 P는 $p(\{a\}) = p(\{b\}) = \frac{1}{2}$ 로 정하는 p 의 무한 직접곱 측도로 하면 확률공간 $(\Omega, \mathcal{F}, P)$는 물론 a, b에 따라 다르지만, 임의의 $n = 1, 2, \ldots$에 대하여 $(X_1, X_2, \ldots, X_n)$의 분포((X_k)의 결합분포라고 한다)는 a, b 를 선택하는 것에 관계없이 같다.

또는 확률공간을 $(\Omega, \mathcal{F}, P) = \big((0,1), \mathcal{B}((0,1)), m\big)$으로 취하자. 단, $m \equiv m(d\omega) = d\omega$는 르베그 측도이고 각 $\omega \in (0,1)$의 2진 전개 $\omega = \sum_{k=1}^{\infty} \omega_k 2^{-k}$ 를 생각하자. $\omega_k = 1$ 또는 0 이다(ω가 2진 유리수인 경우 유한하게 끝나는 전개를 취한다). 이 경우, $X_k(\omega) = 2\omega_k - 1$ 로 정의하면 (X_k)의 결합분포는 막걸음의 것과 같다.

아래에서 잠시 확률변수는 실숫값을 취하는 것만 생각하자. 실숫값 확률변수의 분포는 $(\mathbb{R}, \mathcal{B}(\mathbb{R}))$ 위의 확률측도이므로 먼저 그러한 것들에 대하여 생각해보자.

정의 2.24

(1) μ를 $(\mathbb{R}, \mathcal{B}(\mathbb{R}))$ 위의 확률측도라고 할 때

$$F(x) \equiv F_\mu(x) = \mu((-\infty, x]), \quad x \in \mathbb{R} \tag{2.2}$$

를 μ의 분포함수(distribution function)라고 한다.
(2) X를 확률변수라고 할 때 그의 분포 P_X의 분포함수 F_X를 $\boldsymbol{X}$ 의 분포함수라고 한다. 즉,

$$F_X(x) = P(X \leq x), \quad x \in \mathbb{R}$$

이다.

• 분포함수의 성질

분포함수는 다음과 같은 성질을 가진다.

명제 2.25

μ를 $(\mathbb{R}, \mathcal{B}(\mathbb{R}))$ 위의 확률측도라고 하고 그의 분포함수를 $F(x)$라고 하자. 이 경우 다음 1)–4)가 성립한다.

1) $F(x)$는 단조 증가(정확히는 단조 비감소)이다. 즉,
$x_1 < x_2 \implies F(x_1) \le F(x_2)$.

2) $\lim_{x\to\infty} F(x) = 1, \quad \lim_{x\to-\infty} F(x) = 0$.

3) $F(x)$는 우연속이다.

4) $\mu(\{x\}) = F(x) - F(x-)$. 단, $F(x-) = \lim_{y\uparrow x} F(y)$이다.

특히 $\mu(\{x\}) = 0$인 것과 F가 x에서 연속인 것, 즉 $F(x) = F(x-)$가 성립하는 것이 동치이다.

거꾸로 1)–3)을 만족하는 $\mathbb{R}$ 위의 함수 F가 주어졌을 때 (2.2)를 만족하는 $(\mathbb{R}, \mathcal{B}(\mathbb{R}))$ 위의 확률측도 μ가 유일하게 정해진다. 르베그 적분론의 언어로 말하자면 μ는 F의 르베그–스틸체스(Lebesgue–Stieltjes) 측도라고 부르는 것으로 $\mu = dF$로 쓰기도 한다.

[**증명**] 먼저 1)을 보이자. $x_1 < x_2$이면 $(-\infty, x_1] \subset (-\infty, x_2]$이므로 측도의 단조성(보조정리 2.2-(3))으로부터 $\mu((-\infty, x_1]) \le \mu((-\infty, x_2])$, 즉 $F(x_1) \le F(x_2)$임을 알 수 있다. 다음 2)에 대해 말해보자. 1)에서 보인 것과 같이 $F(x)$는 x에 대하여 단조 증가이므로 $x \to \pm\infty$는 $x = \pm n, n = 1, 2, \ldots$에 대하여 $n \to \infty$으로 해도 된다. 그런데 $\mathbb{R} = \bigcup_{n=1}^{\infty}(-\infty, n]$이므로 측도의 연속성(정리 2.10-2))으로부터

$$1 = \mu(\mathbb{R}) = \lim_{n\to\infty} \mu((-\infty, n]) = \lim_{x\to\infty} F(x)$$

또 $\emptyset = \bigcap_{n=1}^{\infty}(-\infty, -n]$이므로 정리 2.10-3)으로부터

$$0 = \mu(\emptyset) = \lim_{n\to\infty} \mu((-\infty, -n]) = \lim_{x\to-\infty} F(x)$$

이 되고 2)를 보였다. 3)을 보이자.

$$\begin{aligned} F(x+) &\equiv \lim_{y\downarrow x} F(y) = \lim_{n\to\infty} F\left(x + \frac{1}{n}\right) \\ &= \lim_{n\to\infty} \mu\left(\left(-\infty, x + \frac{1}{n}\right]\right) \end{aligned}$$

에 유의하면 $\bigcap_{n=1}^{\infty}\left(-\infty, x+\frac{1}{n}\right]=(-\infty, x]$이므로 정리 2.10-3)으로부터

$$=\mu((-\infty, x])=F(x).$$

따라서 $F(x+)=F(x)$, 즉 F의 우연속성을 보였다. 4)를 보이기 위해

$$\begin{aligned} F(x-) \equiv \lim_{y\uparrow x} F(y) &= \lim_{n\to\infty} F\left(x-\frac{1}{n}\right) \\ &= \lim_{n\to\infty} \mu\left(\left(-\infty, x-\frac{1}{n}\right]\right) \end{aligned}$$

에 유의하자. 여기서 $\bigcup_{n=1}^{\infty}\left(-\infty, x-\frac{1}{n}\right]=(-\infty, x)$이므로 정리 2.10-2)로부터

$$=\mu((-\infty, x))$$

이다. 그런데

$$\begin{aligned} \mu((-\infty, x))+\mu(\{x\}) &= \mu((-\infty, x]) \\ &= F(x) \end{aligned}$$

이므로 4)를 얻었다.

마지막으로 μ가 F로부터 유일하게 결정됨을 보이자. 먼저 μ를 구성하기 위해 구간 $(0,1)$ 위의 함수 $Y(w)$를

$$Y(w)=\sup\{y\in\mathbb{R}; F(y)<w\}, \quad w\in(0,1)$$

로 정의하자. Y는 F의 우연속 역함수이고 임의의 $x\in\mathbb{R}$에 대하여

$$\{w; Y(w)\le x\}=\{w; w\le F(x)\} \tag{2.3}$$

가 성립한다. 실제로

- $F(x)<w \quad \Longrightarrow x<Y(w) \quad$ (F의 우연속성에 유의)
- $x<Y(w) \quad \Longrightarrow F(x)<w \quad$ (자명)

이기 때문이다. Y는 좌연속이므로 사상

$$Y:\left((0,1), \mathcal{B}((0,1))\right)\to(\mathbb{R}, \mathcal{B}(\mathbb{R}))$$

로 가측이다. 특히 Y는 확률공간 $\left((0,1), \mathcal{B}((0,1)), m\right)$ 위에서 정의된 확률변수이다. 단, $m\equiv m(dw)=dw$는 르베그 측도이다. μ를 확률변수 Y의 분포(즉, $\mu=m_Y$)로 하면 (2.3)으로부터

$$\mu((-\infty, x])=m(Y\le x)=F(x)$$

가 성립하는 것을 알 수 있다. 따라서 (2.2)를 만족하는 μ의 존재성을 보였다.

μ의 유일성: (2.2)를 만족하는 μ와 $\widetilde{\mu}$가 존재한다고 가정하자. 이 경우 임의의 $x \in \mathbb{R}$에 대하여 $\mu((-\infty, x]) = \widetilde{\mu}((-\infty, x])$이다. 이로부터 $\mu = \widetilde{\mu}$가 되는 것은 π–λ 정리(§A.1 참조)를 이용하여 보일 수 있다. ■

명제 2.25의 증명과 같이 하여 다음 명제를 얻는다.

명제 2.26

X를 확률공간 $(\Omega, \mathcal{F}, P)$ 위에서 정의된 실숫값 확률변수라고 하자. 이 경우 새로운 확률공간 $\big((0,1), \mathcal{B}((0,1)), m\big)$ 위의 확률변수 Y를

$$Y(w) = \sup\{y \in \mathbb{R}; F_X(y) < w\}, \quad w \in (0,1)$$

로 정의하면 X와 Y의 분포는 같다.

특히 확률공간 Ω를 구간 $(0,1)$로 바꿔 같은 분포를 갖도록 확률변수를 재구성하는 것이 가능하다.

참고 2.27

$(\mathbb{R}, \mathcal{B}(\mathbb{R}))$ 위의 확률측도 μ에 대하여 F를

$$F(x) = \mu((-\infty, x)), \quad x \in \mathbb{R} \tag{2.4}$$

로 정의하면 F는 좌연속이다. F를 (2.2)로 정의하든 (2.4)로 정의하든 어떤 것이라도 좋지만 관례적으로 (2.2)를 이용하는 것이 일반적이다.

보기 2.28 (디락(Dirac)의 δ-측도)

$a \in \mathbb{R}$에 대하여 $(\mathbb{R}, \mathcal{B}(\mathbb{R}))$ 위의 측도 δ_a가

$$\delta_a(A) = \begin{cases} 1, & a \in A \\ 0, & a \notin A \end{cases}$$

로 정해진다. 단, $A \in \mathcal{B}(\mathbb{R})$이다. a를 δ_a의 받침(台)이라고 한다. δ_a의 분포함수는

$$F(x) = 1_{[a,\infty)}(x)$$

이다. 또 일정한 값 a를 취할 확률변수 $X \equiv a$의 분포는 δ_a이다.

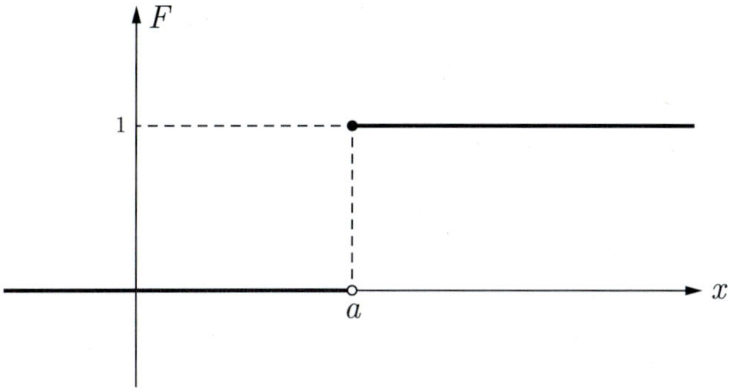

그림 2.1: δ_a의 분포함수

• 분포함수의 형태

분포함수 F에는 다음 세 가지 형태가 있다.

정의 2.29

(1) F가 불연속형(discrete type)이라고 하는 것은

$$dF = \sum_i p_i \delta_{a_i}, \quad \sum_i p_i = 1, p_i > 0, \ a_i \in \mathbb{R} \tag{2.5}$$

로 쓸 수 있는 때를 말한다. 이 합은 기껏해야 가산 합이다(연습문제 2.4 참조). 분포함수로 나타내면

$$F(x) = \sum_{i:a_i \le x} p_i, \quad x \in \mathbb{R}$$

이다.

(2) F가 절대연속형(absolutely continuous type)이라고 하는 것은 dF가 $\mathbb{R}$ 위의 르베그 측도 $m(= dx)$에 대하여 절대연속인 때를 말한다. 이 경우 라돈–니코딤(Radon–Nikodým) 정리(§A.2, 정리 A.7, 참고 A.9 참조)에 의하면 $\mathbb{R}$ 위의 음이 아닌 가적분함수 $p(x)$가 존재하여 F는

$$F(x) = \int_{-\infty}^{x} p(y)\, dy$$

로 쓸 수 있음을 알 수 있다. $p(x)$를 F의 밀도함수(density, 또는 확률밀도함수 probability density function)라고 한다. 특히 $F(x)$는 연속함수이다.

(3) F가 특이형(singular type)이라고 하는 것은 $F(x)$는 연속이지만 dF와 르베그 측도 m은 서로 특이인 때를 말한다. 즉, $A \in \mathcal{B}(\mathbb{R})$가 존재하여 $dF(A) = 1$이고 $m(A) = 0$이 되는 것이 가능한 때를 말한다.

보기 2.30 (불연속형)

(1) 불연속형 분포함수의 일반적인 그래프:

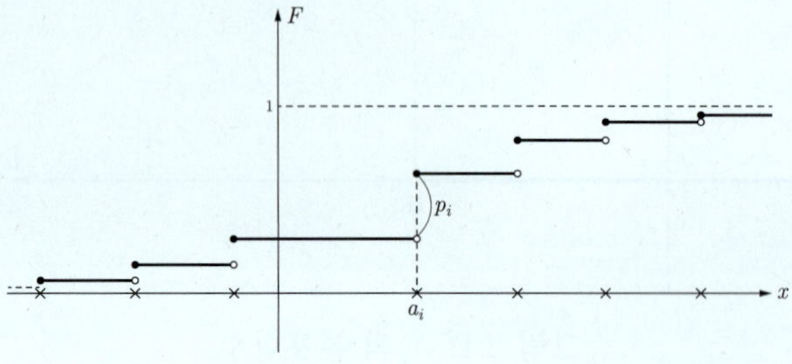

(2) $p,q \geq 0, p+q=1$ 이라고 하자. $\ell = 0,1,2,\ldots,n$ 값을 취하는 확률변수 X가

$$P(X=\ell) = \binom{n}{\ell} p^\ell q^{n-\ell}, \qquad 0 \leq \ell \leq n$$

을 만족할 때 그 분포를 매개변수 p,q를 가진 이항분포(binomial distribution)라고 한다.

(3) $\lambda > 0$에 대하여 $\mathbb{Z}_+$–값의 확률변수 X가

$$P(X=\ell) = e^{-\lambda}\frac{\lambda^\ell}{\ell!}, \quad \ell = 0,1,2,\ldots$$

를 만족할 때 그 분포를 매개변수 λ를 가진 푸아송(Poisson) 분포라고 한다. (2.5)의 쓰는 방식을 따르면 $i = 0,1,2,\ldots, a_i = i, p_i = e^{-\lambda}\lambda^i/i!$ 이다. 이 경우 $\sum_{i=0}^\infty p_i = 1$은 명백하다.

보기 2.31 (절대연속형)

밀도함수의 중요한 예를 몇 개 들어보자.

(1) 평균값 $m \in \mathbb{R}$, 분산 $v > 0$인 정규분포 밀도함수 또는 가우스(Gauss) 분포 밀도함수(그림 2.2, 연습문제 2.5 참조)는

$$p(x) \equiv p_{m,v}(x) = \frac{1}{\sqrt{2\pi v}} e^{-\frac{(x-m)^2}{2v}}, \quad x \in \mathbb{R}.$$

(2) $-\infty < a < b < \infty$에 대하여 구간 $[a,b]$ 위의 고른분포 밀도함수는

$$p(x) = \begin{cases} \dfrac{1}{b-a}, & x \in [a,b] \\ 0 \ , & x \notin [a,b]. \end{cases}$$

특히, 구간 $[a,b]$의 값을 취하는 확률변수 X의 분포가 고르다는 것은

$$P(X \in A) = \frac{m(A)}{b-a}, \qquad A \subset [a,b] \quad (A \in \mathcal{B}(\mathbb{R}))$$

를 만족할 때를 말한다.

(3) 매개변수 $\lambda > 0$를 가진 지수분포 밀도함수(그림 2.3 참조)는

$$p(x) = \lambda e^{-\lambda x} 1_{[0,\infty)}(x), \quad x \in \mathbb{R}.$$

(4) 매개변수 $m \in \mathbb{R}, \sigma > 0$를 가진 코시(Cauchy) 분포 밀도함수(그림 2.4, 연습문제 6 참조)는

$$p(x) = \frac{1}{\pi\sigma} \frac{1}{1 + \frac{(x-m)^2}{\sigma^2}}, \quad x \in \mathbb{R}.$$

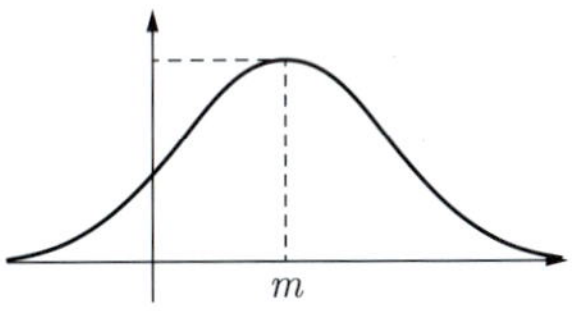

그림 2.2: 정규분포

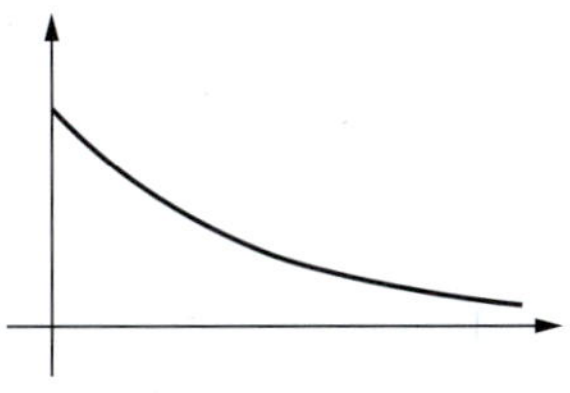

그림 2.3: 지수분포

보기 2.32 (특이형)

칸토르(Cantor) 함수는 특이형 분포함수의 예이다(그림 2.5 참조).

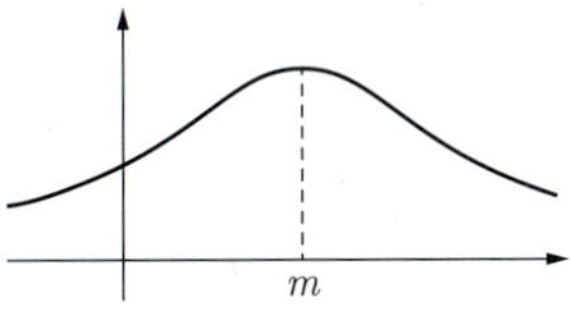

그림 2.4: 코시 분포

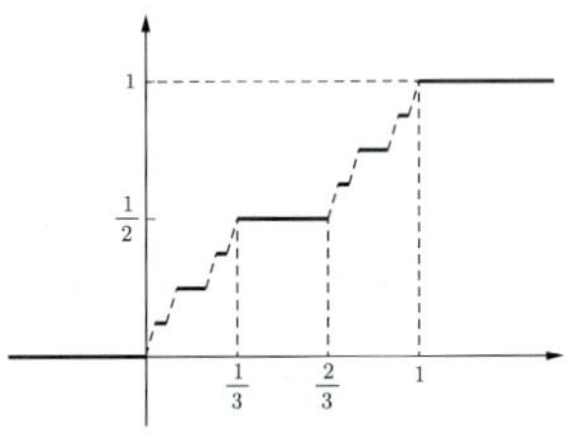

그림 2.5: 칸토르 함수

정리 2.33 (르베그 분해)

일반적인 분포함수는 정의 2.29의 세 가지 형태의 분포함수의 1차결합으로 표시된다. 즉, F를 분포함수라고 할 때 $c_i \geq 0, \sum_{i=1}^{3} c_i = 1$와 불연속형 분포함수 F_1, 절대연속형 분포함수 F_2, 특이형 분포함수 F_3가 존재하여

$$F(x) = \sum_{i=1}^{3} c_i F_i(x)$$

로 F를 분해하는 것이 가능하다. 더욱이, 이 분해는 유일하다. 즉, $F = \sum_{i=1}^{3} \widetilde{c_i}\widetilde{F_i}$와 같이 표현되면 $c_i = \widetilde{c_i}, F_i = \widetilde{F_i}, i = 1, 2, 3$가 성립한다.

정리 2.33의 증명은 생략한다(야지마 [3] 정리 5.16, 정리 8.14 참조).

• 다차원 분포함수

$\mathbb{R}^n$-값 확률변수 $X = (X_1, X_2, \ldots, X_n)$(보기 2.16 참조)의 분포함수를 생각할 수 있다.

정의 2.34

$X_1, X_2, \ldots, X_n$을 실숫값 확률변수라고 할 때

$$F_{X_1,X_2,\ldots,X_n}(x_1, x_2, \ldots, x_n) = P\Big(X_1 \le x_1, X_2 \le x_2, \ldots, X_n \le x_n\Big),$$
$$x_1, x_2, \ldots, x_n \in \mathbb{R}$$

을 $(X_1, X_2, \ldots, X_n)$의 결합분포함수(joint distribution function)라고 한다.

$X_1, X_2, \ldots, X_n$을 실숫값 확률변수라고 할 때 $(\mathbb{R}^n, \mathcal{B}(\mathbb{R}^n))$ 위의 측도 μ로, 임의의 $x_1, x_2, \ldots, x_n \in \mathbb{R}$에 대하여

$$\mu((-\infty, x_1] \times (-\infty, x_2] \times \cdots \times (-\infty, x_n]) = F_{X_1,X_2,\ldots,X_n}(x_1, x_2, \ldots, x_n)$$

을 만족하는 것이 유일하게 존재한다. μ는 $\mathbb{R}^n$-값 확률변수 $X = (X_1, X_2, \ldots, X_n)$의 분포 $P_X \equiv P_{X_1,X_2,\ldots,X_n}$에 다름 아니다.

2.1.4 기댓값과 분산

여기서 확률공간 $(\Omega, \mathcal{F}, P)$ 위에서 정의된 실숫값 확률변수에 대하여 기댓값과 분산이라고 하는 개념을 도입한다. 기댓값과 분산은 실제로 측도 P에 대하여 르베그 식 적분에 다름 아니다. 그러면 르베그 적분론을 복습할 겸 적분의 정의를 간단히 돌이켜보자.

• 기댓값의 정의

(1) 확률변수가 유한개의 값만 취할 때 단순(simple)하다고 한다. 음이 아닌 단순한 확률변수

$$X(\omega) = \sum_{i=1}^{k} a_i 1_{C_i}(\omega), \quad a_i \ge 0,\ C_i \in \mathcal{F}$$

에 대하여 그의 기댓값 $E[X]$를

$$E[X] = \sum_{i=1}^{k} a_i P(C_i)$$

로 정한다. 르베그 적분론의 언어로 말하자면 우변은 Ω 위에서, 측도 P에 대한 함수 X의 적분

$$\int_\Omega X(\omega) P(d\omega) \tag{2.6}$$

에 다름 아니다.

(2) 음이 아닌 확률변수 $X \geq 0$에 대해서는 단순 확률변수의 단조증가열 $(X_n)_{n=1,2,...}$이 존재하여 임의의 $\omega \in \Omega$에 대해 $X(\omega) = \lim_{n\to\infty} X_n(\omega)$이 되게 할 수 있다. 예를 들어,

$$X_n(\omega) = \begin{cases} \dfrac{i}{2^n}, & \dfrac{i}{2^n} \leq X(\omega) < \dfrac{i+1}{2^n}, \\ & \qquad i = 0, 1, 2, \ldots, n2^n - 1 \\ n, & X(\omega) \geq n \end{cases}$$

으로 정하면 된다. 이 경우 X의 기댓값 $E[X]$를

$$E[X] = \lim_{n\to\infty} E[X_n] \in \bar{\mathbb{R}}_+ (\equiv [0, \infty])$$

로 정의한다. 우변의 극한은 근사열 X_n을 취하는 것에 관계없이 결정된다.

(3) 일반적인 확률변수 X에 대해서는 $X = X^+ - X^-$로 분해하여 $E[X^+] < \infty$ 또는 $E[X^-] < \infty$(즉, $E[X^+]$와 $E[X^-]$ 가운데 적어도 하나는 유한)일 때 X의 기댓값(또는 평균값) $E[X]$를

$$E[X] = E[X^+] - E[X^-]$$

로 정의한다. 단, $X^\pm (= X^\pm(\omega))$는 각각 X의 양수부 · 음수부로 $X^+ = X \vee 0 \equiv \max\{X, 0\}, X^- = -(X \wedge 0) \equiv -\min\{X, 0\}$으로 정의한다(§1.9의 기호 일람 참조). $E[X]$의 값은 $[-\infty, \infty]$ 안에 있다. $E[X]$는 역시 르베그 식 적분 (2.6)에 다름 아니다. $|E[X]| < \infty$(즉, $E[X] \in (-\infty, \infty)$), 다시 말해 $E[X^+] < \infty$이고 $E[X^-] < \infty$일 때 X는 가적분이라고 한다. X가 가적분이면 $E[|X|] < \infty$이다.

(4) 사건 $A \in \mathcal{F}$ 위의 X의 기댓값을

$$\begin{aligned} E[X, A] &\equiv \int_A X(\omega) P(d\omega) \\ &= E[X \cdot 1_A] \end{aligned}$$

로 정의한다.

- 기댓값의 간단한 성질

1. $E[\alpha X + \beta Y] = \alpha E[X] + \beta E[Y], \quad \alpha, \beta \in \mathbb{R}.$
2. $X \leq Y \quad \Longrightarrow \quad E[X] \leq E[Y].$
3. $|E[X]| \leq E[|X|].$

• 확률·기댓값에 관련된 부등식

보조정리 2.35 (체비셰프(Chebyshev)의 부등식)

(1) $\mathbb{R}$ 위의 보렐 가측함수 ψ가 주어지고 $\psi \geq 0$이라고 하면 임의의 $A \in \mathcal{B}(\mathbb{R})$에 대하여 (다음 식의 우변의 분모가 양일 때)

$$P(X \in A) \leq \frac{E[\psi(X)]}{\inf\{\psi(x); x \in A\}}$$

가 성립한다.

(2) 특히 $\psi(x) = |x|^p, p > 0, A = \{|x| \geq \varepsilon\}$로 취하면 $\varepsilon > 0$에 대하여

$$P(|X| \geq \varepsilon) \leq \frac{1}{\varepsilon^p} E[|X|^p]$$

가 성립한다.

[**증명**] 증명은 기본적으로 보조정리 1.1과 같은데 여기서는 생략한다. ■

보조정리 2.36 (옌센(Jensen)의 부등식)

$\psi : \mathbb{R} \to \mathbb{R}$는 볼록함수(아래로 볼록인 함수)라고 하자. 즉,

$$\lambda\psi(x) + (1-\lambda)\psi(y) \geq \psi(\lambda x + (1-\lambda)y)$$

를 임의의 $\lambda \in (0,1), x, y \in \mathbb{R}$에 대하여 만족한다고 하자. 이때 $E[|X|] < \infty$, $E[|\psi(X)|] < \infty$라면

$$\psi(E[X]) \leq E[\psi(X)]$$

가 성립한다.

[**증명**] ψ의 볼록성으로부터 임의의 $a \in \mathbb{R}$에 대하여 $c \in \mathbb{R}$가 존재해서 $\psi(x) \geq \psi(a) + c(x-a), x \in \mathbb{R}$가 된다($y = f(x)$의 그래프에 아래로부터 접하도록 직선을 취한다. 좀 더 정확히 말하면 c는 $D^-\psi(a) \leq c \leq D^+\psi(a)$를 만족하도록 취하면 된다. 단, $D^-\psi, D^+\psi$는 각각 ψ의 좌미분계수와 우미분계수를 나타낸다). 특히, $x = X, a = E[X]$로 취하면

$$\psi(X) \geq \psi(E[X]) + c(X - E[X])$$

이다. 양변에 기댓값을 취하여 결론을 얻는다. ■

보조정리 2.37

(1) (헬더(Hölder)의 부등식) $1 < p, q < \infty$가 $\frac{1}{p} + \frac{1}{q} = 1$을 만족한다고 하자. 이 경우,

$$|E[XY]| \leq E[|X|^p]^{\frac{1}{p}} E[|Y|^q]^{\frac{1}{q}}.$$

(2) $\|X\|_\infty = \inf\{x; P(|X| > x) = 0\}$이라고 두면

$$|E[XY]| \le \|X\|_\infty E[|Y|].$$

$\|X\|_\infty$를 $\mathrm{ess\,sup}|X|$로 쓰는 경우도 있다.

(3) (슈바르츠(Schwarz 또는 Cauchy–Schwarz)의 부등식) 특히, $p = q = 2$라고 하면

$$|E[XY]| \le E[X^2]^{\frac{1}{2}} E[Y^2]^{\frac{1}{2}}.$$

(4) 특히, $Y = 1$로 하면

$$\left(E[X]\right)^2 \le E[X^2].$$

- 기댓값과 극한 조작의 교환

확률변수의 열 $(X_n)_{n=1,2,\ldots}$과 X가 확률공간 $(\Omega, \mathcal{F}, P)$ 위에서 정의되었다고 하자.

정리 2.38 (르베그의 수렴 정리, Lebesgue's (dominated) convergence theorem)

$X_n \to X$ $(a.s.)$(대개수렴이라고 한다, 정의 2.45-(1) 참조)이고 음이 아닌 확률변수 Y가 적분 가능($E[Y] < \infty$)한 것으로 존재하여 임의의 $n = 1, 2, \ldots$에 대하여 $|X_n| \le Y$를 만족한다고 하면

$$\lim_{n\to\infty} E[X_n] = E[X]$$

가 성립한다.

정리 2.39 (단조수렴정리, monotone convergence theorem)

$0 \le X_1 \le X_2 \le \cdots$이고 $X_n \to X$ $(a.s.)$라면

$$\lim_{n\to\infty} E[X_n] = E[X]$$

가 성립한다.

정리 2.40 (파토우의 보조정리, Fatou's lemma)

$X_n \ge 0$이면

$$E\left[\liminf_{n\to\infty} X_n\right] \le \liminf_{n\to\infty} E[X_n].$$

참고 2.41 (단조수렴정리에 대하여)

(1) 단조수렴정리는 $X_n \geq -Y, E[Y^+] < \infty$인 경우로 일반화할 수 있다. $X_n + Y^+ \geq 0$를 다시 X_n으로 보면 되기 때문이다.

(2) X_n이 아래로부터 어떤 적분 가능한 함수로 고르게 평가되지 않으면 단조수렴정리는 반드시 성립하는 것은 아니다. 예를 들어, $(\Omega, \mathcal{F}, P) = ((0,1), \mathcal{B}((0,1)), m)$이고, $X_n(w) = -1/(nw), w \in (0,1)$로 하면 $X_1 \leq X_2 \leq \cdots \to X = 0$이지만

$$\lim_{n\to\infty} E[X_n] = -\infty \neq E[X] = 0.$$

(3) 단조수렴정리는 $E[X] = \infty$가 되어도 성립하는 것으로 의미가 있고 특히, $P(X = +\infty) > 0$가 되어도 된다. 또 $\lim_{n\to\infty} E[X_n] < \infty$이면 $E[X] < \infty$가 되는 것을 알 수 있다. (이것은 파토우의 보조정리로부터도 알 수 있다). $E[X] < \infty$인 경우 정리 2.39는 정리 2.38로부터 쉽게 유도할 수 있다.

보기 2.42 (파토우의 보조정리에서 등호가 성립하지 않는 보기)

$(\Omega, \mathcal{F}, P)$는 참고 2.41-(2)와 같고 $k = 1, 2, \ldots$에 대하여

$$X_{2k-1}(w) = \begin{cases} 1, & w \in (0, 1/2] \\ 0, & w \in (1/2, 1) \end{cases} \qquad X_{2k}(w) = \begin{cases} 0, & w \in (0, 1/2] \\ 1, & w \in (1/2, 1) \end{cases}$$

로 정하면 임의의 $n = 1, 2, \ldots$에 대하여 $E[X_n] = 1/2$이지만

$$\liminf_{n\to\infty} X_n = 0.$$

따라서 파토우의 보조정리에서 등호가 성립하지 않는다.

- 분산·공분산·적률

정의 2.43

확률변수 X의 분산(variance), 확률변수 X_1, X_2의 공분산(covariance)을 각각

$$\mathrm{Var}(X) = E[(X - E[X])^2]$$
$$\mathrm{Cov}(X_1, X_2) = E[(X_1 - E[X_1])(X_2 - E[X_2])]$$

로 정의한다. 또 $E[X^n]$을 X의 $\boldsymbol{n}$차 적률(moment), $E[(X - E[X])^n]$을 X의 $\boldsymbol{n}$차 중심화 적률(centralized moment)이라고 한다. 정확히 하면, 각각 $E[X^2] < \infty; E[X_1^2] < \infty, E[X_2^2] < \infty; E[|X|^n] < \infty$ 등의 조건을 만족할 때 이런 양들이 정의된다.

기댓값, 분산, 적률 등은 확률변수 X의 분포로부터 계산할 수 있다. 실제로 X를 확률변수,

$g : \mathbb{R} \to \mathbb{R}$를 (유계이거나 음이 아닌) 보렐 가측함수라고 할 때, 적분의 변수변환 공식(치환적분)

$$E[g(X)] = \int_{\mathbb{R}} g(x)\, P_X(dx) \tag{2.7}$$

가 성립하는 것(연습문제 2.9)에 유의하면, 특히

$$E[X] = \int_{\mathbb{R}} x\, P_X(dx), \qquad E[X^n] = \int_{\mathbb{R}} x^n\, P_X(dx),$$
$$\mathrm{Var}(X) = \int_{\mathbb{R}} (x - E[X])^2\, P_X(dx)$$

가 되는 것을 알 수 있다.

보기 2.44

(1) (정규분포의 기댓값·공분산·분산·적률) $m \in \mathbb{R}^d$, V를 $d \times d$ 양정 실대칭행렬(즉, V는 $V = {}^tV$를 만족하는 실행렬로 모든 고윳값이 양이다)이라고 할 때 $(\mathbb{R}^d, \mathcal{B}(\mathbb{R}^d))$ 위의 측도

$$\mu_{m,V}(dx) = \frac{1}{(2\pi)^{d/2}(\det V)^{1/2}} \exp\left\{-\frac{1}{2}(x-m)\cdot V^{-1}(x-m)\right\} dx$$

를 평균값 m, 공분산행렬 V를 가진 정규분포 또는 가우스 분포라고 한다. 단, dx는 $\mathbb{R}^d$ 위의 르베그 측도이고 V^{-1}는 V의 역행렬, $\cdot$는 $\mathbb{R}^d$에서 내적을 나타낸다. 또, 분포 $\mu_{m,V}$를 가진 $\mathbb{R}^d$–값의 확률변수 $X = (X_1, X_2, \ldots, X_d)$를 정규형(가우스형) 확률변수라고 한다. $\mathbb{R}^d$–값의 정규형 확률변수에 대하여 $E[X] = m, \mathrm{Cov}(X) = V$이다. 여기서 일반적으로 $\mathbb{R}^d$–값의 확률변수 X의 기댓값·공분산은 각각 $E[X] = \left(E[X_i]\right)_{i=1,2,\ldots,d} \in \mathbb{R}^d$, $\mathrm{Cov}(X) = \left(\mathrm{Cov}(X_i, X_j)\right)_{i,j=1,2,\ldots,d}$로 정의한다. $\mathrm{Cov}(X)$는 항상 $d \times d$ 양정 실대칭행렬이다.

특히, X를 평균값 0, 분산 v의 $\mathbb{R}$–값의 정규형 확률변수라고 하면 그의 $2n$차 적률은

$$E[X^{2n}] = (2n-1)!!v^n, \quad n = 1, 2, \ldots$$

이다. 단, $(2n-1)!! = (2n-1)\cdot(2n-3)\cdots 3\cdot 1$이다. $E[e^{i\xi X}] = e^{-v\xi^2/2}, \xi \in \mathbb{R}$, 로 이 양변을 ξ에 대하여 테일러(Taylor) 전개하면 된다(보기 5.16, 보조정리7.37 참조).

(2) X를 매개변수 $\lambda > 0$를 가진 푸아송 분포를 따르는 확률변수라고 할 때

$$E[X] = \mathrm{Var}(X) = \lambda$$

이다.

(3) 코시 분포는 기댓값을 가지지 못한다.

2.2 확률변수 열의 수렴

2.2.1 정의

동일 확률공간 $(\Omega, \mathcal{F}, P)$ 위에 실숫값 확률변수의 열 $(X_n = X_n(\omega))_{n=1,2,...}$ 과 실숫값 확률변수 $X = X(\omega)$가 주어졌다고 하자.

정의 2.45

(1) (**대개수렴**) X_n이 X에 **대개수렴**(almost sure convergence)한다는 것은 P-$a.s.$ ω에 대하여 $X_n(\omega) \to X(\omega)$ $(n \to \infty)$인 경우, 즉

$$P\left(\lim_{n\to\infty} X_n = X\right) = 1$$

또는 더 정확히 서술하면

$$P\left(\left\{\omega \in \Omega\,;\ \lim_{n\to\infty} X_n(\omega) = X(\omega)\right\}\right) = 1$$

이 되는 경우를 말한다. $X_n \to X$ $(a.s.)$로 쓰기도 한다.

(2) (**확률수렴**) X_n이 X에 **확률수렴**(convergence in probability)한다는 것은 임의의 $\varepsilon > 0$에 대하여

$$\lim_{n\to\infty} P(|X_n - X| > \varepsilon) = 0$$

인 때를 말한다.

(3) (**p차 평균수렴**) $p \geq 1$에 대해 X_n이 X에 **p차 평균수렴**(convergence in the mean of order p)한다는 것은

$$\lim_{n\to\infty} E[|X_n - X|^p] = 0$$

인 경우를 말한다.

(4) (**법칙수렴**) 임의의 $f \in C_b(\mathbb{R})$에 대하여

$$\lim_{n\to\infty} E[f(X_n)] = E[f(X)]$$

가 성립할 때 X_n은 X에 **법칙수렴**(convergence in law) 또는 **분포수렴**(convergence in distribution)한다고 한다. 단, $C_b(\mathbb{R})$은 $\mathbb{R}$ 위에서 정의된 실숫값의 유계 연속함수 전체를 나타낸다(§1.9의 기호 일람 참조).

법칙수렴에 대하여 §5.1에서 자세히 다룬다. 대개수렴·확률수렴·p차 평균수렴은(확률수렴·p차 평균수렴에 대해서는 극한 X가 상수인 경우를 제외하고) $(X_n), X$가 동일한 확률공간 위에서 주어진 경우에만 정의되는 개념이다. 한편, 법칙수렴은 (2.7)에 유의하면 $(X_n), X$의 분포에만

따라 정의되는 개념이므로 $(X_n), X$가 반드시 동일한 확률공간에서 정의될 필요는 없다.

참고 2.46

확률변수들로 이루어진 공간에서 확률수렴·p차 평균수렴이 정하는 위상은 각각 거리를 줄 수 있지만(전자에 대해서는 연습문제 2.10 참조, 후자에 대해서는 L^p–노름이 정하는 거리를 취하면 된다) 대개수렴은 거리를 줄 수 없다(연습문제2.11 참조). 법칙수렴은 분포공간 위에서 거리를 줄 수 있다(참고 5.7 참조).

2.2.2 수렴의 여러 개념 사이의 관계

정리 2.47

(1) X_n이 X에 대개 수렴하면 확률수렴한다.

(2) X_n이 X에 p차 평균수렴하면 확률수렴한다.

[**증명**] (1) X_n이 X에 대개수렴하는 ω의 집합은

$$\left\{\lim_{n\to\infty} X_n = X\right\} = \bigcap_{j=1}^{\infty}\bigcup_{n=1}^{\infty}\bigcap_{m=n}^{\infty} A_{m,j} \tag{2.8}$$

로 나타낼 수 있다. 단,

$$A_{m,j} = \left\{|X_m - X| \le \frac{1}{j}\right\}$$

이다. $X_n \to X$ $(a.s.)$인 경우, 이 사건의 확률은 1이다. (2.8)의 우변에서, 먼저 공통 부분 $\bigcap_{j=1}^{\infty}$를 취하고 있지만 각 j를 고정시킨 사건이 집합으로 크므로 그런 사건의 확률도 1이다. 즉, 임의의 $j = 1, 2, \ldots$에 대하여

$$P\left(\bigcup_{n=1}^{\infty}\bigcap_{m=n}^{\infty} A_{m,j}\right) = 1$$

이 성립한다. 그런데 $B_{n,j} = \bigcap_{m=n}^{\infty} A_{m,j}$는 n에 대하여 단조증가하므로 측도 P의 연속성(정리 2.10-2))으로부터

$$\lim_{n\to\infty} P\left(B_{n,j}\right) = 1$$

이다. 그러나 $B_{n,j} \subset A_{n,j}$이므로 임의의 $j = 1, 2, \ldots$에 대하여

$$\lim_{n\to\infty} P\left(A_{n,j}\right) = \lim_{n\to\infty} P\left(|X_n - X| \le \frac{1}{j}\right) = 1$$

이 됨을 알 수 있다. 이제 $\varepsilon > 0$이 주어졌을 때 j를 충분히 크게 잡아 $\frac{1}{j} \le \varepsilon$이 되게 하면

$$\left\{|X_n - X| \le \frac{1}{j}\right\} \subset \left\{|X_n - X| \le \varepsilon\right\}$$

이므로

$$\lim_{n\to\infty} P\left(|X_n - X| \le \varepsilon\right) = 1$$

을 얻고 여집합을 취하면 (1)의 결론을 말할 수 있다. (2)는 체비셰프의 부등식으로부터

$$P(|X_n - X| > \varepsilon) \le \frac{1}{\varepsilon^p} E\left[|X_n - X|^p\right]$$

가 되는 것에 주목하면 된다. ■

[정리 2.47-(1)의 다른 증명-1]

$$P(|X_n - X| > \varepsilon) = E\left[1_{(\varepsilon,\infty)}(|X_n - X|)\right]$$

로 고쳐 쓰면 $X_n \to X$ $(a.s.)$인 경우, 르베그의 수렴 정리를 이용하여 우변의 기댓값은 $n \to \infty$ 일 때 0에 수렴함을 알 수 있다. ■

[정리 2.47-(1)의 다른 증명 -2] $X_n \to X$ $(a.s.)$라고 하자. 이때 에고로프(Egorov)의 정리(야지마 [3] 정리 3.16 참조)에 의하면 임의의 $\delta > 0$에 대하여 $A \in \mathcal{F}$가 존재하여

$P(A) > 1 - \delta$이고 A 위에서 X_n은 X로 고르게 수렴

한다. 즉, 임의의 $\varepsilon > 0$에 대하여 n_0가 존재하여

$$n \ge n_0 \quad \Longrightarrow \quad |X_n(\omega) - X(\omega)| \le \varepsilon, \ \ \omega \in A$$

가 된다. 따라서 $n \ge n_0$일 때

$$P\left(|X_n - X| > \varepsilon\right) \le P(A^c) < \delta$$

이므로 X_n은 X로 확률수렴한다고 말할 수 있다. ■

보기 2.48

정리 2.47-(1), (2)의 역은 반드시 성립하는 것은 아니다. 또, 대개수렴과 p차 평균수렴 사이에 강약의 관계는 없다. 실제로, 예를 들어 $(\Omega, \mathcal{F}, P) = \left((0,1), \mathcal{B}((0,1)), m\right)$ 일 때 $1 \le k \le n$에 대하여

$$X_{n,k}(w) = 1_{\left(\frac{k-1}{n}, \frac{k}{n}\right)}(w), \quad w \in (0,1)$$

로 두고 이것을

$$X_{1,1},\ X_{2,1}, X_{2,2},\ X_{3,1}, X_{3,2}, X_{3,3},\ X_{4,1}, \ldots$$

로 나열한 열을 생각하자. 이 확률변수의 열은 $X = 0$에 확률수렴 또는 p차 평균수렴의 의미로 수렴하지만 대개수렴하지는 않는다. 같은 확률공간 위에서

$$X_n(w) = n1_{(0,\frac{1}{n})}(w), \quad w \in (0,1)$$

을 생각하면 이것은 $X = 0$에 확률수렴 또는 대개수렴의 의미로 수렴하지만 p차 평균수렴하지는 않는다.

명제 2.49

X_n이 X로 확률수렴 또는 p차 평균수렴하면 적당한 부분열이 존재하여 대개수렴한다.

[**증명**] 연습문제 2.12로 한다. ■

확률변수 열의 수렴에 관련한 여러 개념 사이에 성립하는 관계를 정리해두자. 마지막의 $\Longrightarrow$에 관해서는 보조정리 5.4를 참조하기 바란다.

대개수렴	$\searrow$			
		확률수렴	$\Longrightarrow$	법칙수렴
p차 평균수렴	$\nearrow$			

참고 2.50 (**스코로호드**(Skorokhod)**의 정리**)

확률공간과 확률변수의 열을 바꾸어서 아래 의미로 「법칙수렴 $\Longrightarrow$ 대개수렴」을 실현시키는 것이 가능하다. X_n이 X에 법칙수렴할 때 적당히 확률공간 $(\widetilde{\Omega}, \widetilde{\mathcal{F}}, \widetilde{P})$와 그 위에서 정의된 확률변수의 열 $\widetilde{X}_n, \widetilde{X}$을 취하여 각 n에 대해 X_n과 $\widetilde{X}_n$의 분포는 동일하고 X와 $\widetilde{X}$의 분포도 동일하며 더 나아가 $\widetilde{X}_n \to \widetilde{X}$ $(a.s.)$가 되게 할 수 있다(고타니(小谷) [7], 두렛(Durrett) [13] 등 참조).

2.2.3 확률변수 열의 고른 가적분성 9)

보기 2.48에서 본 것처럼 실숫값 확률변수의 열 $(X_n)_{n=1,2,\ldots}$이 X에 수렴하여도

$$X_n \to X \quad (1\text{차 평균수렴}) \qquad \text{또는} \qquad E[X_n] \to E[X]$$

9) 이 절은 뒷전으로 하고 먼저 3장으로 가도 좋다.

가 성립한다고 할 수 없다. 이런 수렴이 성립하기 위한 조건으로 고른 가적분성이 있다.

정의 2.51

실숫값 확률변수의 열 $(X_n)_{n=1,2,\ldots}$ 이 고르게 적분 가능(uniformly integrable)하다는 것은

$$\lim_{\lambda\to\infty} \sup_n E[|X_n|, |X_n| \geq \lambda] = 0 \tag{2.9}$$

이 성립하는 것을 말한다. 즉, $|X_n|$의 (값이 크게 되는 경우의) 꼬리(tail)의 적분이 n에 대하여 고르게 0에 접근하는 것을 말한다. (2.9)는 자세히 쓰면

$$\lim_{\lambda\to\infty} \sup_n \int_{\{\omega\in\Omega;|X_n(\omega)|\geq\lambda\}} |X_n(\omega)| P(d\omega) = 0$$

이다.

X_n이 X에 대개수렴할 때 기댓값의 수렴 $E[X_n] \to E[X]$를 보증하는 것으로 르베그의 수렴 정리(정리 2.38 참조)가 있다. 여기서는 먼저, 르베그의 수렴 정리의 조건이 성립하면 $(X_n)_{n=1,2,\ldots}$은 고르게 가적분이라는 점에 유의하자. 즉, 고른 수렴성은 르베그의 수렴 정리보다 약한 조건이다.

보조정리 2.52

(1) Y가 가적분인 확률변수라면

$$\lim_{\lambda\to\infty} E[|Y|, |Y| \geq \lambda] = 0$$

이 성립한다.

(2) 가적분인 확률변수 $Y(\geq 0)$가 존재하여

$$|X_n| \leq Y$$

가 되면 $(X_n)_{n=1,2,\ldots}$은 고르게 가적분이다.

[**증명**] 1단계 ((1)의 증명) : 확률변수열 $Z_\lambda, \lambda > 0$를

$$Z_\lambda = |Y| \cdot 1_{\{|Y|\geq\lambda\}}$$

로 정의하면

$$E[|Y|, |Y| \geq \lambda] = E[Z_\lambda]$$

이다. 그런데 Z_λ는 $\lambda \to \infty$일 때 0에 수렴하고 임의의 $\lambda > 0$에 대하여 $|Z_\lambda| \leq |Y|$로 가적분인 확률변수 $|Y|$에 지배되므로 르베그의 수렴 정리로부터 결론을 말할 수 있다.

2단계 ((2)의 증명) : $|X_n| \le Y$ 이므로 임의의 $\lambda > 0$에 대하여

$$\{|X_n| \ge \lambda\} \subset \{Y \ge \lambda\}$$

이다. 따라서

$$\begin{aligned} E[|X_n|, |X_n| \ge \lambda] &\le E[|X_n|, Y \ge \lambda] \\ &\le E[Y, Y \ge \lambda] \end{aligned}$$

로 평가되지만 Y는 가적분이므로 (1)로부터 $\lambda \to \infty$일 때 우변은 0에 수렴한다. 우변은 n에 의존하지 않으므로 이 수렴은 n에 대하여 고르고 결론을 얻었다. ■

- 고른 가적분성의 판정 조건

고른 가적분성을 보장하는 조건으로 다음 보조정리가 자주 사용된다.

보조정리 2.53

(1) 보렐 가측함수 $\psi : \mathbb{R} \to \mathbb{R}_+$가

$$\lim_{|x| \to \infty} \frac{|x|}{\psi(x)} = 0$$

을 만족하고 또

$$\sup_n E[\psi(X_n)] < \infty$$

가 성립하면 $(X_n)_{n=1,2,\ldots}$은 고르게 가적분이다.

(2) 특히 $p > 1$가 존재하여

$$\sup_n E[|X_n|^p] < \infty$$

이면 $(X_n)_{n=1,2,\ldots}$은 고르게 가적분이다.

[**증명**] $|X_n| \ge \lambda$이면

$$|X_n| = \frac{|X_n|}{\psi(X_n)} \psi(X_n) \le a(\lambda)\psi(X_n)$$

으로 평가할 수 있다(충분히 큰 λ에 대하여 $|x| \ge \lambda \implies \psi(x) > 0$에 유의하기 바람). 단,

$$a(\lambda) = \sup\left\{\frac{x}{\psi(x)}; |x| \ge \lambda\right\}$$

이다. 따라서

$$E[|X_n|, |X_n| \ge \lambda] \le a(\lambda)E[\psi(X_n)] \le a(\lambda)M$$

으로 눌러지고 $a(\lambda) \to 0\ (\lambda \to \infty)$이므로 (1)을 말할 수 있다. 단, $M = \sup_n E[\psi(X_n)] < \infty$이다.

윗식은 기본적으로 체비셰프의 부등식이다. (2)는 특별히 $\psi(x) = |x|^p$ 로 취하면 된다. ■

참고 2.54

실제로 보조정리 2.53-(1)의 역도 성립한다. 즉, $(X_n)_{n=1,2,...}$ 이 고르게 적분 가능하면 보조정리 2.53-(1)의 두 개의 조건을 만족하는 ψ를 취할 수 있다(Dellacherie–Meyer [16] 제 2장, 24쪽 참조).

보조정리 2.55

고르게 적분 가능한 확률변수의 열 $(X_n)_{n=1,2,...}$ 은 다음 두 조건을 만족한다.

1) $\sup_n E[|X_n|] < \infty$
2) 임의의 $\varepsilon > 0$에 대해 $\delta > 0$가 존재하여 $A \in \mathcal{F}$가 $P(A) < \delta$를 만족하면

$$\sup_n E[|X_n|, A] < \varepsilon$$

이다.

[**증명**] 1)은 자명하다. 실제로

$$\begin{aligned} E[|X_n|] &= E[|X_n|, |X_n| < \lambda] + E[|X_n|, |X_n| \geq \lambda] \\ &\leq \lambda + E[|X_n|, |X_n| \geq \lambda] \end{aligned}$$

로 평가되는데 우변의 둘째 항은 $\lambda \to \infty$일 때 n에 대하여 고르게 0으로 수렴하므로, 적어도 λ를 충분히 크게 하면 n에 대하여 유계인 것을 알 수 있다.

다음으로 2)를 보이자. A 위의 기댓값을 $|X_n| < \lambda$와 $|X_n| \geq \lambda$의 2개 경우로 나누어

$$E[|X_n|, A] = E[|X_n|, A \cap \{|X_n| < \lambda\}] + E[|X_n|, A \cap \{|X_n| \geq \lambda\}]$$

로 분해하면 우변의 첫째 항은

$$E[|X_n|, A \cap \{|X_n| < \lambda\}] \leq \lambda P(A)$$

로 평가된다. 실제로 $|X_n| < \lambda$일 때 피적분함수는 λ로 눌러지고 적분영역을 A에 확장하면 된다. 한편, 둘째 항은 $\lambda > 0$를 충분히 크게 하면 n에 대하여 고르게

$$E[|X_n|, A \cap \{|X_n| \geq \lambda\}] \leq E[|X_n|, |X_n| \geq \lambda] \leq \frac{\varepsilon}{2}$$

으로 평가된다. 이제 λ를 그렇게 취하여 고정하고 $\delta = \frac{\varepsilon}{2\lambda}$ 로 취하면

$$P(A) < \delta \Longrightarrow \lambda P(A) < \frac{\varepsilon}{2}$$

이 되므로 2)를 보였다. ■

보조정리 2.55의 역이 성립한다.

명제 2.56 (고른 가적분성의 판정 조건)

$(X_n)_{n=1,2,\ldots}$에 대하여 다음의 두 조건은 동치이다.

1. $(X_n)_{n=1,2,\ldots}$은 고르게 가적분이다.
2. $(X_n)_{n=1,2,\ldots}$에 대하여 보조정리 2.55의 조건 1), 2)가 성립한다.

[**증명**] 「1) $\Longrightarrow$ 2)」는 보조정리 2.55에서 보였으므로 여기서는 거꾸로 2) $\Longrightarrow$ 1)」을 증명하자. 그러므로

$$A_n = \{|X_n| \geq \lambda\}$$

로 취하면 체비셰프의 부등식으로부터

$$P(A_n) \leq \frac{1}{\lambda}E[|X_n|] \leq \frac{M}{\lambda}$$

과 같이 평가할 수 있다. 단, $M = \sup_n E[|X_n|]$으로 두었다. 보조정리 2.55의 조건 1)로부터 $M < \infty$이다. 따라서 보조정리 2.55의 조건 2)로부터 $\frac{M}{\lambda} < \delta$ (즉, $\lambda > \frac{M}{\delta}$)이면

$$E[|X_n|, A_n] < \varepsilon$$

이 성립함을 알 수 있다. 특별히

$$\lim_{\lambda\to\infty} \sup_n E\left[|X_n|, |X_n| \geq \lambda\right] = 0$$

을 보였다. ■

- 르베그의 수렴 정리의 일반화

고른 가적분성 아래서 르베그의 수렴 정리는 아래와 같이 일반화된다.

정리 2.57

확률변수의 열 $(X_n)_{n=1,2,\ldots}$이 고르게 가적분이라고 하자. 그러면

1) X_n이 X에 대개수렴하면 X_n은 X에 1차 평균수렴한다. 즉,

$$\lim_{n\to\infty} E[|X_n - X|] = 0$$

이 성립한다. 특히, 극한 X는 가적분이고

$$\lim_{n\to\infty} E[X_n] = E[X]$$

이다. 다시 말해 기댓값과 극한 조작은 순서를 바꿀 수 있다.

2) X_n이 X에 확률수렴하는 것과 X_n이 X에 1차 평균수렴하는 것은 동치이다.

[**증명**] 1단계: $(X_n)_{n=1,2,\ldots}$은 고르게 가적분이고 $X_n \to X$ $(a.s.)$라고 하자. 이 경우 파토우의 보조정리를 쓰면

$$E[|X|] \le \liminf_{n\to\infty} E[|X_n|] < \infty$$

이므로 X가 가적분임을 알 수 있다. 또, $(X_n - X)_{n=1,2,\ldots}$는 고르게 가적분이다. 실제로, 명제 2.56에 주의하여 $(X_n - X)_{n=1,2,\ldots}$가 보조정리 2.55의 조건 1), 2)를 만족하는 것을 확인하면 된다.
2단계 $\big($1)의 증명$\big)$: $\lambda > 0$에 대하여

$$\begin{aligned} E[|X_n - X|] =& E[|X_n - X|, |X_n - X| < \lambda] \\ &+ E[|X_n - X|, |X_n - X| \ge \lambda] \end{aligned} \tag{2.10}$$

로 분해되는데 제 1항은 λ를 고정할 때

$$\lim_{n\to\infty} E[|X_n - X|, |X_n - X| < \lambda] = 0 \tag{2.11}$$

이다. 실제로,

$$(\text{제 1항}) = E[|X_n - X| 1_{\{|X_n - X| < \lambda\}}]$$

로 고쳐쓰면 피적분함수의 값은 언제나 0과 λ 사이에 있으므로 특별히 유계일 뿐만 아니라 $n \to \infty$일 때 0으로 대개수렴한다. 따라서 르베그의 수렴 정리를 써서 (2.11)을 얻는다. 제 2항에 대해서는, 1단계로부터 $(X_n - X)_{n=1,2,\ldots}$도 고르게 가적분이므로

$$\lim_{\lambda\to\infty} \sup_n E[|X_n - X|, |X_n - X| \ge \lambda] = 0$$

이다. 따라서 λ를 충분히 크게 잡아 (2.10)의 우변의 제 2항$< \varepsilon$이 되게 하고 그러한 λ를 고정하고 $n \to \infty$를 취하면 (2.10)의 우변의 제 1항$\to 0$이 되고

$$\lim_{n\to\infty} E[|X_n - X|] = 0$$

을 보일 수 있다. 특히, $n \to \infty$일 때

$$|E[X_n] - E[X]| \le E[|X_n - X|] \to 0$$

이므로 기댓값의 수렴도 말할 수 있다.

3단계 $\big($2) 의 증명$\big)$: 1차 평균수렴으로부터 확률수렴이 따르는 것은 정리 2.47-(2)에서 보았다. 여기서는 역을 보이자. 그러기 위해 (X_n)의 임의의 부분열 $(X_{n'})$을 취하자. 부분열 $(X_{n'})$도 X에 확률수렴하므로 그의 적당한 부분열 $(X_{n''})$이 존재하여 $(X_{n''})$은 X에 대개수렴한다(명제 2.49에 주의). 따라서 1)로부터 $(X_{n''})$는 X에 1차 평균수렴하는 것을 알 수 있다. 극한 X는 부분열 $(X_{n'})$과 $(X_{n''})$에 의존하지 않고 같으므로 이는 부분열을 취할 필요 없이 원래의 (X_n) 자신이 X에 1차 평균수렴하는 것을 의미한다(연습문제 2.13 참조). ■

정리 2.58

각 X_n은 가적분이고 X_n은 X에 대개수렴한다고 가정하자. 이 경우 다음 세 조건은 동치이다.

1. $(X_n)_{n=1,2,\ldots}$은 고르게 가적분이다.
2. X_n은 X에 1차 평균수렴한다. 즉, $E[|X_n - X|] \to 0$.
3. $E[|X_n|]$은 $E[|X|]$에 수렴하고 $E[|X|] < \infty$이다.

[**증명**] 1단계 $\big($1) $\Longrightarrow$ 2), 2) $\Longrightarrow$ 3)의 증명$\big)$: 「1) $\Longrightarrow$ 2)」는 정리 2.57의 1)에서 보였다. 2) $\Longrightarrow$ 3)」도

$$\begin{aligned}\big|E[|X_n|] - E[|X|]\big| &= \big|E[|X_n| - |X|]\big| \\ &\le E\Big[\big||X_n| - |X|\big|\Big] \\ &\le E[|X_n - X|] \longrightarrow 0\end{aligned}$$

이므로 명백하다.

2단계 $\big($3) $\Longrightarrow$ 1)의 증명$\big)$: $\lambda > 0$에 대하여

$$E[|X_n|, |X_n| \ge \lambda] = E[|X_n|] - E[|X_n|, |X_n| < \lambda]$$

로 고쳐쓰면 3)의 가정으로부터 우변의 제 1항에 대해서는

$$\lim_{n\to\infty} E[|X_n|] = E[|X|]$$

가 성립한다. 한편, 우변의 제 2항에 대해서는 $\lambda > 0$가 $P(|X| = \lambda) = 0$을 만족하면

$$\lim_{n\to\infty} E[|X_n|, |X_n| < \lambda] = E[|X|, |X| < \lambda]$$

이다. 말하자면, $P(|X| = \lambda) = 0$ 이라면

$$|X_n| \cdot 1_{\{|X_n|<\lambda\}} \longrightarrow |X| \cdot 1_{\{|X|<\lambda\}} \quad a.s.$$

이므로 르베그의 수렴 정리를 쓸 수 있기 때문이다.

이상의 논의를 요약하면 $P(|X| = \lambda) = 0$ 인 경우

$$\lim_{n\to\infty} E[|X_n|, |X_n| \geq \lambda] = E[|X|, |X| \geq \lambda]$$

가 됨을 알 수 있다. 그런데 $E[|X|] < \infty$ 이므로 $\lambda > 0$ 를 충분히 크게 잡으면 (우변) $< \varepsilon$ 이 된다. $P(|X| = \lambda) > 0$ 이 되는 λ 는 많아야 가산개밖에 존재하지 않는다는 것에 주의하자(말하자면, $P(|X| = \lambda) \geq 1/j$ 가 되는 λ 는 많아야 j 개밖에 없기 때문이다). 따라서, n_0 가 존재하여 λ 는 충분히 크고 $n \geq n_0$ 라면

$$E[|X_n|, |X_n| \geq \lambda] < 2\varepsilon$$

이 되는 것을 알 수 있다. 이것으로부터 $(X_n)_{n=1,2,\ldots}$ 의 고른 가적분성을 알 수 있다. ■

다음 사실은 알려져 있다.[10)]

정리 2.59 (던포드-페티스(Dunford–Pettis)의 콤팩트성 판정 조건)

$(X_n)_{n=1,2,\ldots}$ 이 고르게 가적분인 것과 $(X_n)_{n=1,2,\ldots}$ 이 공간 $L^1(\Omega) \equiv \{X; E[|X|] < \infty\}$ 에서 약수렴 위상 아래서 상대적으로 콤팩트가 되는 것은 동치이다. 단, X_n 이 X 에 $L^1(\Omega)$ 에서 약수렴한다는 것은 임의의 $Y \in L^\infty(\Omega) \equiv \{Y; \|Y\|_\infty < \infty\}$ 에 대하여

$$\lim_{n\to\infty} E[X_n Y] = E[XY]$$

가 성립하는 것을 말한다.

10) 예를 들어, N. Dunford and J.T. Schwartz, Linear Operators, Part I, Interscience, 1958 또는 Dellacherie–Meyer [16] 제 2장 등을 참조하라.

연습문제

2.1. $\mathbb{R}$ 위의 보렐 집합족 $\mathcal{B}(\mathbb{R})$에 대하여 $\mathcal{B}(\mathbb{R}) = \sigma(\mathcal{A}_i), 1 \le i \le 7$가 성립하는 것을 보여라. 여기서 $\mathcal{A}_1 - \mathcal{A}_7$는 아래와 같이 정해진 $\mathbb{R}$의 부분 집합족이다. 단, $a, b \in \mathbb{R}$이다.

$\mathcal{A}_1 = \{\mathbb{R}$의 개구간 (a,b) 전체$\}$, $\mathcal{A}_2 = \{\mathbb{R}$의 반개구간 $[a,b)$ 전체$\}$

$\mathcal{A}_3 = \{\mathbb{R}$의 반개구간 $(a,b]$ 전체$\}$, $\mathcal{A}_4 = \{\mathbb{R}$의 폐구간 $[a,b]$ 전체$\}$

$\mathcal{A}_5 = \{\mathbb{R}$의 무한구간 $(-\infty,a)$ 전체$\}$, $\mathcal{A}_6 = \{\mathbb{R}$의 무한구간 (a,∞) 전체$\}$

$\mathcal{A}_7 = \{\mathbb{R}$의 닫힌집합 전체$\}$

2.2. Ω 위에서 $\mathbb{R}^n$-값 함수 $X(\omega) = \big(X_1(\omega), X_2(\omega), \ldots, X_n(\omega)\big)$가 주어지고 각 성분 $X_k : (\Omega, \mathcal{F}) \to (\mathbb{R}, \mathcal{B}(\mathbb{R})), k = 1, 2, \ldots, n$가 가측이면 X는 사상 $X : (\Omega, \mathcal{F}) \to (\mathbb{R}^n, \mathcal{B}(\mathbb{R}^n))$으로서 가측임을 보여라.

2.3. 정의 2.22-(1)의 P_X가 $(\mathbb{R}, \mathcal{B}(\mathbb{R}))$ 위의 확률측도가 됨을 보여라.

2.4. 명제 2.25의 성질 1), 2)를 만족하는 함수 F의 불연속점은 많아야 가산개 존재함을 보여라.

2.5. 예 2.31-(1)의 정규분포밀도함수에 대하여

$$\int_{\mathbb{R}} p_{m,v}(x)\,dx = 1$$

이 됨을 확인하여라.

2.6. 코시 분포 밀도함수$(m = 0, \sigma = 1)$에 대하여

$$\int_{\mathbb{R}} \frac{1}{\pi(1+x^2)}\,dx = 1$$

이 됨을 보여라.

2.7. 실숫값의 확률변수 X가 $E[X^4] < \infty$를 만족하고 $-X$는 X와 같은 분포를 가진다고 하자(X는 대칭이라고 한다). 이 경우 X와 X^2의 공분산 $\mathrm{Cov}(X, X^2)$을 구하여라.

2.8. $0 < p < 1$에 대하여 $\mathbb{N}$-값의 확률변수 X가

$$P(X = \ell) = p(1-p)^{\ell-1}, \quad \ell = 1, 2, \ldots$$

를 만족할 때 그러한 분포를 매개변수 p를 가진 기하분포(geometric distribution)라고 한다.[11] 이러한 확률변수에 대하여 $E[X] = 1/p, \mathrm{Var}(X) = (1-p)/p^2$를 보여라.

2.9. 치환적분의 공식 (2.7)을 보여라.

2.10. 실숫값 확률변수 X, Y에 대하여

$$d(X,Y) = E\left[\frac{|X-Y|}{1+|X-Y|}\right]$$

로 두면 $d(X,Y)$는 거리 공리를 만족하고 $d(X_n, X) \to 0 \iff X_n \to X$(확률수렴)이 됨을 보여라. 단, $X = Y$ *a.s.* 인 경우 X와 Y는 동일한 것으로 간주한다.

2.11. 확률변수의 열에 대하여 대개수렴은 거리를 줄 수 없음을 보여라.

2.12. 명제 2.49를 증명하여라.

2.13. 정리 2.57의 증명의 3단계에 대하여 마지막 논의(즉, (X_n)의 임의의 부분열이 1차 평균수렴 부분열을 가지면 (X_n) 자신이 1차 평균수렴한다)가 올바름을 확인하여라.

2.14. $X_n \to X$ (*a.s.*)라고 하자. 이 경우 $p \geq 1$에 대하여 $(X_n)_{n=1,2,\ldots}$이 고른 p차 가적분, 즉

$$\lim_{\lambda\to\infty} \sup_n E[|X_n|^p, |X_n| \geq \lambda] = 0$$

이라면 X_n은 X에 p차 평균수렴함,

$$\lim_{n\to\infty} E[|X_n - X|^p] = 0$$

을 보여라.

11) 앞면이 나올 확률이 p, 뒷면이 나올 확률이 $1-p$인 동전을 던진다. X번째 처음으로 앞면이 나온다고 하면 X는 기하분포를 따른다.

3

조건부 확률과 독립성

1장에서 논의한 바와 같이 확률론에서 가장 중요한 개념은 독립성이다. 이 장에서는 먼저 조건부 확률 및 조건부 기댓값을 정의하고 그로부터 「독립성」이라고 부르는 확률적 구조로 자연스럽게 이끌어 간다. 독립성은 사건, σ–집합대수, 확률변수의 집합에 대하여 각각 정의할 수 있다. 독립인 확률변수의 열을 구성하기 위하여 확률공간의 직접곱을 생각하자. 조건부 확률과 조건부 기댓값은 $\mathcal{F}$의 부분 σ–집합대수 $\mathcal{G}$에 대하여 정의할 수 있다. 이것은 독립인 확률변수의 열에 관한 이론을 일반화한 마팅게일 이론(6장)에서 기본적인 역할을 한다. 마지막으로, 독립성의 응용으로 콜모고로프의 0–1 법칙에 대하여 논한다.

3.1 조건부 확률의 소박한 정의

먼저, 간단한 의미로서 조건부 확률·조건부 기댓값의 정의를 주자. 확률공간 $(\Omega, \mathcal{F}, P)$가 주어지고 $P(B) > 0$이 되어 어떤 사건 $B \in \mathcal{F}$가 분명히 일어나는 것이 미리 알려졌다고 하자.

정의 3.1

$A, B \in \mathcal{F}$이고 $P(B) > 0$이라고 하자. 사건 B가 주어졌을 때 사건 A의 조건부 확률(conditional probability)은

$$P(A|B) = \frac{P(A \cap B)}{P(B)}$$

를 말한다. 또는, B를 고정하고 A가 변화한다고 생각할 때

$$P(\cdot|B) = \frac{P(\cdot \cap B)}{P(B)} \tag{3.1}$$

를 B가 주어졌을 때 조건부 확률이라고 한다.

(3.1) 의 우변의 분자는 B가 반드시 일어난다는 조건 아래 사상 B에 제한하여 확률을 생각하는 것을 의미하고 분모는 전체 확률이 1이 되도록 규격화하기 위한 것이다. $P(B) = 0$인 경우 (3.1)

의 우변은 0/0이 되어 의미가 없다.

조건부 확률의 간단한 성질을 몇 개 정리해두자(연습문제 3.1 참조).

보조정리 3.2

(1) $P(A|B)$는 A에 대하여 확률측도이다. 즉, $P(B) > 0$에 대하여

1. $P(A|B) \geq 0$.

2. $P(\Omega|B) = 1$.

3. $A_n \in \mathcal{F}, n = 1, 2, \ldots$이 서로소이면

$$P\left(\bigcup_{n=1}^{\infty} A_n \middle| B\right) = \sum_{n=1}^{\infty} P(A_n|B).$$

(2) (전확률의 공식) $\{B_i \in \mathcal{F}\}_{i\in I}$가 Ω의 유한이거나 가산 분할(즉, I가 유한이거나 가산 집합이고 $i \neq j$일 때 $B_i \cap B_j = \emptyset$이고 $\bigcup_{i\in I} B_i = \Omega$)이며, 각 $i \in I$에 대하여 $P(B_i) > 0$을 만족한다고 하자. 그러면

$$P(A) = \sum_{i\in I} P(A|B_i)P(B_i).$$

(3) (베이즈(Bayes)의 공식) $\{B_i \in \mathcal{F}\}_{i\in I}$가 위와 같은 조건을 만족한다고 할 때 임의의 $j \in I$에 대하여

$$P(B_j|A) = \frac{P(A|B_j)P(B_j)}{\sum_{i\in I} P(A|B_i)P(B_i)}$$

가 성립한다.

조건부 확률의 개념은 § 3.4에서 사건 B가 주어진 경우로부터 σ–집합대수 $\mathcal{G}$가 주어진 경우로 일반화한다.

$P(\cdot|B)$는 $(\Omega, \mathcal{F})$ 위의 확률측도로 이 측도에 관한 기댓값을 조건부 기댓값 (또는 조건부 평균값)이라고 한다. 즉, $X = X(\omega)$를 실숫값 확률변수라고 할 때

$$E[X|B] = \int_\Omega X(\omega)P(d\omega|B)$$

로 정한다.

$$P(d\omega|B) = \frac{1}{P(B)} 1_B(\omega)P(d\omega)$$

이므로

$$E[X|B] = \frac{1}{P(B)} \int_B X(\omega)P(d\omega)$$

이다. 또는, 사건 B 위에서 X의 기댓값 $E[X,B]$를 써서

$$E[X|B] = \frac{E[X,B]}{P(B)}$$

로 써도 된다.

3.2 독립성

3.2.1 사건의 독립성

그러면 확률론의 중심적 개념인 「독립성」을 정의해보자.

• 2개 사건의 독립성

「사건 A가 B에 의존하지 않는다」 달리 말해 「사건 A와 B가 독립」이라고 하는 것은 「B에 조건을 두어도 A의 확률은 본디 것과 다르지 않다」고 말하는 것이라고 생각할 수 있다. 그래서, 먼저 $P(B) > 0$인 경우

$$P(A|B) = P(A)$$

가 성립하는 것으로 정의하자. 이 조건은 $P(A \cap B) = P(A)P(B)$ 로 바꿔쓸 수 있고 이 식은 $P(B) = 0$이어도 의미를 가지므로 이것을 정의로 채용하여

정의 3.3

$A, B \in \mathcal{F}$에 대하여 2개의 사건 A와 B가 독립이라고 하는 것은

$$P(A \cap B) = P(A)P(B)$$

가 성립하는 것을 말한다.

보조정리 3.4

$A, B \in \mathcal{F}$에 대하여 다음 네 조건은 서로 동치이다.

(1) A와 B가 독립

(2) A^c와 B가 독립

(3) A와 B^c가 독립

(4) A^c와 B^c가 독립

특히 $A \in \mathcal{F}$에 대하여 A를 포함한 가장 작은 σ-집합대수를 $\mathcal{F}_A = \{\emptyset, A, A^c, \Omega\}$로 쓸 때, A와 B가 독립이면 임의의 $C_1 \in \mathcal{F}_A$과 $C_2 \in \mathcal{F}_B$에 대하여

$$P(C_1 \cap C_2) = P(C_1)P(C_2)$$

가 성립한다.

[증명] 연습문제 3.2로 한다. ■

• 여러 개 사건의 독립성

사건의 개수가 3 이상일 경우에도 독립성의 개념을 정의한다.

정의 3.5

$A_k \in \mathcal{F}, k = 1,2,\ldots,n$일 때 사건의 모임 $\{A_k\}_{k=1,2,\ldots,n}$가 독립이라고 하는 것은 임의의 $1 \le \ell \le n$과 임의의 $1 \le k_1 < k_2 < \cdots < k_\ell \le n$에 대하여

$$P\left(\bigcap_{i=1}^{\ell} A_{k_i}\right) = \prod_{i=1}^{\ell} P\left(A_{k_i}\right) \tag{3.2}$$

가 성립하는 것을 말한다.

참고 3.6

사건 $\{A_k\}_{k=1,2,\ldots,n}$ 가

$$P(A_1 \cap A_2 \cap \cdots \cap A_n) = \prod_{k=1}^{n} P(A_k) \tag{3.3}$$

를 만족하여도 반드시 독립인 것은 아니다(연습문제 3.3 참조).

정의 3.5를 더 일반화하여

정의 3.7

(일반적으로 비가산인) 집합 Λ로 매개변수화된 사건의 모임 $\{A_k \in \mathcal{F}\}_{k\in\Lambda}$가 독립이라는 것은 Λ의 임의의 유한 부분집합 $\{k_1, k_2, \ldots, k_\ell\} \subset \Lambda$에 대하여 (3.2)가 성립하는 것을 말한다.

3.2.2 σ–집합대수의 독립성

보조정리 3.4에 주의하여 사건의 독립성을 σ–집합대수의 독립성으로 일반화해 보자.

정의 3.8

$\mathcal{F}_1$과 $\mathcal{F}_2$는 $\mathcal{F}$의 부분 σ–집합대수, 즉

각 $\mathcal{F}_k$ $(k = 1, 2)$ 는 σ–집합대수로, $\mathcal{F}_k \subset \mathcal{F}$를 만족

할 때 $\mathcal{F}_1$과 $\mathcal{F}_2$가 독립이라는 것은 임의의 $C_1 \in \mathcal{F}_1$과 $C_2 \in \mathcal{F}_2$에 대하여

$$P(C_1 \cap C_2) = P(C_1)P(C_2)$$

가 성립하는 것을 말한다.

이 정의를 더 일반화하여

정의 3.9

(1) $\mathcal{F}_1, \mathcal{F}_2, \ldots, \mathcal{F}_n$을 $\mathcal{F}$의 부분 σ-집합대수라 할 때 $\mathcal{F}_1, \mathcal{F}_2, \ldots, \mathcal{F}_n$이 독립(independent 또는 jointly independent)이라고 하는 것은 임의의 $C_k \in \mathcal{F}_k$ $(1 \le k \le n)$에 대하여

$$P(C_1 \cap C_2 \cap \cdots \cap C_n) = \prod_{k=1}^{n} P(C_k)$$

가 성립하는 것을 말한다.

(2) 또, (일반적으로 비가산인) 집합 Λ로 매개변수가 붙은 $\mathcal{F}$의 부분 σ-집합대수의 모임 $\{\mathcal{F}_k\}_{k \in \Lambda}$가 독립이라는 것은 Λ의 임의의 유한 부분집합 $\{k_1, k_2, \ldots, k_\ell\}$에 대하여 $\{\mathcal{F}_{k_i}\}_{i=1,2,\ldots,\ell}$가 독립인 것을 말한다.

(3) $\{\mathcal{F}_k\}_{k \in \Lambda}$로부터 임의의 쌍 $i \neq j$ $(i, j \in \Lambda)$를 취할 때 $\mathcal{F}_i$와 $\mathcal{F}_j$가 독립이 되면 $\{\mathcal{F}_k\}_{k \in \Lambda}$는 쌍으로 독립(pairwisely independent)이라고 한다.

쌍으로 독립이라고 해서 독립인 것은 아니다(연습문제 3.4 참조).

3.2.3 확률변수의 독립성

일반적인 가측 공간에서 값을 취하는 확률변수에 대하여 독립성의 개념을 정의한다. 여기서 확률변수는 모두 동일한 확률공간 $(\Omega, \mathcal{F}, P)$에서 정의된 것으로 한다. $k = 1, 2, \ldots, n$ 또는 Λ는 일반적인 집합이고 $k \in \Lambda$에 대하여 가측 공간 $(S_k, \mathcal{S}_k)$가 주어졌다고 하자.

정의 3.10

(1) S_k-값 확률변수의 열 $(X_k)_{k=1,2,\ldots,n}$가 독립이라는 것은 임의의 $A_1 \in \mathcal{S}_1, A_2 \in \mathcal{S}_2, \ldots, A_n \in \mathcal{S}_n$에 대하여

$$P(X_k \in A_k, k = 1, 2, \ldots, n) = \prod_{k=1}^{n} P(X_k \in A_k)$$

가 성립하는 것을 말한다.

(2) 더 나아가 일반적으로 S_k-값 확률변수의 모임 $(X_k)_{k \in \Lambda}$가 독립이라는 것은 Λ의 임의의

의 유한 부분집합 $k_1, k_2, \ldots, k_\ell \in \Lambda$과 $A_1 \in \mathcal{S}_{k_1}, A_2 \in \mathcal{S}_{k_2}, \ldots, A_\ell \in \mathcal{S}_{k_\ell}$에 대하여

$$P(X_{k_i} \in A_i, i = 1, 2, \ldots, \ell) = \prod_{i=1}^{\ell} P(X_{k_i} \in A_i)$$

가 성립하는 것을 말한다.

참고 3.11

$\Lambda = \{1, 2, \ldots, n\}$인 경우 정의 3.10의 조건 (1)과 조건 (2)는 동치이다. 실제로 $1 \leq k_1 < k_2 < \cdots < k_\ell \leq n$일 때, (1)에서 $k \neq k_i (1 \leq i \leq \ell)$라면 $A_k = S_k$로 취하면 (2)가 나오기 때문이다.

참고 3.12

확률변수 X가 생성하는 σ–집합대수를 $\sigma(X)$로 두면(명제 2.20 참조), 확률변수의 열의 독립성은 그것이 생성하는 σ–집합대수의 독립성과 동치이다(독립인 확률변수의 열의 존재에 대해서는 §3.3 참조).

명제 3.13

$S_k = \mathbb{R}$이고 각 X_k의 분포가 확률밀도함수 $p_k(x)$를 가질 때 $(X_k)_{k=1,2,\ldots,n}$의 독립성은

$$P(a_1 \leq X_1 \leq b_1, a_2 \leq X_2 \leq b_2, \ldots, a_n \leq X_n \leq b_n) = \prod_{k=1}^{n} \int_{a_k}^{b_k} p_k(x)\, dx$$

가 임의의 $a_1 \leq b_1, a_2 \leq b_2, \ldots, a_n \leq b_n$에 대하여 성립하는 것과 동치이다.

[증명] 연습문제 3.5로 한다. ■

확률변수열의 독립성은 가측함수와 합성하여도 유지된다.

보조정리 3.14

S_k–값 확률변수의 열 $(X_k)_{k=1,2,\ldots,n}$는 독립이고 $g_k : S_k \to S'_k, k = 1, 2, \ldots, n$는 가측이라고 하자. 단, $(S'_k, \mathcal{S}'_k)$는 다른 가측 공간이다. 이 경우 $Y_k = g_k(X_k), k = 1, 2, \ldots, n$로 두면 S'_k–값 확률변수의 열 $(Y_k)_{k=1,2,\ldots,n}$는 독립이다.

[증명] $k = 1, 2, \ldots, n$에 대하여

$$\{Y_k \in A_k\} = \{X_k \in g_k^{-1}(A_k)\}, \quad A_k \in \mathcal{S}'_k$$

가 되는 것에 주목하면 된다. ■

즉,

$$P(\tau_j = \ell) = \binom{n}{\ell} p_j^{\ell}(1-p_j)^{n-\ell}, \quad 0 \le \ell \le n \tag{3.4}$$

이 성립한다. 실제로 $\{\tau_j = \ell\}$는 1회부터 n 회 안에 딱 ℓ회가 s_j 이고, 다른 $n-\ell$회는 s_j가 되지 않는 사건을 나타낸다. n개로부터 ℓ개를 선택하는 방법은 $\binom{n}{\ell}$이고 그 각각의 확률은 $p_j^{\ell}(1-p_j)^{n-\ell}$이므로 (3.4)가 얻어진다. 이항분포의 기댓값, 분산에 대해서는 연습문제 3.9를 참조하기 바란다.

3.3.2 무한개 확률공간의 직접곱

이번에는 확률공간의 무한 열 $(S_n, \mathcal{S}_n, \mu_n), n = 1,2,\ldots$이 주어졌다고 하자. 이 경우 $\Omega = \prod_{n=1}^{\infty} S_n$(무한 직접곱 공간)으로 하고 Ω의 부분 공간으로

$$C_A^{(n)} = \{\omega \in \Omega\,;\,(\omega_1, \omega_2, \ldots, \omega_n) \in A\}, \quad A \in \mathcal{S}_1 \times \mathcal{S}_2 \times \cdots \times \mathcal{S}_n$$

꼴을 원통형 집합이라고 한다(보기 2.4, 보기 2.6 참조). 단, $\omega = (\omega_1, \omega_2, \ldots) \in \Omega$로 나타낸다. 원통형 집합의 모임

$$\mathcal{C} = \{C_A^{(n)}\,;\, n = 1,2,\ldots, A \in \mathcal{S}_1 \times \mathcal{S}_2 \times \cdots \times \mathcal{S}_n\}$$

는 Ω의 유한집합대수이다. $\mathcal{C}$가 생성하는 σ–집합대수 $\mathcal{F} = \sigma(\mathcal{C})$를 콜모고로프의 σ–집합대수라고 한다.

호프의 확장정리(§A.3, 정리 A.10)를 이용하여 무한 직접곱 측도를 구성할 수 있다. 그렇게 하기 위해 먼저 $\mathcal{C}$ 위에서 μ를

$$\mu(C_A^{(n)}) = (\mu_1 \times \mu_2 \times \cdots \times \mu_n)(A)$$

로 정의한다. μ가 잘 정의된다(well-defined)는 것, 즉 $C_A^{(n)}$를 정할 때 A, n을 취하는 방법에 의존하지 않는다는 것에 주의하기 바란다. 그 위에서 이 μ가 호프의 확장정리의 조건 (2)′을 만족하는 것을 확인하면 된다. μ를 $(\Omega, \mathcal{F})$ 위에 확장시켜 얻은 확률측도를

$$\prod_{n=1}^{\infty} \mu_n$$

으로 나타낸다. 뒤에, $S_n = \mathbb{R}$인 경우로 한정지으나 직접곱 측도를 포함한 일반 측도의 구성을 보증하는 콜모고로프의 확장정리(정리 7.1)에 대하여 언급한다. 이 절에서 S_n은 일반적인 것을 생각하므로 기본적인 차이가 있으나 증명은 공통점도 있다. 그러므로 여기서 상세한 것은 생략하기로 한다.

참고 3.22

예를 들어, S_n이 폴란드 공간(완전 분해가능 거리공간)이고 $\mathcal{S}_n$은 그의 보렐 집합족(보기 2.5)인 경우, 콜모고로프의 σ–집합대수 $\mathcal{F}$는 Ω에 직접곱 위상을 준 경우의 Ω의 보렐 집합족과 일치한다는 것이 알려져 있다(Dellacherie–Meyer [16] 제 1 장, 9 페이지 참조).

3.3.3 독립확률변수의 무한 열의 존재

정리 3.23

$\mu_1, \mu_2, \ldots$를 $(\mathbb{R}, \mathcal{B}(\mathbb{R}))$ 위의 확률측도의 열이라고 하자. 이때 적당한 확률공간 $(\Omega, \mathcal{F}, P)$ 위에 확률변수의 열 $X_1, X_2, \ldots$를 만들어

(1) $(X_n)_{n=1,2,\ldots}$은 독립

(2) 각 X_n의 분포는 μ_n

이 되게 할 수 있다.

[증명] $\Omega = \mathbb{R}^{\mathbb{N}}, \mathcal{F} =$ 콜모고로프의 σ–집합대수, $P = \prod_{k=1}^{\infty} \mu_k$로 하고 $X_n(\omega) = \omega_n$으로 취하자. 단, 지금까지와 같이 $\omega = (\omega_1, \omega_2, \ldots) \in \Omega$로 표현한다. 이 경우 $X_n : \Omega \to \mathbb{R}$은 가측이고, 따라서 확률변수이다. 또 $A \in \mathcal{B}(\mathbb{R})$에 대하여 $P(X_n \in A) = \mu_n(A)$이므로 (2)를 말할 수 있고 $A_k \in \mathcal{B}(\mathbb{R}), k = 1, 2, \ldots, n$에 대하여

$$
\begin{aligned}
&P(X_1 \in A_1, X_2 \in A_2, \ldots, X_n \in A_n) \\
&\quad = (\mu_1 \times \mu_2 \times \cdots \times \mu_n)(A_1 \times A_2 \times \cdots \times A_n) \\
&\quad = \prod_{k=1}^{n} \mu_k(A_k) = \prod_{k=1}^{n} P(X_k \in A_k)
\end{aligned}
$$

이므로 (1)을 알 수 있다. ■

정의 3.24

확률변수의 열 $(X_n)_{n=1,2,\ldots}$(또는 $(X_n)_{n=1,2,\ldots,N}$)이 독립이고 같은 분포를 가질 때 간단히 i.i.d. (independent and identically distributed)로 말하기도 한다.

3.4 σ–집합대수에 대한 조건부 확률과 조건부 기댓값 [2)]

3.4.1 소박한 정의

사건 $B \in \mathcal{F}$가 $P(B) > 0$을 만족할 때 §3.1에서 조건부 확률 $P(\cdot|B)$를 정의하였다. 마찬가지로 B의 여집합의 확률이 양수, $P(B^c) > 0$라면 조건부 확률 $P(\cdot|B^c)$가 정의된다. 따라서 Ω의 분할 $\{B, B^c\}, 0 < P(B) < 1$가 주어졌을 때

$$P(\cdot|B), \quad P(\cdot|B^c)$$

가 각각 정의된다. 달리 말하면 Ω로부터 $\mathcal{P}(\Omega)$로 사상

$$\omega \in \Omega \longmapsto \begin{cases} P(\cdot|B), & \omega \in B \text{일 때} \\ P(\cdot|B^c), & \omega \in B^c \text{일 때} \end{cases}$$

가 정의된다. 단, 여기서 $\mathcal{P}(\Omega)$는 $(\Omega, \mathcal{F})$ 위의 확률측도 전체의 집합을 나타낸다(§2.1.1의 $\mathcal{P}(\Omega)$와 구별하기 바란다). 이 사상은 B 위에서는 B에 관한 조건부 확률을 생각하고 B^c 위에서는 B^c에 관한 조건부 확률을 생각하는 것을 의미한다. 이것을 $P(\cdot|\{B, B^c\})(\omega)$로 표시하기로 하자. 즉, $A \in \mathcal{F}$에 대하여

$$P(A|\{B, B^c\})(\omega) = P(A|B)1_B(\omega) + P(A|B^c)1_{B^c}(\omega)$$

이다.

이것은 Ω의 유한 분할인 경우로 일반화하는 것이 가능하다. $\{B_i\}_{i=1,2,\ldots,n}$를

1) $B_i \in \mathcal{F}$,

2) $i \neq j \implies B_i \cap B_j = \emptyset$,

3) $\Omega = \bigcup_{i=1}^n B_i$,

4) $0 < P(B_i) < 1$

의 네 조건을 만족하는 Ω의 분할이라고 하자. 이때 위와 마찬가지로 분할 $\{B_i\}_{i=1,2,\ldots,n}$가 주어졌을 경우의 A의 조건부 확률을

$$P(A|\{B_i\}_{i=1,2,\ldots,n})(\omega) = \sum_{i=1}^n P(A|B_i)1_{B_i}(\omega)$$

2) §3.4의 결과는(§3.5를 제외하고) 주로 마팅게일 이론(6장)을 전개하기 위하여 쓰인다.

와 같이 정의한다. 더욱이 조건부 기댓값은

$$E[X|\{B_i\}_{i=1,2,\ldots,n}](\omega) = \sum_{i=1}^{n} E[X|B_i]1_{B_i}(\omega)$$

로 정의하는 것이 가능하다.

유한 분할 $\{B_i\}_{i=1,2,\ldots,n}$를 주는 것과 그것이 생성하는 σ–집합대수 $\mathcal{G} = \sigma(\{B_i\}_{i=1,2,\ldots,n})$를 생각하는 것은(아래 $\mathcal{G}$의 표시로부터도 알 수 있듯이) 동치이므로

$$P(A|\{B_i\}_{i=1,2,\ldots,n})(\omega), \quad E[X|\{B_i\}_{i=1,2,\ldots,n}](\omega)$$

를 각각

$$P(A|\mathcal{G})(\omega), \quad E[X|\mathcal{G}](\omega)$$

로 써도 된다. 여기서 $\{B_i\}_{i=1,2,\ldots,n}$는 집합을 유한개 모은 것이므로 $\mathcal{G}$는 σ–집합대수로 말하여도 역시 집합의 유한개의 모임이다. 실제로

$$\mathcal{G} = \left\{ \bigcup_{j=1}^{k} B_{i_j}; 1 \le i_1 < i_2 < \cdots < i_k \le n, k = 0, 1, 2, \ldots, n \right\}$$

로 표시할 수 있다. 단, $k = 0$일 때 $\bigcup_{j=1}^{0} B_{i_j} = \emptyset$, $k = n$일 때 $\bigcup_{j=1}^{n} B_{i_j} = \Omega$로 정해둔다.

예를 들어, 보기 2.3의 $\mathcal{F}$는 $\Omega = \{1, 2, \ldots, 6\}$의 분할

$$B_1 = \{1, 3\}, \quad B_2 = \{2, 4, 5, 6\}$$

가 생성하는 σ–집합대수이다.

3.4.2 일반적인 정의

§3.4.1에서 준 정의를 일반화해보자. 먼저, 직관적으로 $\mathcal{F}$의 부분 σ–집합대수 $\mathcal{G}$에 대한 조건부 기댓값 $E[X|\mathcal{G}]$를 정의한다. 그러나 뒤에 보조정리 3.27로부터 알 수 있듯이 $\mathcal{G}$가 유한 분할로부터 정해지는 σ–집합대수인 경우 이것은 앞의 소박한 정의와 일치한다.

$(\Omega, \mathcal{F}, P)$를 확률공간, $\mathcal{G}$를 $\mathcal{F}$의 부분 σ–집합대수라고 하자. 즉,

$$\mathcal{G} \subset \mathcal{F}\text{이고, } \mathcal{G}\text{도 } \sigma\text{–집합대수}$$

이다. 실숫값 확률변수 $X = X(\omega)$가 주어지고 가적분(즉, $E[|X|] < \infty$)일 때

$$Q(B) = E[X, B], \quad B \in \mathcal{G}$$

로 두면 Q는 $(\Omega, \mathcal{G})$ 위의 유한하고 부호를 가진 측도이고 명백하게 $B \in \mathcal{G}$가 $P(B) = 0$을 만족하면 $Q(B) = 0$이므로 Q는 $(P, \mathcal{G})$에 대하여 절대연속이다. $(P, \mathcal{G})$는 측도 P를 $\mathcal{G}$ 위에서(즉, $\mathcal{G}$에 제한

하여) 생각하는 것이다. 따라서 라돈–니코딤 정리(정리 A.7 참조)를 $(S,\mathcal{S},\mu) = (\Omega,\mathcal{G},P), \nu = Q$에 적용하면 $\mathcal{G}$–가측이고 P–가적분인 함수 $Y = Y(\omega)$가 존재하여 임의의 $B \in \mathcal{G}$에 대하여

$$Q(B) = \int_B Y(\omega)P(d\omega)$$

가 성립하는 것을 알 수 있다. 다시 말해, 2개의 조건

$$\begin{array}{ll} (1) & B \in \mathcal{G} \quad \Longrightarrow \quad E[X,B] = E[Y,B] \\ (2) & Y\text{는 } \mathcal{G}\text{–가측인 확률변수} \end{array} \tag{3.5}$$

를 만족하는 Y가 존재한다. Y는 P-$a.s.$ 의 의미로 유일하게 정해진다.

정의 3.25

(1) 조건 (3.5)를 만족하는 확률변수 $Y(\omega)$를 $E[X|\mathcal{G}](\omega)$ 또는 (ω)를 생략하여 $E[X|\mathcal{G}]$로 쓰고 $\mathcal{G}$ 아래서 X의 조건부 기댓값(조건부 평균값)이라고 한다.

(2) $A \in \mathcal{F}$에 대하여

$$P(A|\mathcal{G})(\omega) = E[1_A|\mathcal{G}](\omega)$$

로 두고 $\mathcal{G}$ 아래서 A의 조건부 확률이라고 한다. $P(A|\mathcal{G})(\omega)$는 간단히 $P(A|\mathcal{G})$로 쓰기도 한다.

보기 3.26

(1) $\mathcal{G} = \mathcal{F}$인 경우는 $Y = X$로 취하면 (3.5)를 만족한다. 따라서 $E[X|\mathcal{F}] = X$ (P-$a.s.$)이다(명제 3.29-(3)에서 일반화한다).

(2) $\mathcal{G} = \{\emptyset,\Omega\}$인 경우는 $E[X|\mathcal{G}] = E[X]$ (P-$a.s.$)이다. 실제로 상수함수 $Y = E[X]$는 $\mathcal{G}$–가측이고 조건 (3.5)-(1)을 $B = \emptyset,\Omega$에 대하여 만족하는 것을 쉽게 알 수 있다(명제 3.29-(5)에서 일반화한다).

보조정리 3.27

$\mathcal{G} = \sigma(\{B_i\}_{i=1,2,\dots,n})$가 Ω의 유한 분할로부터 정해질 경우 소박한 의미의 조건부 확률·조건부 기댓값은 정의 3.25의 의미로 조건부 확률·조건부 기댓값과 일치한다.

[증명] 조건부 기댓값에 대해 보자. 조건부 확률에 대해서는 특별히 $X = 1_A$로 취하면 된다. $E[X|\{B_i\}]$를 소박한 의미에서 조건부 기댓값이라고 하면 $E[X|\{B_i\}]$가 $\mathcal{G}$–가측이 되는 것은 명백하다. 따라서 $Y = E[X|\{B_i\}]$가 조건 (3.5)-(1)을 만족하는 것을 확인하면 결론을 말할 수 있다.

그러므로 $B \in \mathcal{G}$에 대해 (3.5)-(1)의 우변을 계산해보자.

$$\begin{aligned} E[E[X|\{B_i\}], B] &= E\left[\sum_{i=1}^{n} E[X|B_i] 1_{B_i}, B\right] \\ &= \sum_{i=1}^{n} E\left[\frac{E[X, B_i]}{P(B_i)} 1_{B_i}, B\right] \\ &= \sum_{i=1}^{n} \frac{E[X, B_i]}{P(B_i)} P(B_i \cap B). \end{aligned}$$

그런데 $B \in \mathcal{G}$이므로

$$P(B_i \cap B) = \begin{cases} P(B_i), & B_i \subset B\text{인 경우} \\ 0 \quad , & B_i \cap B = \emptyset\text{인 경우} \end{cases}$$

이고 윗식은 따라서

$$\begin{aligned} &= \sum_{i:B_i \subset B} E[X, B_i] \\ &= E[X, B] \end{aligned}$$

로 변형된다. 그러므로 (3.5)-(1)이 성립하는 것을 알았다. ■

참고 3.28

직관적으로 말하면 일반적인 $\mathcal{G}$는 분할이 점차로 세분화되는 유한 분할의 극한으로 취할 수 있다. 조건 (3.5)는 이러한 극한 조작 아래 기본적으로 불변이므로 그것을 정의로 채용한 것이다.[3)]

3.4.3 조건부 기댓값의 성질

조건부 기댓값에 대한 기본적인 성질을 정리해 두자. 여기서 *a.s.*는 *P-a.s.*를 나타낸다.

명제 3.29

X, Y는 가적분인 실숫값 확률변수라고 하자.

(1) 임의의 $a, b \in \mathbb{R}$에 대하여

$$E[aX + bY|\mathcal{G}] = aE[X|\mathcal{G}] + bE[Y|\mathcal{G}] \quad a.s.$$

3) 조건부 확률•조건부 기댓값의 공식화에 대하여 상세한 것은 P. 빌링스레이, 확률론과 엔트로피 — 에르고딕 이론과 정보량, 요시오카서점(吉岡書店), 1968(와타나베 타케시(渡辺毅), 토도끼 하루오(十時東生) 역, 원저 1965). 또는 이토 키요시(伊藤清), 확률론 II, 이와나미 강좌 기초수학(岩波講座基礎数学), 1977 등을 참조하라.

(제외집합은 a, b에 따라 다르다. 참고 3.30 참조).

(2) $X \geq 0$ a.s.이면 $E[X|\mathcal{G}] \geq 0$ a.s. 이다.

(3) X가 $\mathcal{G}$–가측이고 곱 XY가 가적분이면

$$E[XY|\mathcal{G}] = XE[Y|\mathcal{G}] \quad a.s.$$

특히 $E[X|\mathcal{G}] = X$ a.s.이다.

(4) $\mathcal{H}, \mathcal{G}$는 $\mathcal{F}$의 부분 σ–집합대수이고 $\mathcal{H} \subset \mathcal{G}$이면

$$E[E[X|\mathcal{G}]|\mathcal{H}] = E[X|\mathcal{H}] \quad a.s.$$

특히 $E[E[X|\mathcal{G}]] = E[X]$이다.

(5) X와 $\mathcal{G}$가 독립(즉, $\sigma(X)$와 $\mathcal{G}$가 독립)이면 $E[X|\mathcal{G}] = E[X]$ a.s.이다. 따라서, f를 $\mathbb{R}$ 위의 보렐 가측함수라고 하고 $f(X)$가 가적분이면

$$E[f(X)|\mathcal{G}] = E[f(X)] \quad a.s.$$

[증명] (1) $Z = aE[X|\mathcal{G}] + bE[Y|\mathcal{G}]$는 $\mathcal{G}$–가측이고 임의의 $B \in \mathcal{G}$에 대하여 $E[aX+bY, B] = E[Z, B]$를 만족하기 때문에 $E[aX + bY|\mathcal{G}] = Z$ $a.s.$ 를 알 수 있다.

(2) $Z = E[X|\mathcal{G}]$로 두면 임의의 $B \in \mathcal{G}$에 대하여 $E[Z, B] = E[X, B] \geq 0$이므로 Z는 $\mathcal{G}$–가측이 되는 것에 유의하여 $Z \geq 0$ $a.s.$ 를 얻는다.

(3) 우변은 $\mathcal{G}$–가측이므로 임의의 $B \in \mathcal{G}$에 대하여

$$E[XY, B] = E[XE[Y|\mathcal{G}], B] \tag{3.6}$$

를 보이면 충분하다. 먼저 $X = 1_A, A \in \mathcal{G}$인 경우

$$E[1_A E[Y|\mathcal{G}], B] = E[E[Y|\mathcal{G}], A \cap B] = E[Y, A \cap B] = E[1_A Y, B]$$

이므로 (3.6)은 성립한다. 따라서 X가 $\mathcal{G}$–가측인 단순확률변수(§2.1.4 참조)인 경우 (3.6)은 성립한다. 더 나아가 극한을 취하여 X가 일반적인 $\mathcal{G}$–가측인 확률변수인 경우에도 (3.6)을 보일 수 있다. 특히 $Y = 1$로 취하면 $E[1|\mathcal{G}] = 1$ $a.s.$ 이므로 $E[X|\mathcal{G}] = X$ $a.s.$ 를 얻는다.

(4) 양변 모두 $\mathcal{H}$–가측이므로 임의의 $B \in \mathcal{H}$에 대하여

$$E[E[E[X|\mathcal{G}]|\mathcal{H}], B] = E[X, B] \tag{3.7}$$

를 보이면 충분하다. 그런데 (3.7)의 우변은 $E[E[X|\mathcal{G}], B]$와 일치하고 $\mathcal{H} \subset \mathcal{G}$이므로 $B \in \mathcal{G}$이기도 하고, 이것은 $E[X, B]$와 일치한다는 것을 알 수 있다. 특히, $\mathcal{H} = \mathcal{T}(\equiv \{\emptyset, \Omega\}$, 자명한 σ–집합대수)로 취하여 $E[E[X|\mathcal{G}]] = E[X]$를 얻는다.

(5) X와 $\mathcal{G}$는 독립이므로 임의의 $B \in \mathcal{G}$에 대하여

$$E[X,B] = E[X] \cdot P(B) = E[E[X],B]$$

이것은 $E[X|\mathcal{G}] = E[X]$ $a.s.$를 의미한다. $f(X)$와 $\mathcal{G}$도 독립이므로 X 대신 $f(X)$를 취하여 $E[f(X)|\mathcal{G}] = E[f(X)]$ $a.s.$를 얻는다. ■

참고 3.30

조건부 기댓값 $E[aX + bY|\mathcal{G}](\omega)$는 $aX + bY$를 한 개의 확률변수로 생각하여 a, b에 대하여 정의된다. 따라서 명제 3.29-(1)의 등식은 a, b에 대하여 P-$a.s.$로 성립한다. 다시 말하면 a, b에 의존하는 영집합 $N_{a,b} \in \mathcal{G}$(즉, $P(N_{a,b}) = 0$을 만족하는 집합)가 존재하여 $\omega \in \Omega \setminus N_{a,b}$ 에 대하여 성립한다. 그러나 $N_{a,b}$(제외집합이라고 한다)를 a, b에 대하여 공통으로 취하는 것은 일반적으로 가능하지 않다. 예를 들어, $N = \bigcup_{a,b\in\mathbb{R}} N_{a,b}$로 두면 $\omega \in \Omega \setminus N$일 때 (1)의 등식은 임의의 a, b에 대하여 성립한다. 그러나 N 은 $N_{a,b}$의 비가산 합이므로 $N \in \mathcal{G}$라고 말할 수 없거니와 $P(N) = 0$도 말할 수 없다.

명제 3.31 (옌센의 부등식)

ψ는 $\mathbb{R}$ 위의 실숫값 함수로 아래로 볼록이라고 하자(보조정리 2.36 참조). 이때, 확률변수 X가 $E[|X|] < \infty, E[|\psi(X)|] < \infty$를 만족하면

$$\psi(E[X|\mathcal{G}]) \le E[\psi(X)|\mathcal{G}] \quad a.s.$$

이다. 특히, $p \ge 1$ 이고 X가 p제곱 가적분($E[|X|^p] < \infty$)이면

$$|E[X|\mathcal{G}]|^p \le E[|X|^p|\mathcal{G}] \quad a.s.$$

가 성립한다.

[증명] ψ는 아래로 볼록이므로 그래프 $y = \psi(x)$는 그에 대한 임의의(넓은 의미로) 접선보다 위에 있다. 즉, 임의의 $a \in \mathbb{R}$에 대하여 $c = c(a) \in \mathbb{R}$가 존재하여 $\psi(x) \ge \psi(a) + c \cdot (x - a), x \in \mathbb{R}$이 된다. 게다가 c는 a의 보렐 가측함수로 취할 수 있다(보조정리 2.36의 증명에서, 예를 들어 $c = D^-\psi(a)$로 취하면 된다). 특히 $x = X, a = E[X|\mathcal{G}]$로 하면 $\mathcal{G}$–가측함수 $\tilde{c} = \tilde{c}(\omega) \equiv c(E[X|\mathcal{G}](\omega))$가 존재하여

$$\psi(X) \ge \psi(E[X|\mathcal{G}]) + \tilde{c} \cdot (X - E[X|\mathcal{G}]) \quad a.s.$$

가 됨을 알 수 있다. 따라서 명제 3.29-(2)와 (1)로부터

$$E[\psi(X)|\mathcal{G}] \ge E[\psi(E[X|\mathcal{G}])|\mathcal{G}] + E[\tilde{c} \cdot (X - E[X|\mathcal{G}])|\mathcal{G}] \quad a.s.$$

그런데 $\psi(E[X|\mathcal{G}])$는 $\mathcal{G}$–가측이므로 명제 3.29-(3)으로부터 우변의 첫째 항은 $\psi(E[X|\mathcal{G}])$와 $a.s.$로 일치한다. 둘째 항은 $\tilde{c}$가 $\mathcal{G}$–가측이므로 역시 명제 3.29-(3)으로부터 $\tilde{c}E[X-E[X|\mathcal{G}]|\mathcal{G}]$가 되고 $E[E[X|\mathcal{G}]|\mathcal{G}]=E[X|\mathcal{G}]$이므로 이 항은 $a.s.$로 0이 된다. 따라서 옌센의 부등식을 보였다. 특히 $\psi(x)=|x|^p, p\geq 1$가 아래로 볼록이라는 것에 주목하면 두 번째 부등식을 얻는다. ■

명제 3.32

가적분인 실숫값 확률변수의 열 $(X_n)_{n=1,2,\ldots}$과 X가 주어지고 $X_n \to X$(1차 평균수렴)이면 $E[X_n|\mathcal{G}] \to E[X|\mathcal{G}]$(1차 평균수렴)이다.

[**증명**] 다음과 같이 평가하면 된다.

$$\begin{aligned} E\Big[\big|E[X_n|\mathcal{G}]-E[X|\mathcal{G}]\big|\Big] &= E\Big[\big|E[X_n-X|\mathcal{G}]\big|\Big] \\ &\leq E\Big[E[|X_n-X||\mathcal{G}]\Big] = E[|X_n-X|] \underset{n\to\infty}{\longrightarrow} 0. \end{aligned}$$

여기서 첫 번째 등호는 명제 3.29-(1), 다음 부등식은 명제 3.31, 마지막 등호는 명제 3.29-(4)를 이용했다. ■

참고 3.33

$L^2 \equiv L^2(\Omega,\mathcal{F},P)$는 내적 $(X,Y)_{L^2}=E[XY]$를 가진 힐버트공간이다. $L^2_{\mathcal{G}}$를 $\mathcal{G}$–가측인 함수들로 이루어진 L^2의 부분공간으로 $X\in L^2_{\mathcal{G}}$라면 명제 3.29-(3)으로부터 $Y\in L^2$에 대하여

$$E[X(Y-E[Y|\mathcal{G}])]=0 \tag{3.8}$$

이 성립함을 알 수 있다. 이것은 $E[Y|\mathcal{G}]$가 Y를 $L^2_{\mathcal{G}}$ 위로 직교사영한 것임을 의미한다 (연습문제 3.11 참조).

3.5 콜모고로프의 0–1 법칙

$(\Omega,\mathcal{F},P)$는 확률공간이고 $\mathcal{F}$의 부분 σ–집합대수의 열 $(\mathcal{B}_k)_{k=1,2,\ldots}$가 주어지고 독립이라고 하자. 이때,

$$\mathcal{G}_k=\sigma\left(\bigcup_{j=k}^{\infty}\mathcal{B}_j\right), \qquad \mathcal{T}=\bigcap_{k=1}^{\infty}\mathcal{G}_k$$

로 두고 $\mathcal{T}$를 **꼬리 집합대수**(tail field)라고 한다.

정리 3.34 (콜모고로프의 0–1 법칙)

임의의 $A\in\mathcal{T}$는 $P(A)=0$ 또는 1을 만족한다.

[**증명**] 1**단계**: $k = 1, 2, \dots$에 대하여

$$\mathcal{F}_k = \sigma\left(\bigcup_{j=1}^{k} \mathcal{B}_j\right), \qquad \mathcal{F}_\infty = \sigma\left(\bigcup_{j=1}^{\infty} \mathcal{B}_j\right)$$

로 두자. $A \in \mathcal{T}$가 주어졌을 때 임의의 $n = 1, 2, \dots$에 대하여 1_A와 $\mathcal{F}_n$은 독립이므로 명제 3.29-(5)로부터

$$E[1_A | \mathcal{F}_n] = E[1_A] = P(A) \quad a.s.$$

이다. 따라서 임의의 $B \in \mathcal{F}_n$에 대하여

$$\begin{aligned} E[1_A, B] &= E[E[1_A | \mathcal{F}_n], B] \\ &= E[P(A), B] \\ &= P(A)P(B) \end{aligned}$$

이다. n은 임의이므로 모든 $B \in \bigcup_{n=1}^{\infty} \mathcal{F}_n$에 대하여

$$E[1_A, B] = P(A)P(B) \tag{3.9}$$

가 성립함을 알 수 있다.

2**단계**: 임의의 $B \in \mathcal{F}_\infty$에 대하여 (3.9)가 성립함을 보이자. 이를 위해

$$\mathcal{P} = \bigcup_{n=1}^{\infty} \mathcal{F}_n, \qquad \mathcal{L} = \{B \in \mathcal{F}; (3.9)\text{가 성립}\}$$

으로 두자. 이때 $\mathcal{P}$가 π–계이고 $\mathcal{L}$은 λ–계임은 모두 분명하다. $\mathcal{L}$에 대해서는 단조수렴정리를 이용하면 된다. 따라서 π–λ정리(정리 A.2 참조)에 따르면

$$\sigma(\mathcal{P}) = \mathcal{F}_\infty \subset \mathcal{L}$$

이 됨을 알 수 있고 (3.9)는 임의의 $B \in \mathcal{F}_\infty$에 대해 성립함을 보였다.

3**단계**: (3.9)에서 특히 $B = A$로 취하면

$$P(A) = P(A)^2$$

를 얻고 따라서 $P(A) = 0$ 또는 1이 됨을 알 수 있다. ■

콜모고로프의 0–1 법칙을 응용한 예로 다음 명제가 성립한다.

명제 3.35

$(X_n)_{n=1,2,...}$ 은 독립인 확률변수들의 열로 아래 표본평균의 대개수렴 극한

$$Y = \lim_{n\to\infty} \frac{1}{n} \sum_{k=1}^{n} X_k$$

가 존재한다고 가정하자. 그러면 확률변수 Y 는 $a.s.$ 로 상수이다.

[**증명**] $\mathcal{B}_k = \sigma(X_k)$라고 하자. 그러면 Y는 $(\mathcal{B}_k)_{k=1,2,...}$ 의 꼬리 집합대수 $\mathcal{T}$에 대하여 가측이다. 실제로, 임의의 $m = 1, 2, \ldots$에 대하여 Y의 우변의 합을 $k = m$으로부터 시작하는 것으로 생각해도 $\lim_{n\to\infty} \frac{1}{n} \sum_{k=1}^{m-1} X_k = 0$ 이므로

$$Y = \lim_{n\to\infty} \frac{1}{n} \sum_{k=m}^{n} X_k$$

이다. 따라서 Y는 $\mathcal{G}_m$-가측이고 더욱이 m은 임의로 취할 수 있으므로 Y는 $\mathcal{T}$-가측임을 알 수 있다. 특히 임의의 $x \in \mathbb{R}$에 대하여 $\{Y \le x\} \in \mathcal{T}$ 이므로 정리 3.34로부터

$$P(Y \le x) = 0 \quad \text{또는} \quad 1$$

이다. 이것은 Y가 $a.s.$로 상수임을 말한다. 실제로, 만일「Y가 $a.s.$로 상수」가 아니면 어떤 $x \in \mathbb{R}$가 존재하여

$$P(Y \le x) > 0 \ \text{이고} \ \ P(Y > x) > 0$$

이 되기 때문이다. ■

연습문제

3.1. 보조정리 3.2를 증명하여라.

3.2. 보조정리 3.4를 증명하여라.

3.3. 참고 3.6의 조건 (3.3)을 만족하는 사건의 열 $\{A_k\}_{k=1,2,...,n}$에서 독립이 되지 않는 예를 만들어라.

3.4. 쌍으로 독립이지만 독립이 아닌 σ–집합대수 $\mathcal{F}_1, \mathcal{F}_2, \ldots, \mathcal{F}_n$의 열을 만들어라.

3.5. 명제 3.13을 보여라.

3.6. 실숫값 확률변수 X, Y에 대하여 X^2과 Y^2은 독립이지만 X와 Y는 독립이 아닌, 또는 X와 Y^2은 독립이지만 X와 Y는 독립이 아닌 예를 만들어라.

3.7. 따름 정리 3.16에서 $X, X_{i+1}, \dots, X_n$이 독립이 됨을 보여라.

3.8. 참고 3.18의 조건을 만족하지만 독립이 되지 않는 확률변수열의 예를 만들어라. 특히 $n = 2$일 때 실숫값 확률변수 X_1, X_2에 대해 $E[X_1X_2] = E[X_1]E[X_2]$를 만족하지만 독립이 아닌 예를 들어라. 또한, 만일 X_1, X_2가 많아야 2개의 값밖에 취하지 않으면 조건 $E[X_1X_2] = E[X_1]E[X_2]$로부터 X_1과 X_2의 독립성이 유도됨을 보여라.

3.9. $\{0, 1, 2, \dots, n\}$에서 값을 취하는 확률변수 X가 매개변수 $p, 1-p$를 가진 이항분포를 따를 때 $E[X] = np, \mathrm{Var}(X) = np(1-p)$가 됨을 보여라.

3.10. 실숫값 확률변수 X, Y가 주어지고 독립이라고 하자. 이때 $\mathbb{R}^2$ 위에서 유계인 실숫값을 가지는 보렐 가측함수 $f = f(x, y)$에 대하여 $F(x) = E[f(x, Y)]$로 두면

$$E[f(X, Y)|\sigma(X)] = F(X) \quad a.s.$$

가 성립함을 보여라. 단, $\sigma(X)$는 X가 생성하는 σ–집합대수이다.

3.11. $E[Y|\mathcal{G}]$는 Y로부터 L^2-거리 $E[(Y-Z)^2]^{1/2}$를 최소로 하는 $L^2_{\mathcal{G}}$ 안의 점이 됨을 보여라 (기호는 참고 3.33 참조). 즉,

$$E\left[\left(Y - E[Y|\mathcal{G}]\right)^2\right] = \min_{Z \in L^2_{\mathcal{G}}} E[(Y-Z)^2]$$

이 성립함을 보여라.

4

큰 수의 법칙

여기서 독립인 실숫값 확률변수의 열 $(X_n)_{n=1,2,\ldots}$의 표본평균 $Y_n = \frac{1}{n}\sum_{k=1}^{n} X_k$에 대하여 $n \to \infty$일 때 큰 수의 법칙(law of large numbers)이 성립함을 보인다. 확률변수의 열 $(Y_n)_{n=1,2,\ldots}$의 수렴은 확률수렴 또는 대개수렴의 의미로 생각하는데 이런 의미로 성립할 경우 각각 큰 수의 약법칙, 큰 수의 강법칙이 성립한다고 한다. 동전던지기 문제에 대해 제 1장 §1.7, §1.8에서 논하였다시피 강법칙을 공식화하려면 확률의 σ–가법성이 본질적으로 필요하다.

약법칙(정리 4.2)은 X_n의 분산 $\mathrm{Var}(X_n)$이 고르게 유계라는 가정 아래서 보인다. 특히, X_n의 제곱 가적분성(L^2–가적분성)을 가정한다. 다만, 독립성은 약한 의미, 즉 쌍 독립성으로 충분하다. 한편, 강법칙은 $(X_n)_{n=1,2,\ldots}$의 독립성(모임으로서 독립성, 정의 3.10-(2))을 필요로 하지만 역시 분산 $\mathrm{Var}(X_n)$에 대한 적당한 가정 아래서 증명한다(정리 4.8). 특히 확률변수의 열 $(X_n)_{n=1,2,\ldots}$이 같은 분포를 가지면 L^1–가적분성 $E[|X_n|] < \infty$이면 충분하다(정리 4.10). 강법칙의 증명에서 중요한 역할을 하는 콜모고로프의 부등식(정리 4.6, 참고 4.7-(1))은 마팅게일 이론에 이르는 다리가 되는 아이디어를 담고 있다(6장, 두브의 부등식의 따름 정리 6.18 참조).

4.1 약법칙

확률공간 $(\Omega, \mathcal{F}, P)$ 위에 실숫값 확률변수의 열 $(X_n)_{n=1,2,\ldots}$이 주어지고 각각 $E[|X_n|] < \infty$를 만족한다고 하자. 이 경우 기댓값 $m_n = E[X_n]$은 유한하다.

$$Y_n = \frac{1}{n}\sum_{k=1}^{n} X_k, \quad \bar{m}_n = \frac{1}{n}\sum_{k=1}^{n} m_k$$

로 두자. Y_n은 $(X_k)_{k=1,2,\ldots,n}$의 **표본평균**(sample mean), $\bar{m}_n$은 Y_n의 기댓값이다.

정의 4.1

(1) 규격화된 표본평균 $\tilde{Y}_n = Y_n - \bar{m}_n$ 이 0에 확률수렴할 경우, 즉 임의의 $\varepsilon > 0$에 대하여

$$\lim_{n\to\infty} P(|Y_n - \bar{m}_n| > \varepsilon) = 0$$

이 성립할 경우 $(Y_n)_{n=1,2,...}$ 은 **큰 수의 약법칙**을 만족한다고 한다.

(2) $\tilde{Y}_n$ 이 0에 대개수렴할 경우 $(Y_n)_{n=1,2,...}$ 은 **큰 수의 강법칙**을 만족한다고 한다.

정리 4.2

$(X_n)_{n=1,2,...}$ 이 쌍으로 독립(σ-집합대수에 대하여 정의 3.9-(3) 참조), 즉 어떠한 쌍 $i, j\ (i \neq j)$를 택하더라도 X_i와 X_j는 독립이고,

$$\sup_n \mathrm{Var}(X_n) < \infty$$

라면 $(Y_n)_{n=1,2,...}$은 큰 수의 약법칙을 만족한다.

[**증명**] 기본적으로 1장의 (1.18)의 증명과 같다. 즉, $\varepsilon > 0$이 임의일 때

$$\begin{aligned}
P(|\tilde{Y}_n| > \varepsilon) &\le \frac{1}{\varepsilon^2} E[\tilde{Y}_n^2] \\
&= \frac{1}{\varepsilon^2 n^2} \sum_{j,k=1}^{n} E[(X_j - m_j)(X_k - m_k)] \\
&= \frac{1}{\varepsilon^2 n^2} \sum_{k=1}^{n} E[(X_k - m_k)^2] \\
&\le \frac{1}{\varepsilon^2 n} \sup_n \mathrm{Var}(X_n) \quad \longrightarrow 0 \quad (n \to \infty)
\end{aligned}$$

이기 때문이다. 여기서 첫 부등식은 체비셰프의 부등식, 셋째 줄은 쌍 독립성으로부터 나온다. ■

참고 4.3

증명으로부터 알 수 있듯이 정리 4.2의 조건 아래서 $\tilde{Y}_n$은 0에 2차 평균수렴한다.

4.2 강법칙

다음에 적당한 조건 아래서 큰 수의 강법칙을 보여보자. 큰 수의 약법칙을 공식화하기 위해서는, 예를 들어 r개의 결과를 가진 독립시행을 생각할 때, 확률 P의 σ-가법성은 필요하지 않고 유한 가법성으로 충분하다(§1.7에서는 $r = 2$인 경우를 논하였다). 확률측도의 σ-가법성을 본질적으로 이용하는 것은 여기부터라는 것에 주의하기 바란다. 몇 개의 준비가 필요하다.

아래에서 확률공간을 $(\Omega, \mathcal{F}, P)$로 두고 그 위에서 생각한다.

- **보렐-칸텔리 보조정리**

사건의 열 $A_n \in \mathcal{F}, n = 1, 2, \ldots$에 대하여

$$\limsup_{n\to\infty} A_n = \bigcap_{k=1}^{\infty}\bigcup_{n=k}^{\infty} A_n \tag{4.1}$$

으로 두고 A_n의 **상극한**이라고 한다. 다시 말해

$$\omega \in \limsup_{n\to\infty} A_n \iff \omega\text{는 무한개의 } A_n\text{에 속한다}$$

로 바꿔 쓸 수 있다. 말하자면, ω가 (4.1)의 우변에 속한다는 것은 임의의 $k = 1, 2, \ldots$에 대하여 $n \geq k$이 존재해서 $\omega \in A_n$이 되는 것을 뜻하기 때문이다. 이것을 간단히 "A_n *i.o.*"로 쓰기도 한다. i.o.는 infinitely often의 약자이다.

보조정리 4.4 (보렐–칸텔리, Borel–Cantelli)

(1) $\sum_{n=1}^{\infty} P(A_n) < \infty$이면

$$P\left(\limsup_{n\to\infty} A_n\right) = 0.$$

즉, $P(A_n \text{ i.o.}) = 0$이다.

(2) 사건 $(A_n)_{n=1,2,\ldots}$이 독립이고 $\sum_{n=1}^{\infty} P(A_n) = \infty$이면

$$P\left(\limsup_{n\to\infty} A_n\right) = 1$$

이다.

[**증명**] (1) $A = \limsup_{n\to\infty} A_n$으로 두자. 이때 임의의 $k = 1, 2, \ldots$에 대하여 $A \subset \bigcup_{n=k}^{\infty} A_n$이므로

$$P(A) \leq P\left(\bigcup_{n=k}^{\infty} A_n\right) \leq \sum_{n=k}^{\infty} P(A_n)$$

이다. 여기서 두 번째 부등식은 P의 열가법성(따름정리 2.11)에서 나온다. 그런데 k는 임의로 택할 수 있으므로 특히 $k \to \infty$로 하면 (1)의 가정으로부터 우변 $\longrightarrow 0$이 되고 $P(A) = 0$을 얻는다.

(2) 먼저, 임의의 $k = 1, 2, \ldots$에 대하여 $P(\bigcup_{n=k}^{\infty} A_n) = 1$을 보이면 충분하다는 것을 보여보자. 실제로 이것이 성립하면, 다시 P의 열가법성으로부터

$$P(A^c) = P\left(\bigcup_{k=1}^{\infty}(\bigcup_{n=k}^{\infty} A_n)^c\right) \leq \sum_{k=1}^{\infty} P\left((\bigcup_{n=k}^{\infty} A_n)^c\right) = 0$$

이 되므로 $P(A) = 1$ 임을 알 수 있다. 한편, 임의의 $N = 1, 2, \ldots$ 에 대하여

$$\begin{aligned} 1 - P\left(\bigcup_{n=k}^{\infty} A_n\right) &\le 1 - P\left(\bigcup_{n=k}^{N} A_n\right) \\ &= P\left((\bigcup_{n=k}^{N} A_n)^c\right) = P\left(\bigcap_{n=k}^{N} A_n^c\right) \\ &= \prod_{n=k}^{N} P(A_n^c) = \prod_{n=k}^{N} (1 - P(A_n)) \\ &\le \prod_{n=k}^{N} e^{-P(A_n)} \end{aligned}$$

이다. 실제로, 1행에서 사건은 대소관계 $\bigcup_{n=k}^{N} A_n \subset \bigcup_{n=k}^{\infty} A_n$ 을 이용하고, 3행에 이르는 등식은 $(A_n^c)_{n=k,k+1,\ldots,N}$ 의 독립성을, 또 마지막 부등식은 $1 - x \le e^{-x}, x \ge 0,$ 을 이용하였다. 따라서 임의의 $N = 1, 2, \ldots$ 에 대하여

$$1 - P\left(\bigcup_{n=k}^{\infty} A_n\right) \le \exp\left\{-\sum_{n=k}^{N} P(A_n)\right\} \tag{4.2}$$

을 보였다. 그런데 (2) 의 가정으로부터 $\sum_{n=k}^{\infty} P(A_n) = \infty$ 이므로 $N \to \infty$ 일 때 (4.2)의 우변 $\longrightarrow 0$ 이 되고 $P(\bigcup_{n=k}^{\infty} A_n) = 1$ 을 얻는다. ■

사건의 열 $A_n \in \mathcal{F}, n = 1, 2, \ldots$ 에 대하여

$$\liminf_{n\to\infty} A_n = \bigcup_{k=1}^{\infty} \bigcap_{n=k}^{\infty} A_n \tag{4.3}$$

으로 두고 A_n 의 **하극한**이라고 한다.

$$\begin{aligned} &\omega \in \liminf_{n\to\infty} A_n \\ &\iff \text{어떤 번호 } k = k(\omega) \text{로부터 다음의 모든 } n \text{에 대하여 } \omega \in A_n \\ &\iff \sharp\{n; \omega \notin A_n\} < \infty \end{aligned}$$

이다. 단, $\sharp\{n; \cdots\}$ 은 조건 $\cdots$ 을 만족하는 n 의 개수를 나타낸다(§1.9의 기호 일람 참조). 보조정리 4.4-(1) 의 결론을 여집합에 대하여 생각하면

$$\left(\limsup_{n\to\infty} A_n\right)^c = \liminf_{n\to\infty} A_n^c$$

이므로 다음 따름정리를 얻는다. 보렐–칸텔리 보조정리의 (1)은 이런 형태로 이용하는 경우가 많다.

따름정리 4.5

$\sum_{n=1}^{\infty} P(A_n) < \infty$이면

$$P\left(\liminf_{n\to\infty} A_n^c\right) = 1$$

이다. 즉,

$$\sharp\{n; \omega \in A_n\} < \infty, \quad a.s.\ \omega$$

가 성립한다.

- **콜모고로프의 부등식**

정리 4.6 (콜모고로프의 부등식)

$(X_n)_{n=1,2,\ldots}$은 독립이고 실숫값 확률변수의 열로 $E[X_n] = 0$이고 $V_n = \mathrm{Var}(X_n) < \infty$라고 하자. 이때 임의의 $a > 0$에 대하여

$$P\left(\max_{1\le k\le n}\left|\sum_{i=1}^{k} X_i\right| \ge a\right) \le \frac{1}{a^2}\sum_{i=1}^{n} V_i$$

가 성립한다.

[**증명**] 확률을 계산하고 싶은 사건을

$$A^* = \left\{\omega \in \Omega;\ \max_{1\le k\le n} |Z_k| \ge a\right\}$$

로 두자. 단,

$$Z_k = \sum_{i=1}^{k} X_i, \quad k = 1, 2, \ldots, n$$

이다. 확률 $P(A^*)$를 계산하기 위하여 $|Z_k|$가 (k를 움직일 때) 언제 처음으로 a 이상 될까, 그러한 k에 주목하여 A^*를 서로소인 사건으로 쪼개보자. 즉, $k = 1, 2, \ldots, n$에 대하여

$$A_k^* = \left\{\omega \in \Omega;\ i = 1, 2, \ldots, k-1\text{에 대해서는 } |Z_i| < a\text{이고 } |Z_k| \ge a\right\}$$

로 두면 $A_k^* \in \sigma(X_1, X_2, \ldots, X_k)$(§2.1.2 참조)이고 A^*는

$$A^* = \bigcup_{k=1}^{n} A_k^* \quad (\text{서로소})$$

로 분해된다. 따라서

$$P(A^*) = \sum_{k=1}^{n} P(A_k^*) \le \sum_{k=1}^{n} \frac{1}{a^2} E\left[Z_k^2, A_k^*\right]$$

와 같이 평가할 수 있다. 마지막 부등식은 $\omega \in A_k^*$라면 $Z_k^2 \ge a^2$이기 때문이다. $Z_n = Z_k + (Z_n - Z_k)$

이고 $(Z_n - Z_k)^2 \geq 0$에 주목하면

$$\begin{aligned} E\left[Z_n^2, A_k^*\right] - E\left[Z_k^2, A_k^*\right] &\geq 2E\left[Z_k(Z_n - Z_k), A_k^*\right] \\ &= 2E\left[1_{A_k^*} Z_k(Z_n - Z_k)\right]. \end{aligned}$$

그런데 따름정리 3.16으로부터 $1_{A_k^*} Z_k$와 $Z_n - Z_k = \sum_{i=k+1}^n X_i$는 독립임을 알 수 있고 이 기댓값은

$$2E\left[1_{A_k^*} Z_k\right] E\left[Z_n - Z_k\right]$$

와 같다. 따라서 0이다. 그러므로

$$\begin{aligned} P(A^*) &\leq \sum_{k=1}^n \frac{1}{a^2} E\left[Z_n^2, A_k^*\right] = \frac{1}{a^2} E\left[Z_n^2, A^*\right] \\ &\leq \frac{1}{a^2} E[Z_n^2] = \frac{1}{a^2} E\left[\left(\sum_{i=1}^n X_i\right)^2\right] \\ &= \frac{1}{a^2} \sum_{i=1}^n V_i. \end{aligned}$$

마지막은 다시 $(X_i)_{i=1,2,\ldots,n}$의 독립성을 이용하였다. ■

참고 4.7

(1) 체비셰프의 부등식을 이용하면 임의의 $1 \leq k \leq n$에 대하여

$$P\left(\left|\sum_{i=1}^k X_i\right| \geq a\right) \leq \frac{1}{a^2} E\left[\left|\sum_{i=1}^k X_i\right|^2\right] = \frac{1}{a^2} \sum_{i=1}^k V_i \leq \frac{1}{a^2} \sum_{i=1}^n V_i$$

가 됨을 쉽게 알 수 있다. 콜모고로프의 부등식은 k를 시간으로 생각할 때 시각 k까지 합의 절댓값의 최댓값도 마찬가지로 평가할 수 있다는 것을 주장한다. 이것이 뒤에 독립 확률변수의 합의 이론으로부터 마팅게일 이론으로 발전되어갔다. 실제로 증명에서 쓰인 $(Z_n)_{n=1,2,\ldots}$은(자연스러운 증가 정보계에 대하여) 마팅게일이고 $(Z_n^2)_{n=1,2,\ldots}$은 열마팅게일이다.

(2) X_n의 기댓값이 0이 아니고 m_n인 경우 정리 4.6으로부터 쉽게

$$P\left(\max_{1\leq k\leq n}\left|\sum_{i=1}^k (X_i - m_i)\right| \geq a\right) \leq \frac{1}{a^2} \sum_{i=1}^n V_i$$

가 됨을 알 수 있다. X_i 대신 $X_i - m_i$를 생각하면 쉽다.

- **큰 수의 강법칙**

위와 같은 준비로 큰 수의 강법칙을 증명해보자.

정리 4.8 (콜모고로프의 제 1 정리)

실숫값 확률변수의 열 $(X_n)_{n=1,2,\ldots}$ 이 독립이고

$$\sum_{n=1}^{\infty} \frac{1}{n^2} \mathrm{Var}(X_n) < \infty \tag{4.4}$$

를 만족하면 $Y_n = \frac{1}{n}\sum_{k=1}^{n} X_k$ 에 대하여 큰 수의 강법칙이 성립한다.

[**증명**] 임의의 $n = 1, 2, \ldots$ 에 대하여 $E[X_n] = 0$ 으로 가정해도 된다.

1**단계**: 이 경우, 임의의 $\varepsilon > 0$ 에 대하여

$$A(\varepsilon) = \bigcup_{N=1}^{\infty} \bigcap_{n=N}^{\infty} \{|Y_n| < \varepsilon\}$$

으로 두고

$$P(A(\varepsilon)) = 1 \tag{4.5}$$

을 보이면 정리의 결론을 말할 수 있는 것에 주의하자. 실제로, $A = \bigcap_{j=1}^{\infty} A(\frac{1}{j})$로 두면 (4.5)로부터 각 $j = 1, 2, \ldots$ 에 대하여 $P\big(A(\frac{1}{j})\big) = 1$ 이므로 $P(A) = 1$ 이 됨을 알 수 있다. 그런데 $\omega \in A$ 이면 임의의 $j = 1, 2, \ldots$ 에 대하여 $\omega \in A(\frac{1}{j})$ 이므로 $N = N(\omega, j)$ 이 존재해서 $n \geq N$ 이면 $|Y_n| < \frac{1}{j}$ 이다. 따라서 $\omega \in A$ 이면 $\lim_{n\to\infty} Y_n(\omega) = 0$ 이고 정리의 결론을 보인다.

2**단계**: 그러면 (4.5)를 증명해보자. 그러기 위해

$$B_m(\varepsilon) \equiv \bigcup_{n=2^{m-1}}^{2^m-1} \{|Y_n| \geq \varepsilon\} = \left\{ \max_{2^{m-1} \leq n < 2^m} |Y_n| \geq \varepsilon \right\}$$

으로 두자. 이때, 임의의 $\ell = 1, 2, \ldots$ 에 대하여

$$A(\varepsilon)^c = \bigcap_{N=1}^{\infty} \bigcup_{n=N}^{\infty} \{|Y_n| \geq \varepsilon\} \subset \bigcup_{m=\ell}^{\infty} B_m(\varepsilon)$$

이므로 (4.5), 즉 $P(A(\varepsilon)^c) = 0$ 을 보이는 것은

$$\sum_{m=1}^{\infty} P(B_m(\varepsilon)) < \infty \tag{4.6}$$

를 말하면 된다(보렐-칸텔리의 보조정리 4.4-(1)의 증명 참조).

3단계: 그러면 확률 $P(B_m(\varepsilon))$을 평가해보자. $Z_n = \sum_{k=1}^n X_k (= nY_n)$로 하면

$$\begin{aligned} P(B_m(\varepsilon)) &= P\left(\max_{2^{m-1} \le n < 2^m} \frac{1}{n}|Z_n| \ge \varepsilon \right) \\ &\le P\left(\max_{2^{m-1} \le n < 2^m} |Z_n| \ge \varepsilon 2^{m-1} \right) \\ &\le P\left(\max_{1 \le n \le 2^m} |Z_n| \ge \varepsilon 2^{m-1} \right) \\ &\le \frac{1}{\varepsilon^2 2^{2m-2}} \sum_{k=1}^{2^m} \mathrm{Var}(X_k) \end{aligned}$$

이다. 단, 둘째 줄은 $n \ge 2^{m-1}$인 것, 셋째 줄은 max의 범위를 넓게 하면 사건은 커지고 따라서 확률은 커진다는 것, 마지막 줄은 콜모고로프의 부등식(정리 4.6)을 이용하였다. 따라서

$$\begin{aligned} \sum_{m=1}^{\infty} P(B_m(\varepsilon)) &\le \frac{4}{\varepsilon^2} \sum_{m=1}^{\infty} \frac{1}{2^{2m}} \sum_{k=1}^{2^m} \mathrm{Var}(X_k) \\ &= \frac{4}{\varepsilon^2} \sum_{k=1}^{\infty} \mathrm{Var}(X_k) \sum_{m'=m_k}^{\infty} \frac{1}{2^{2m'}} \\ &\le \frac{16}{3\varepsilon^2} \sum_{k=1}^{\infty} \mathrm{Var}(X_k) \cdot \frac{1}{k^2} < \infty. \end{aligned}$$

단, m_k는 $2^{m_k - 1} < k \le 2^{m_k}$를 만족하는 상수이다. 셋째 줄은 $\sum_{m'=m_k}^{\infty} 2^{-2m'} = \frac{4}{3} 2^{-2m_k} \le \frac{4}{3k^2}$에 의해 되고 마지막 합이 수렴하는 것은 가정 (4.4)에 의한다. 그러므로 (4.6)이 증명되었다. ■

참고 4.9

(1) 조건 (4.4)는, 예를 들어 $\varepsilon, C > 0$가 존재하여 $\mathrm{Var}(X_n) \le Cn^{1-\varepsilon}$이면 만족한다. 특히, $\sup_n \mathrm{Var}(X_n) < \infty$이면 된다. 따라서 「대개수렴 $\Longrightarrow$ 확률수렴」이므로 $(X_n)_{n=1,2,\ldots}$이 (집합으로) 독립이면 정리 4.2는 정리 4.8로부터 유도된다.

(2) $(X_n)_{n=1,2,\ldots}$의 독립성에 관한 가정이 없으면 일반적으로 큰 수의 강법칙은 성립하지 않는다. 예를 들어, 최초에 α $(1 \le \alpha \le 6)$의 눈이 나오면 이후 항상 α 밖에 나오지 않는 주사위가 있다고 할 때 Y_n은 임의의 n에 대하여 α의 값을 취할 확률이 $\frac{1}{6}$이 되는 확률변수이고 큰 수의 법칙은 성립하지 않는다. §1.7에서 주의하였던 바이다. 독립성의 개념을 확장하여 얻은 마르코프 연쇄에 관하여 큰 수의 약법칙은 §7.4.2에서 논한다.

$(X_n)_{n=1,2,\ldots}$의 분포가 같으면 정리 4.8의 가정 (4.4), 특히 $E[X_n^2] < \infty$는 불필요하다.

정리 4.10 (콜모고로프의 제 2 정리)

실숫값 확률변수의 열 $(X_n)_{n=1,2,\ldots}$ 은 독립이고 같은 분포를 가지고(i.i.d.) 기댓값 $m = E[X_n]$은 유한이라고 가정하자(특히, 기댓값의 정의로부터 $E[|X_n|] < \infty$이 되는 것에 주의). 그러면 $Y_n = \frac{1}{n}\sum_{k=1}^{n} X_k$에 대하여 큰 수의 강법칙이 성립한다.

[**증명**] 임의의 $n = 1, 2, \ldots$에 대하여 $E[X_n] = 0$으로 가정해도 된다. X는 X_n과 같은 분포를 가지는 확률변수라고 하자. 그 분포함수를 F_X라고 쓰자.

1**단계**: (번호 k에 의존하는 절단의 도입) $Z_k = X_k 1_{[-k,k]}(X_k) - \tilde{m}_k$, $\tilde{m}_k = E[X 1_{[-k,k]}(X)]$라고 하면 $(Z_k)_{k=1,2,\ldots}$는 정리 4.8의 가정을 만족한다. 실제로 $(Z_k)_{k=1,2,\ldots}$는 독립이고 $\mathrm{Var}(Z_k)$는 다음과 같이 평가할 수 있다.

$$\begin{aligned}
\sum_{k=1}^{\infty} \frac{1}{k^2} \mathrm{Var}(Z_k) &\le \sum_{k=1}^{\infty} \frac{1}{k^2} E\left[\left(X_k 1_{[-k,k]}(X_k)\right)^2\right] \\
&= \sum_{k=1}^{\infty} \frac{1}{k^2} \sum_{j=1}^{k} \int_{j-1<|x|\le j} x^2 F_X(dx) \\
&= \sum_{j=1}^{\infty} \int_{j-1<|x|\le j} x^2 F_X(dx) \sum_{k=j}^{\infty} \frac{1}{k^2} \\
&\le \int_{0<|x|\le 1} x^2 F_X(dx) \sum_{k=1}^{\infty} \frac{1}{k^2} + \sum_{j=2}^{\infty} \int_{j-1<|x|\le j} \frac{x^2}{j-1} F_X(dx) \\
&\le \sum_{k=1}^{\infty} \frac{1}{k^2} + 2E[|X|] < \infty.
\end{aligned}$$

여기서 넷째 줄은

$$\sum_{k=j}^{\infty} \frac{1}{k^2} \le \int_{j-1}^{\infty} \frac{dx}{x^2} = \frac{1}{j-1}$$

을 이용하고 다섯째 줄은 $j-1 < |x| \le j\,(j \ge 2)$일 때 $x^2/(j-1) \le 2|x|$가 됨을 이용하여 유도하였다. 따라서 $E[Z_k] = 0$이므로 정리 4.8로부터

$$\lim_{n\to\infty} \frac{1}{n} \sum_{k=1}^{n} Z_k = 0 \quad a.s.$$

가 나온다.

2**단계**: $|X 1_{[-k,k]}(X)| \le |X|$로 좌변은 k에 의존하지 않는 가적분 함수로 지배되므로 르베그의 지배수렴정리로부터

$$\tilde{m}_k = E\left[X 1_{[-k,k]}(X)\right] \longrightarrow E[X] = 0 \quad (k \to \infty)$$

임을 알 수 있다. 따라서 $\lim_{n\to\infty}\frac{1}{n}\sum_{k=1}^{n}\tilde{m}_k = 0$을 얻는다(연습문제 4.1 참조). 1단계의 결과로부터

$$\lim_{n\to\infty}\frac{1}{n}\sum_{k=1}^{n} X_k 1_{[-k,k]}(X_k) = 0 \quad a.s.$$

3**단계**: 마지막으로, $P(\sharp\{k; |X_k| > k\} < \infty) = 1$을 보이자. 이것이 성립하면 $a.s.\ \omega$에 대하여 유한개의 k를 제외하고 $X_k = X_k 1_{[-k,k]}(X_k)$이므로 2단계에 의해 결론을 얻는다. 그런데

$$\begin{aligned}\sum_{k=1}^{\infty} P\big(|X_k| > k\big) &= \sum_{k=1}^{\infty}\sum_{j=k}^{\infty} P\big(j < |X| \le j+1\big)\\ &= \sum_{j=1}^{\infty} jP\big(j < |X| \le j+1\big)\\ &= E\left[\sum_{j=1}^{\infty} j 1_{(j,j+1]}(|X|)\right]\\ &\le E[|X|] < \infty\end{aligned}$$

로 평가된다. 단, 이 변형의 둘째 줄은 합의 순서를 바꿔 $\sum_{k=1}^{\infty}\sum_{j=k}^{\infty} = \sum_{j=1}^{\infty}\sum_{k=1}^{j}$(합의 각 항이 음이 아닌 것에 주의)이므로 k에 대한 합이 j가 되어 얻는다. 또, 넷째 줄의 부등호는 $\sum_{j=1}^{\infty} j 1_{(j,j+1]}(|x|) \le |x|$ 에 주의하면 된다. 따라서 보렐-칸텔리 보조정리의 따름정리 4.5로부터 $\sharp\{k; |X_k| > k\} < \infty\ a.s.$ 를 말할 수 있다. ■

참고 4.11

(1) i.i.d. $(X_n)_{n=1,2,\ldots}$이 $E[X_n^4] < \infty$를 만족할 때는 큰 수의 강법칙의 증명이 비교적 쉽다(예를 들어, Durrett [13] Chapter 1, (6.3) Theorem, 2판에서는 (6.5) 참조).

(2) i.i.d. $(X_n)_{n=1,2,\ldots}$이 유한한 기댓값 m을 가지면 큰 수의 약법칙이 성립한다. 따라서 일반적으로 집합 $A \in \mathcal{B}(\mathbb{R})$가 $\mathrm{dist}(m, A) \equiv \inf\{|m-x|; x \in A\} > 0$을 만족하면 (X_n)의 표본평균 (Y_n)에 대하여 $\lim_{n\to\infty} P(Y_n \in A) = 0$이 됨을 알 수 있다. 실제로, 확률 $P(Y_n \in A)$는 n에 대하여 지수적으로 빠르게 0으로 감소한다. 그 수렴의 빠르기를 결정하는 것은 크레이머(Cramér)의 정리다. 이 결과는 **대편차원리**(large deviationprinciple)라고 부르고 많은 응용이 알려져 있다.[1)]

1) 예를 들어, Durrett [13]이나 A. Dembo and O. Zeitouni, Large Deviations Techniques and Applications (2nd edition), Springer, 1998 를 참조하기 바란다.

연습문제

4.1. 실수열 $(a_n)_{n=1,2,\ldots}$이 $a_n \to 0\ (n \to \infty)$을 만족하면 그의 체사로 합에 대해서도

$$\lim_{n\to\infty} \frac{1}{n} \sum_{k=1}^{n} a_k = 0$$

이 됨을 보여라.

4.2. (크로넥커(Kronecker)의 보조정리) 실수열 $(a_n)_{n=1,2,\ldots}$과 양의 단조증가열 $(b_n)_{n=1,2,\ldots}$이 주어지고 (b_n)은 $b_n \to \infty\ (n \to \infty)$를 만족한다고 하자. 이 경우, 급수 $\sum_{n=1}^{\infty} \frac{a_n}{b_n}$ 수렴하면

$$\lim_{n\to\infty} \frac{1}{b_n} \sum_{k=1}^{n} a_k = 0$$

이 됨을 보여라.

4.3. (쿠폰 수집가 문제) $\Lambda = \{1, 2, \ldots, \ell\}$에 대하여 $(X_n)_{n=1,2,\ldots}$은 독립이고 Λ-값을 가지는 확률변수의 열로 각 X_n은 Λ 위의 고른 분포를 따른다고 하자(즉, $P(X_n = i) = 1/\ell, i \in \Lambda$). 이 경우 $\tau_\ell = \min\{n \geq 1; \{X_1, X_2, \ldots, X_n\} = \Lambda\}(\in \bar{\mathbb{N}})$ 로 두면 $\tau_\ell/(\ell \log \ell)$은 $\ell \to \infty$ 일 때 1에 확률수렴함을 보여라. 단, $\min \emptyset = \infty$이다. τ_ℓ은 ℓ종의 쿠폰을 모두 모으는 데 필요한 시간을 나타낸다(집합 Λ의 모두 방문 시간(cover time)이라고도 한다).

4.4. 사건의 열 $A_n \in \mathcal{F}, n = 1, 2, \ldots$에 대하여

$$\limsup_{n\to\infty} 1_{A_n} = 1_{\limsup_{n\to\infty} A_n}, \qquad \liminf_{n\to\infty} 1_{A_n} = 1_{\liminf_{n\to\infty} A_n}$$

을 보여라. 단, 좌변은 함수로서 상극한, 하극한을 나타내고 우변은 사건의 상극한, 하극한에 대한 정의함수이다.

4.5. 사건의 열 $A_n \in \mathcal{F}, n = 1, 2, \ldots$에 대하여

$$P\left(\liminf_{n\to\infty} A_n\right) \leq \liminf_{n\to\infty} P(A_n), \quad \limsup_{n\to\infty} P(A_n) \leq P\left(\limsup_{n\to\infty} A_n\right)$$

을 보여라.

4.6. 보렐-칸텔리 보조정리(보조정리 4.4)-(1)의 역은 성립하지 않는다. 그 보기를 만들어라.

4.7. μ를 $(\mathbb{R}, \mathcal{B}(\mathbb{R}))$ 위의 확률측도라고 하고 그의 가산 무한 곱측도를 P라고 하자. 즉, $P = \mu \times \mu \times \cdots$는 $(\mathbb{R}^{\mathbb{N}}, \mathcal{F})$($\mathcal{F}$는 콜모고로프의 σ-집합대수) 위의 확률측도이다. 또,

$a \in \mathbb{R}$에 대하여 μ^a를 $A \in \mathcal{B}(\mathbb{R})$에 대하여

$$\mu^a(A) = \mu(A - a), \quad A - a = \{x - a; x \in A\}$$

로 정하고 μ^a의 가산 무한 곱측도 P^a를 $(\mathbb{R}^{\mathbb{N}}, \mathcal{F})$ 위에 마찬가지로 만든다. 이때, $a \neq 0$이면 P와 P^a는 서로 특이임을 보여라.

5

중심극한정리와 작은 수의 법칙

큰 수의 강법칙에 따르면 독립이고 같은 분포를 가지는 실숫값 확률변수의 열 $(X_n)_{n=1,2,\ldots}$ 의 최초의 n개의 변수의 표본평균 Y_n은 $n \to \infty$일 때 기댓값 $E[X_1]$(X_1 대신에 X_n을 택해도 마찬가지고 $E[X]$로 쓴다)에 대개수렴한다(정리 4.10). 그런데 이러한 결과를 현실에 적용하려는 경우 「n을 실제로 어느 정도 크게 잡으면 Y_n이 $E[X]$에 충분히 가깝다고 할 수 있을까」가 매우 중요한 문제가 된다. 큰 수의 법칙은 Y_n이 $E[X]$에 수렴하는 속도에 관한 정보는 아무것도 주지 않는다.

중심극한정리 (central limit theorem)[1]는 큰 수의 법칙의 오차항 $Y_n - E[X]$의 거동을 조사하는 것으로, 대략적으로 말하면 이 항은 $n \to \infty$일 때 $O\left(\frac{1}{\sqrt{n}}\right)$로 감소하고

$$Y_n \equiv \frac{1}{n}\sum_{k=1}^{n} X_k = E[X] + \frac{1}{\sqrt{n}}Z + \cdots$$

가 되는 Z를 찾는 것을 주장하는 것이다. 그런데 수렴의 의미는 4장에서 논의한 것보다 약한 의미가 된다. 말하자면 오차항에 $\sqrt{n}$을 곱하여 정규화하고

$$Z_n = \sqrt{n}\left(\frac{1}{n}\sum_{k=1}^{n} X_k - E[X]\right)$$

으로 두어도 Z_n이 어떤 확률변수 Z에 대개수렴이나 확률수렴의 의미에서 수렴하는 것은 기대하기 어렵다. 그러나 예를 들어, $-\infty < a < b < \infty$에 대하여 Z_n이 a와 b 사이에 들어갈 확률

$$P(a \le Z_n \le b) \tag{5.1}$$

이 $n \to \infty$일 때 Z에 대응하는 확률 $P(a \le Z \le b)$에 수렴하는 것은 기대할 수 있다. 이와 같이 수렴하는 것을 분포의 의미에서 수렴(또는 법칙수렴, 정의 2.45-(4))이라고 한다.

여기서는 먼저, 이와 같은 수렴의 의미에 대하여 일반적으로 정리하는 것부터 시작한다.

---

1) 폴리아가 극한정리 가운데서도 중심적인 역할을 한다는 의미를 담아 명명했다(1920).

그 다음 확률측도의 특성함수를 도입하고 분포의 의미에서 수렴하는 것과 관계를 조사한다. 그 응용으로 중심극한정리를 보인다. 고전적인 드므와브르–라플라스(de Moivre–Laplace)의 정리에 대해서도 언급한다. 마지막으로 푸아송의 작은 수의 법칙(law of small numbers)에 대해 설명한다.

5.1 측도의 약수렴

이 절에서는 먼저 일반적인 거리공간 S 위의 확률측도에 대하여 수렴의 개념을 정의한다(정의 5.1). 이른바 측도의 약수렴, 또는 확률변수의 열에 대해 말하자면 법칙수렴이다. 그런 다음 특히 $S = \mathbb{R}$인 경우

- 확률수렴 $\Longrightarrow$ 법칙수렴(보조정리 5.4)
- 약수렴과 동치인 조건(정리 5.5)

을 설명한다. 일반적인 거리공간에 대해서도 비슷한 결과가 성립하나 이 책에서는 결과만을 설명하고자 한다(보조정리 5.8, 정리 5.9). 마지막으로 확률변수의 열이 주어졌을 때 그것이 수렴 부분열을 갖기 위한 조건을 살펴본다(프로호로프 (Prokhorov)의 정리, 정리 5.11, 정리 5.14).

- **거리공간 위의 확률측도의 약수렴 – 정의**

S를 거리공간이라고 하자. $\mathcal{B}(S)$는 그의 보렐 집합족이라고 하고 $(S, \mathcal{B}(S))$ 위의 확률측도 전체의 집합을 $\mathcal{P}(S)$라고 쓰자. $C_b(S)$는 S 위에서 유계이고 연속인 실숫값 함수 전체의 집합이다 (§1.9의 기호 일람 참조).

정의 5.1

(1) $\mu_n, n = 1, 2, \ldots, \mu \in \mathcal{P}(S)$일 때 μ_n이 μ에 **약수렴**(weak convergence)한다는 것은 임의의 $f \in C_b(S)$에 대하여

$$\lim_{n\to\infty} \int_S f(x)\,\mu_n(dx) = \int_S f(x)\,\mu(dx) \tag{5.2}$$

가 성립하는 것을 말한다. 이 경우 $\mu_n \Longrightarrow \mu\ (n \to \infty)$로 쓴다.

(2) $X_n, n = 1, 2, \ldots, X$을 S–값 확률변수의 열이라고 할 때 X_n이 X에 **분포의 의미로 수렴**한다, 또는 **법칙수렴**한다는 것은

$$P_{X_n} \Longrightarrow P_X$$

인 경우를 말한다. $X_n, n = 1, 2, \ldots, X$는 반드시 같은 확률공간 위에서 정의될 필요는 없다(분포 P_{X_n}, P_X의 정의는 정의 2.22 참조).

참고 5.2

$\mu_n, n = 1, 2, \ldots,$과 μ는(일반적으로 확률측도로 제한하지 않는다) $(S, \mathcal{B}(S))$ 위의 측도로 조건 (1)이 임의의 $f \in C_0(S)$에 대하여 성립할 때 μ_n은 μ로 **막연히 수렴**(vague convergence)한다고 한다. 단, $C_0(S)$는 콤팩트 바탕을 가진 S 위의 실함수 전체를 나타낸다. 예를 들어, $\mathbb{R}$ 위의 (점 n에 바탕을 둔) δ–측도의 열 $(\delta_n)_{n=1,2,\ldots}$은 약수렴 극한은 가지지 못하지만 0–측도에 막연히 수렴한다(연습문제 5.1 참조).

참고 5.3

$(S, \mathcal{B}(S)) = (\mathbb{R}, \mathcal{B}(\mathbb{R}))$로 실숫값 확률변수의 열 $(Z_n)_{n=1,2,\ldots}$이 Z에 법칙수렴한다고 하자. 이때, (5.2)가 $\mu_n = P_{Z_n}, \mu = P_Z$에 대하여 성립하지만 만일 이 식에서 $f(x) = 1_{[a,b]}(x)$로 취할 수 있다면 $\int_S 1_{[a,b]}(x)\mu_n(dx) = P(a \le Z_n \le b)$이므로

$$\lim_{n\to\infty} P(a \le Z_n \le b) = P(a \le Z \le b) \tag{5.3}$$

가 성립하는 것을 알 수 있다. 단, 이 $f(x)$는 연속함수는 아니어서 (5.3)은 반드시 성립하는 것은 아니니 주의를 요한다(정리 5.5 참조). 어쨌든, 법칙수렴 정의의 배경에는 (5.3)과 같은 확률값의 수렴을 다루려고 한다는 것을 알아두기 바란다.

- **$S = \mathbb{R}$ 인 경우**

실숫값 확률변수의 열에 대하여 §2.2.1에서 정의한 대개수렴, p차 평균수렴, 확률수렴 쪽이 모두 법칙수렴보다 강한 개념이다. 실제로 다음 보조정리가 성립한다.

보조정리 5.4

실숫값 확률변수의 열 $(X_n)_{n=1,2,\ldots}$이 X에 확률수렴하면 $(X_n)_{n=1,2,\ldots}$은 X에 법칙수렴한다.

[**증명**] 1**단계**: 먼저 $(X_n)_{n=1,2,\ldots}$이 X에 대개수렴하는 경우를 생각하자. 이때, $f \in C_b(\mathbb{R})$이면 (2.7)과 르베그의 수렴 정리를 이용하여 $n \to \infty$일 때

$$\int_{\mathbb{R}} f(x) P_{X_n}(dx) = E[f(X_n)] \to E[f(X)] = \int_{\mathbb{R}} f(x) P_X(dx)$$

임을 알 수 있고 $(X_n)_{n=1,2,\ldots}$은 X에 법칙수렴한다.

2**단계**: 다음 $(X_n)_{n=1,2,\ldots}$이 X에 확률수렴한다고 하자. 이 경우, 열 $\{n\}$의 임의의 부분열 $\{n'\}$을 취하면 $\{n'\}$으로부터 또 부분열 $\{n''\}$을 취하여 $(X_{n''})$이 X에 대개수렴하게 할 수 있다(명제 2.49). 따라서 1단계로부터 $a_n = E[f(X_n)]$으로 두면 $a_{n''} \to a = E[f(X)]$가 되는 것을 알 수

있다. 그런데 수열 $(a_{n''})$의 극한값 a는 부분열 $\{n'\}$이나 $\{n''\}$을 취하는 방법에 의존하지 않으므로 이것은 부분열을 취하지 않더라도 a_n 자신이 a에 수렴하는 것, 즉 $a_n \to a$ $(n \to \infty)$를 의미한다. ∎

이와 같이 법칙수렴은 대개수렴, p차 평균수렴, 확률수렴보다 약한 개념이지만 참고 5.3에서도 설명한 바와 같이 "거의" 각 사건의 확률값이 수렴하는 것을 의미한다. 실제로 약수렴과 동치인 조건은 다음 정리와 같이 정리할 수 있다.

정리 5.5

$\mu_n, n = 1, 2, \ldots, \mu \in \mathcal{P}(\mathbb{R})$에 대하여 다음 다섯 조건 (1)–(5)는 서로 동치이다.

(1) $\mu_n \Longrightarrow \mu$ $(n \to \infty)$

(2) $\mathbb{R}$의 임의의 열린집합 G에 대하여

$$\liminf_{n\to\infty} \mu_n(G) \geq \mu(G)$$

가 성립한다.

(3) $\mathbb{R}$의 임의의 닫힌집합 C에 대하여

$$\limsup_{n\to\infty} \mu_n(C) \leq \mu(C)$$

가 성립한다.

(4) $\mathbb{R}$의 부분집합 $A \in \mathcal{B}(\mathbb{R})$가 $\mu(\partial A) = 0$을 만족하면

$$\lim_{n\to\infty} \mu_n(A) = \mu(A)$$

가 성립한다. 단, $\partial A = \bar{A} \setminus A^{\circ}$는 A의 경계를 나타낸다($\bar{A}$는 A의 닫개, A°는 A의 내부이다).

(5) μ_n, μ에 대응하는 분포함수를 각각 F_n, F로 쓰자. 즉, $F_n(x) = \mu_n((-\infty, x]), F(x) = \mu((-\infty, x]), x \in \mathbb{R}$이다. 이때 F의 임의의 연속점 x에 대하여

$$\lim_{n\to\infty} F_n(x) = F(x)$$

가 성립한다. 여기서 x가 F의 연속점이라는 것은 $\lim_{y\uparrow x} F(y) = F(x)$를 의미하고 그러한 x에 대하여 $\mu(\{x\}) = 0$이다(명제 2.25 참조).

[**증명**] 1**단계**: 「(2) $\Longleftrightarrow$ (3)」은 서로 여집합을 취하면 「G가 열린집합 $\Longleftrightarrow$ $C = G^c$는 닫힌집합이므로 자명하다. 또, 「(2)+(3) $\Longrightarrow$ (4)」도 명백하다. 말하자면,

$$\mu(A^\circ) \le \liminf_{n\to\infty} \mu_n(A^\circ) \le \liminf_{n\to\infty} \mu_n(A)$$
$$\le \limsup_{n\to\infty} \mu_n(A) \le \limsup_{n\to\infty} \mu_n(\bar{A}) \le \mu(\bar{A})$$

이지만 $\mu(\partial A) = 0$이면 $\mu(A^\circ) = \mu(\bar{A}) = \mu(A)$이므로 (4)가 성립한다. 위 평가의 처음 부등호는 (2), 둘째 부등호는 $A^\circ \subset A$, 넷째 부등호는 $A \subset \bar{A}$, 다섯째 부등호는 (3)을 이용하였다. 또한, 「(4) $\Longrightarrow$ (5)」는 (4)에서 $A = (-\infty, x]$로 취하면 된다.

2단계: 다음, 「(1) $\Longrightarrow$ (3)」을 보이자. 그러기 위해 닫힌집합 C가 주어졌을 때 $k = 1, 2, \ldots$에 대하여

$$f_k(x) = \frac{1}{\left\{1 + \mathrm{dist}(x, C)\right\}^k}, \quad x \in \mathbb{R}$$

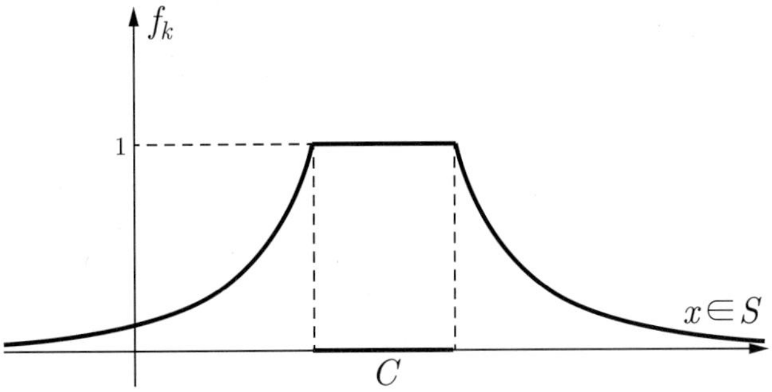

그림 5.1: f_k의 그래프

로 두자. 단, $\mathrm{dist}(x, C) = \inf\left\{|x - y|; y \in C\right\}$이다. 이때,

$$\mu(C) = \lim_{k\to\infty} \int_{\mathbb{R}} f_k(x)\,\mu(dx)$$
$$= \lim_{k\to\infty} \lim_{n\to\infty} \int_{\mathbb{R}} f_k(x)\,\mu_n(dx) \ge \limsup_{n\to\infty} \mu_n(C)$$

가 되고 (3)이 증명된다. 여기서, 처음 등호는 $0 \le f_k(x) \le 1$과 $\lim_{k\to\infty} f_k(x) = 1_C(x)$에 유의하여 르베그의 수렴 정리를 이용하면 된다. C가 닫힌집합이므로 $x \notin C$일 때 $\mathrm{dist}(x, C) > 0$으로, 따라서 $\lim_{k\to\infty} f_k(x) = 0$이 된다. 두 번째 등호는 각 k마다 $f_k \in C_b(\mathbb{R})$이므로 (1)로부터 성립한다. 마지막 부등호는 $f_k(x) \ge 1_C(x)$로부터 좌변의 적분은 $\mu_n(C)$ 이상이 되기 때문이다.

3단계: 마지막으로 (5) $\Longrightarrow$ (1)」을 보이자. 이를 보이면, 1단계, 2단계의 결과와 함께 (1)–(5)의 동치성을 알 수 있다.

그러기 위해, $\varepsilon > 0$이 임의로 주어졌을 때 F의 연속점 $a, b \in \mathbb{R}$를

$$a < b, \quad F(a) \le \varepsilon, \quad 1 - F(b) \le \varepsilon$$

을 만족하도록 잡자(명제 2.25-2)로부터 가능하다). 특히, 조건 (5)로부터 n이 충분히 크면

$$F_n(a) \le 2\varepsilon, \quad 1 - F_n(b) \le 2\varepsilon$$

이 됨을 알 수 있다. 다음, $\delta > 0$와 $f \in C_b(\mathbb{R})$가 임의로 주어졌을 때 $N = N_\delta$과 점열 $\{a = a_1 < a_2 < \cdots < a_{N+1} = b\}$을

- 각 a_i $(2 \le i \le N)$는 F의 연속점
- $\max_{a_i \le x \le a_{i+1}} |f(x) - f(a_i)| \le \delta \quad (1 \le i \le N)$

를 만족하도록 잡자. 두 번째 조건은 연속함수 f는 유계인 닫힌 구간 $[a, b]$ 위에서 고르게 연속이므로 가능하다. 위와 같은 준비 아래서

$$g(x) \equiv g^{\delta, N, \{a_i\}}(x) = \sum_{i=1}^{N} f(a_i) 1_{(a_i, a_{i+1}]}(x)$$

로 두면 n이 충분히 클 때

$$\begin{aligned}
&\left| \int_{\mathbb{R}} f(x)\, \mu_n(dx) - \int_{\mathbb{R}} g(x)\, \mu_n(dx) \right| \\
&\le \int_{(a,b]} \left| f(x) - g(x) \right| \mu_n(dx) + \|f\|_\infty \left\{ F_n(a) + (1 - F_n(b)) \right\} \\
&\le \delta + 4\varepsilon \|f\|_\infty
\end{aligned} \tag{5.4}$$

로 평가할 수 있다. 단, $\|f\|_\infty = \sup_{x \in \mathbb{R}} |f(x)|$이다. 마찬가지로

$$\left| \int_{\mathbb{R}} f(x)\, \mu(dx) - \int_{\mathbb{R}} g(x)\, \mu(dx) \right| \le \delta + 2\varepsilon \|f\|_\infty \tag{5.5}$$

이다. 그런데 조건 (5)로부터 F의 연속점 a_i에 대해서는 $\lim_{n \to \infty} F_n(a_i) = F(a_i)$ $(1 \le i \le N+1)$이므로 $n \to \infty$로 취할 때

$$\begin{aligned}
\int_{\mathbb{R}} g(x)\, \mu_n(dx) &= \sum_{i=1}^{N} f(a_i) \left\{ F_n(a_{i+1}) - F_n(a_i) \right\} \\
&\to \sum_{i=1}^{N} f(a_i) \left\{ F(a_{i+1}) - F(a_i) \right\} = \int_{\mathbb{R}} g(x)\, \mu(dx)
\end{aligned} \tag{5.6}$$

이다. 따라서

$$\begin{aligned}\left|\int_{\mathbb{R}} f(x)\,\mu_n(dx) - \int_{\mathbb{R}} f(x)\,\mu(dx)\right| \le &\left|\int_{\mathbb{R}} f(x)\,\mu_n(dx) - \int_{\mathbb{R}} g(x)\,\mu_n(dx)\right| \\ &+ \left|\int_{\mathbb{R}} g(x)\,\mu_n(dx) - \int_{\mathbb{R}} g(x)\,\mu(dx)\right| \\ &+ \left|\int_{\mathbb{R}} f(x)\,\mu(dx) - \int_{\mathbb{R}} g(x)\,\mu(dx)\right|\end{aligned}$$

와 삼각부등식을 이용하여 평가하면 우변에서 $n \to \infty$를 취하여 (5.4), (5.5), (5.6)으로부터

$$\limsup_{n\to\infty}\left|\int_{\mathbb{R}} f(x)\,\mu_n(dx) - \int_{\mathbb{R}} f(x)\,\mu(dx)\right| \le 2\delta + 6\varepsilon\|f\|_\infty$$

임을 알 수 있다. $\varepsilon,\delta > 0$는 임의이므로 $\varepsilon,\delta \downarrow 0$으로 하여 (1)을 얻는다. ■

이상으로 정리 5.5는 완전히 증명하였는데 「(1) $\Longrightarrow$ (5)」의 증명을 직접 하는 것도 의미가 있다.

[(1) $\Longrightarrow$ (5) **의 직접 증명**] x는 F의 연속점이라고 하고

$$f(y) = 1_{(-\infty,x]}(y)$$

로 두자. 이 함수를 위로부터 근사시키는 연속함수의 열 $f_\delta^+, f_\delta^- \in C_b(\mathbb{R}), \delta > 0$를

$$f_\delta^+(y) = \begin{cases} f(y), & y \notin (x, x+\delta) \\ 1 + \dfrac{1}{\delta}(x-y), & y \in (x, x+\delta) \end{cases}$$

$$f_\delta^-(y) = \begin{cases} f(y), & y \notin (x-\delta, x] \\ \dfrac{1}{\delta}(x-y), & y \in (x-\delta, x] \end{cases}$$

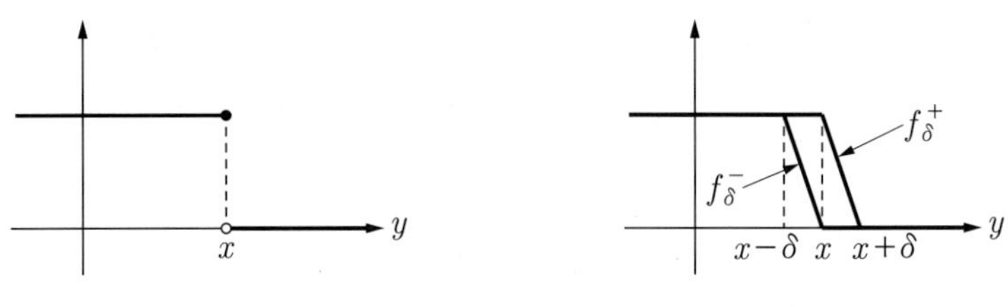

그림 5.2: $f, f_\delta^+, f_\delta^-$의 그래프

로 정하자. 이런 함수는

- $0 \le f_\delta^-(y) \le f(y) \le f_\delta^+(y) \le 1, \quad y \in \mathbb{R}$

- $\lim_{\delta\downarrow 0} f_\delta^+(y) = f(y), \quad y \in \mathbb{R}$
- $\lim_{\delta\downarrow 0} f_\delta^-(y) = f(y), \quad y \in \mathbb{R}\setminus\{x\}$

를 만족하는 것에 주의하자. 이때,

$$F_n(x) = \int_{\mathbb{R}} f(y)\,\mu_n(dy) \le \int_{\mathbb{R}} f_\delta^+(y)\,\mu_n(dy)$$

이고 $f_\delta^+ \in C_b(\mathbb{R}), \mu_n \Longrightarrow \mu$에 주의하여 $n\to\infty$를 취하면 임의의 $\delta > 0$에 대하여

$$\limsup_{n\to\infty} F_n(x) \le \int_{\mathbb{R}} f_\delta^+(y)\,\mu(dy)$$

임을 알 수 있다. 이 식에서 $\delta\downarrow 0$로 취하면 르베그의 수렴 정리로부터 우변은 $\int_{\mathbb{R}} f(y)\,\mu(dy)$, 즉 $F(x)$에 수렴한다. 따라서

$$\limsup_{n\to\infty} F_n(x) \le F(x)$$

를 보였다. 여기까지 x가 F의 연속점이라는 것은 쓰이지 않았다.

이번에는 거꾸로

$$F_n(x) \ge \int_{\mathbb{R}} f_\delta^-(y)\,\mu_n(dy)$$

에 $n\to\infty$를 취하면 임의의 $\delta > 0$에 대하여

$$\liminf_{n\to\infty} F_n(x) \ge \int_{\mathbb{R}} f_\delta^-(y)\,\mu(dy) \tag{5.7}$$

임을 알 수 있다. 여기서 먼저처럼 르베그의 수렴 정리를 이용하여 이 식에 $\delta\downarrow 0$으로 하자. 이미 알아본 것처럼 $f_\delta^-(y)$에 대해서는 $y = x$를 제외하고 $\lim_{\delta\downarrow 0} f_\delta^-(y) = f(y)$가 성립한다. 특히, x가 F의 연속점이면 $\mu(\{x\}) = 0$이므로 이 수렴은 μ-*a.e.* y에 대해 말할 수 있게 되고 (5.7)의 우변은 $\int_{\mathbb{R}} f(y)\,\mu(dy)$, 즉 $F(x)$에 수렴한다. 따라서

$$\liminf_{n\to\infty} F_n(x) \ge F(x)$$

를 F의 연속점 x에 대해 보였다. 이상으로 주장 「(1) $\Longrightarrow$ (5)」를 증명하였다. ■

보기 5.6

$\mu_n = \delta_{\frac{1}{n}}, \mu = \delta_0$($\delta$-측도)로 할 때 $f \in C_b(\mathbb{R})$이면 $n\to\infty$일 때 $f(\frac{1}{n}) \to f(0)$이므로 $\delta_{\frac{1}{n}} \Longrightarrow \delta_0$이다. 이 경우, 특히 $G = (0,\infty), C = G^c = (-\infty, 0]$으로 취하면 정리 5.5의 (2), (3)은 순부등식이 된다. 또, $A = [a,0], a \le 0,$으로 취하면 $\mu(\partial A) = 1$이고 (4)는 성립하지 않는다. 또 대응하는 분포함수는 $F_n = 1_{[\frac{1}{n},\infty)}, F = 1_{[0,\infty)}$이고 F의 불연속점 $x = 0$에서 $F_n(0) = 0, F(0) = 1$이므로 $F_n(0)$은 $F(0)$에 수렴하지 않는다.

참고 5.7 (레비(Lévy)의 거리)

F, G를 분포함수라고 할 때

$$\rho(F,G) = \inf\Big\{\varepsilon > 0;\ \text{임의의 } x \in \mathbb{R} \text{ 에 대하여} \\ F(x-\varepsilon) - \varepsilon \le G(x) \le F(x+\varepsilon) + \varepsilon\Big\}$$

이라고 하면 $\rho(F,G)$는 거리의 공리를 만족하고 「$\rho(F_n, F) \to 0$」$\Longleftrightarrow$「$\mu_n \Longrightarrow \mu$(약수렴)」이 성립한다. 단, F_n, F는 가각 $\mu_n, \mu \in \mathcal{P}(\mathbb{R}), n = 1, 2, \ldots$의 분포함수이다(예를 들어, Durrett[13]) Chapter 2, Exercise 2.15 참조). 일반적인 분해가능 거리공간 S 위의 보렐 확률측도의 공간 $\mathcal{P}(S)$에서 약수렴과 동치인 거리는 예를 들어, 고타니 [7] 206–207에 주어져 있다.

• **일반적인 S의 경우**

그러면 S는 일반적인 거리공간이라고 하자. S 위의 거리를 $d = d(x,y)$로 나타내자. 다음 보조정리는 보조정리 5.4의 일반화이다.

보조정리 5.8

거리공간 S 위에서 값을 취하는 확률변수의 열 $(X_n)_{n=1,2,\ldots}$이 X에 확률수렴하면 법칙수렴한다. 여기서 S–값 확률변수열의 **확률수렴**은 임의의 $\varepsilon > 0$에 대하여

$$\lim_{n\to\infty} P\Big(d(X_n, X) > \varepsilon\Big) = 0$$

이 되는 것을 의미한다.

[**증명**] 정의 5.1의 조건은, $f \in C_b(S)$가 고르게 연속이라고 하고 말할 수 있다면 충분하다는 것을 먼저 보여둘 필요가 있다. 여기서 상세한 것은 생략하지만, 예를 들어 고타니 [7] 보조정리 9.6을 참조하기 바란다. ■

일반적인 거리공간의 경우에도 S–값 확률변수열의 **p차 평균수렴**

$$\lim_{n\to\infty} E\Big[d(X_n, X)^p\Big] = 0$$

이 마찬가지로 정의되고 확률수렴보다 강한 개념이다. 단, $p \ge 1$이다.

정리 5.5의 일반화로 다음 정리가 성립한다. 증명은 생략하지만 예를 들어, 「(1) $\Longrightarrow$ (3)」의 증명 등은 $\mathbb{R}$을 S로 하고 거리 $|x-y|$를 $d(x,y)$로 치환하면 그대로 성립한다. 분포함수에 관한 조건 (5)는 $S = \mathbb{R}$인 경우에만 말할 수 있었다.

정리 5.9

S는 완비된 분해가능 거리공간이라고 하자. 이 경우 $\mu_n, n = 1, 2, \ldots, \mu \in \mathcal{P}(S)$에 대하여 다음 네 조건 (1)–(4)는 서로 동치이다.

(1) $\mu_n \Longrightarrow \mu \ (n \to \infty)$

(2) S의 임의의 열린집합 G에 대하여

$$\liminf_{n\to\infty} \mu_n(G) \geq \mu(G)$$

가 성립한다.

(3) S의 임의의 닫힌집합 C에 대하여

$$\limsup_{n\to\infty} \mu_n(C) \leq \mu(C)$$

가 성립한다.

(4) S의 부분집합 $A \in \mathcal{B}(S)$가 $\mu(\partial A) = 0$을 만족하면

$$\lim_{n\to\infty} \mu_n(A) = \mu(A)$$

가 성립한다. 단, $\partial A = \bar{A} \setminus A^\circ$는 S에서 A의 경계를 나타낸다.

- **프로호로프의 정리**

확률측도의 열이 주어졌을 때 그것이 수렴할지 아닐지 판정하는 것은 중요하다. 먼저 일반적인 분해가능 거리공간 S의 경우 확률측도의 족에 대하여 「상대적 콤팩트성」의 개념을 정의하자. 이것은 $\mathcal{P}(S)$를 거리공간으로 생각할 때 (참고 5.7 참조), 그의 부분집합이 상대적으로 콤팩트라고 말하는 것과 마찬가지다.

정의 5.10

$(S, \mathcal{B}(S))$ 위의 확률측도의 집합 $(\mu_\alpha)_\alpha \subset \mathcal{P}(S)$가 **완전유계**(totally bounded) **또는 상대적으로 콤팩트**(또는 약콤팩트, weakly compact)라는 것은 $(\mu_\alpha)_\alpha$의 임의의 부분 열 (μ_{α_n})에 대하여, 그의 부분열 $(\mu_{\alpha_{n_k}})$와 $\mu \in \mathcal{P}(S)$를 적당히 취하면 $\mu_{\alpha_{n_k}} \Longrightarrow \mu \ (k \to \infty)$가 되는 것을 말한다.

확률측도의 족이 상대적으로 콤팩트가 되기 위한 조건을 $S = \mathbb{R}$인 경우와 일반적인 S인 경우에 대하여 각각 설명하자.

(a) $S = \mathbb{R}$인 경우

정리 5.11

$(\mu_\alpha) \subset \mathcal{P}(\mathbb{R})$에 대하여 다음 조건 (1), (2)는 동치이다.

(1) (μ_α)는 상대적으로 콤팩트이다.

(2) (μ_α)는 **긴밀**(tight)하다. 즉, 임의의 $\varepsilon > 0$에 대하여 $M > 0$이 존재해서

$$\inf_\alpha \mu_\alpha(|x| \leq M) \geq 1 - \varepsilon$$

이다.

이 정리를 증명하기 위해 다음 보조정리를 준비하자.

보조정리 5.12 (헬리(Helly)의 선출정리)

분포함수의 열 $F_n = F_n(x), n = 1, 2, \ldots$가 주어졌다고 하자. 이때, F_n의 적당한 부분열 F_{n_k}와 우연속인 단조증가 함수 $F = F(x)$가 존재하여 F의 임의의 연속점 x에 대하여

$$\lim_{k \to \infty} F_{n_k}(x) = F(x) \tag{5.8}$$

가 성립한다.

[**증명**] 1**단계**: 유리수 전체의 집합 $\mathbb{Q}$의 모든 점에 적당히 번호를 붙여 $y_1, y_2, \ldots$ 로 나열하자. 이때, $j = 1, 2, \ldots$에 대하여 $\{n\}$의 부분열 $\{n_k^{(j)}\}_{k=1,2,\ldots}$를 택해 다음 두 조건

- $\{n\} \supset \{n_k^{(1)}\}_k \supset \{n_k^{(2)}\}_k \supset \cdots$
- 각 j에 대하여 $k \to \infty$일 때 $F_{n_k^{(j)}}(y_j)$는 어떤 $\tilde{F}(y_j) \in \mathbb{R}$에 수렴

을 만족하게 할 수 있다. 즉, 각 j에 대하여 $\lim_{k\to\infty} n_k^{(j)} = \infty$이다. 대각선 논법을 이용하여 $F_{n_k}(x) = F_{n_k^{(k)}}(x)$로 두자. 이때, $\mathbb{Q} = \{y_j\}_{j=1,2,\ldots}$에서 $\{n_k^{(k)}\}_{k=j,j+1,\ldots} \subset \{n_k^{(j)}\}_{k=j,j+1,\ldots}$이므로 임의의 $y \in \mathbb{Q}$에 대하여

$$\lim_{k \to \infty} F_{n_k}(y) = \tilde{F}(y) \tag{5.9}$$

가 성립한다. 또, $x, y \in \mathbb{Q}$로 $x < y$이면 $\tilde{F}(x) \leq \tilde{F}(y)$이다.

2**단계**: 1단계에서 구한 함수 $\tilde{F}$는 $\mathbb{Q}$ 위에서만 정의되고, 게다가 우연속이라고 할 수 없다. 이제 $x \in \mathbb{R}$에 대하여

$$F(x) = \inf\left\{\tilde{F}(y)\,;\, y \in \mathbb{Q}, y > x\right\} \tag{5.10}$$

로 두자. 이 경우, F는 우연속이 된다(연습문제 5.2 참조). F가 단조증가인 것도 명백하다. 마지막으로 F의 연속점 x에 대하여 (5.8)이 성립함을 보이자. 그러기 위해 $\varepsilon > 0$은 임의로,

$z_1, z_2, z_3 \in \mathbb{Q}$를

- $z_1 < z_2 < x < z_3$
- $F(x) - \varepsilon < F(z_1) \le F(z_2) \le F(x) \le F(z_3) < F(x) + \varepsilon$

을 만족하도록 잡자. 이것은 x가 F의 연속점이므로 가능하다. 그런데 (5.10)으로부터

$$F_{n_k}(z_2) \longrightarrow \tilde{F}(z_2) \ge F(z_1), \quad F_{n_k}(z_3) \longrightarrow \tilde{F}(z_3) \le F(z_3)$$

이므로 k가 충분히 크면

$$F(x) - \varepsilon < F_{n_k}(z_2) \le F_{n_k}(x) \le F_{n_k}(z_3) < F(x) + \varepsilon$$

이 성립함을 알 수 있다. 이것은 (5.8)이 성립한다는 것을 의미한다. ■

[**정리** 5.11**의 증명**] μ_α의 분포함수를 F_α로 쓰자.
1**단계**: 먼저, 「(1) $\Longrightarrow$ (2)」를 보이자. 실제로, 만약 (2)가 성립하지 않으면 $\varepsilon > 0$이 존재하여 임의의 $M > 0$에 대하여

$$\inf_\alpha \mu_\alpha(|x| \le M) < 1 - \varepsilon$$

이 된다. 즉, (μ_α)의 부분열 (μ_{α_n})을 적당히 취하면

$$\mu_{\alpha_n}(|x| \le n) < 1 - \varepsilon \tag{5.11}$$

이 된다. 한편, 조건 (1)로부터 (μ_{α_n})의 부분열 $(\mu_{\alpha_{n_k}})$을 취하여 $\mu_{\alpha_{n_k}} \Longrightarrow \mu, \mu \in \mathcal{P}(\mathbb{R})$가 되는 것이 가능하다. 그런데 μ의 분포함수를 F로 쓰면 $\mu_{\alpha_{n_k}}$의 분포함수는 $F_{\alpha_{n_k}}$이므로 정리 5.5에 의해

$$\lim_{k\to\infty} F_{\alpha_{n_k}}(x) = F(x)$$

가 F의 임의의 연속점 x에 대하여 성립한다. 그러나 (5.11)로부터 F는 $\lim_{x\to\infty}\big(F(x)-F(-x)\big) \le 1-\varepsilon$ 을 만족하고, 따라서 분포함수가 되지 못하고 $\mu \in \mathcal{P}(\mathbb{R})$라는 것에 모순이다.
2**단계**: 다음, 「(2) $\Longrightarrow$ (1)」을 보이자. (μ_α)의 임의의 부분열 (μ_{α_n})이 주어졌을 때 헬리의 선출정리(보조정리 5.12)로부터 (F_{α_n})의 부분열 $(F_{\alpha_{n_k}})$와 F를 잡아 F의 임의의 연속점 x에 대하여

$$\lim_{k\to\infty} F_{\alpha_{n_k}}(x) = F(x)$$

가 성립한다. 이제 조건 (2)로부터 F는 $\lim_{x\to\infty}\big(F(x) - F(-x)\big) = 1$을 만족한다. 따라서 F는 어떤 확률측도 $\mu \in \mathcal{P}(\mathbb{R})$의 분포함수가 됨을 알 수 있다. (1)을 보였다. ■

보기 5.13

참고 5.2에서 잡은 δ–측도의 열 $(\delta_n)_{n=1,2,\ldots}$은 정리 5.11의 조건 (2)를 만족하지 못한다. 측도가 가진 질량(mass)이 유계 영역으로부터 밖으로 도망가기 때문이다. 대응하는 분포함수를 보면 $F_n = 1_{[n,\infty)}$이 되고 그의 극한 F는 $F \equiv 0$이다.

(b) **일반적인 S의 경우**

정리 5.11의 확장으로 다음 정리가 성립한다(고타니 [7], Billingsley[15], Ikeda–Watanabe[18] 등 참조). 여기서 증명은 생략한다.

정리 5.14 (프로호로프의 정리)

S는 완비인 분해가능 거리공간이라고 하자. 이때 $(\mu_\alpha) \subset \mathcal{P}(S)$에 대하여 다음 조건 (1), (2)는 동치이다.

(1) (μ_α)는 상대적으로 콤팩트이다.

(2) (μ_α)는 **긴밀**하다. 즉, 임의의 $\varepsilon > 0$에 대하여 S의 콤팩트 부분집합 K가 존재하여

$$\inf_\alpha \mu_\alpha(K) \geq 1 - \varepsilon$$

이다.

긴밀성이 상대적 콤팩트성의 충분조건이 되는 것, 즉 정리 5.14의「(2) $\Longrightarrow$ (1)」은 종종 유용하다. 그 증명은 예를 들어, 고타니 [7] 정리 9.4 에 있는데 참고하기 바란다. 이 부분에서 S에 대한 완비성의 가정은 불필요하다. 완비성은 역 주장「(1) $\Longrightarrow$ (2)」의 증명에서 필요하다. 정리 5.14의 응용의 예로 연습문제 5.3을 소개한다.

5.2 특성함수

여기서 $\mathbb{R}$ 위의 확률측도(분포)에 대하여 특성함수를 도입한다. 이것은 측도의 푸리에(Fourier) 변환에 다름 아니다. 즉, 정의식 (5.12)에서 ξ를 $-\xi$로 바꾸면 푸리에변환이라고 해도 된다. 특성함수의 수렴은 분포의 약수렴과 동치이다(정리 5.20). 이 성질을 이용하여 §5.3에서 중심극한정리를 증명한다.

정의 5.15

$(\mathbb{R}, \mathcal{B}(\mathbb{R}))$ 위의 확률측도 $\mu \in \mathcal{P}(\mathbb{R})$의 **특성함수**(characteristic function)는

$$\varphi(\xi) \equiv \varphi_\mu(\xi) = \int_{\mathbb{R}} e^{i\xi x} \mu(dx), \quad \xi \in \mathbb{R} \tag{5.12}$$

를 말한다. 단, $i = \sqrt{-1}$ 이다. 실숫값 확률변수 X 의 특성함수는 X 의 분포 P_X 의 특성함수이다. 즉,

$$\varphi(\xi) \equiv \varphi_X(\xi) = E\left[e^{i\xi X}\right], \quad \xi \in \mathbb{R} \tag{5.13}$$

이다.

보기 5.16 (정규분포의 특성함수)

평균 $m \in \mathbb{R}$, 분산 $v > 0$를 가진 정규분포(보기 2.31-(1), 보기 2.44-(1) 참조) $\mu_{m,v}(dx) = p_{m,v}(x)dx$ 의 특성함수는

$$\varphi_{\mu_{m,v}}(\xi) = \exp\left\{im\xi - \frac{1}{2}v\xi^2\right\}$$

이다. 이 결과는 푸리에변환과 관련하여 잘 알려져 있다(예를 들어, 야지마 [3] 정리 14.6 참조).

특성함수는 $\mathbb{R}^d$-값 확률변수 X 에 대해서도 정의된다.

$$\varphi(\xi) \equiv \varphi_X(\xi) = E\left[e^{i\xi\cdot X}\right], \quad \xi \in \mathbb{R}^d$$

이다. 단, $\xi\cdot X$ 는 $\xi = (\xi_1, \xi_2, \ldots, \xi_d)$ 와 $X = (X_1, X_2, \ldots, X_d)$ 의 내적을 나타내고 $\xi\cdot X = \sum_{j=1}^{d} \xi_j X_j$ 이다.

보기 5.17 (다차원 정규분포의 특성함수)

d 차원 정규분포 $\mu_{m,V}$ (보기 2.44-(1) 참조)의 특성함수는

$$\varphi_{\mu_{m,V}}(\xi) = \exp\left\{im\cdot\xi - \frac{1}{2}\xi\cdot V\xi\right\}, \quad \xi \in \mathbb{R}^d$$

이다.

보기 5.18 (푸아송 분포의 특성함수)

μ_λ 를 매개변수 $\lambda > 0$를 가진 푸아송 분포라고 하자(보기 2.30-(3) 참조). 그의 특성함수는

$$\varphi_{\mu_\lambda}(\xi) = \exp\left\{\lambda(e^{i\xi} - 1)\right\}$$

이다. 그 외 분포의 특성함수에 대해서는 연습문제 5.5를 참조하기 바란다.

- **유일성 정리**

먼저, 특성함수는 분포를 유일하게 특성화한다는 것을 보이자.

정리 5.19

$\mu, \tilde{\mu} \in \mathcal{P}(\mathbb{R})$라고 하자. 이때, 대응하는 특성함수가 임의의 $\xi \in \mathbb{R}$에 대하여 $\varphi_\mu(\xi) = \varphi_{\tilde{\mu}}(\xi)$를 만족하면 $\mu = \tilde{\mu}$이다.

[**증명**] 1**단계** (푸리에의 반전공식) : 확률측도 $\mu \in \mathcal{P}(\mathbb{R})$가 주어졌을 때 그의 분포함수 $F = F_\mu(x)$는 μ의 특성함수 φ_μ를 이용하여

$$F(b) - F(a) = \lim_{R\to\infty} \frac{1}{2\pi} \int_{-R}^{R} \frac{e^{-i\xi b} - e^{-i\xi a}}{-i\xi} \varphi_\mu(\xi)\, d\xi \tag{5.14}$$

로 표현됨을 보이자. 단, $a, b \in \mathbb{R}$는 F의 연속점이다.

이를 위해 우변을 다시 쓰자. 우변의 적분은 실제로 두 번 적분하는 것이므로 푸비니(Fubini)의 정리(예를 들어, 야지마 [3] 참조)를 이용하여 적분의 순서를 바꾸면

$$= \int_{\mathbb{R}} \mu(dx) \int_{-R}^{R} \frac{e^{i\xi(x-b)} - e^{i\xi(x-a)}}{-i\xi}\, d\xi$$
$$= \int_{\mathbb{R}} \mu(dx) \int_{-R}^{R} \frac{\sin\xi(x-a) - \sin\xi(x-b)}{\xi}\, d\xi$$

가 된다. 두 번째 등호는

$$\int_{-R}^{R} \frac{\cos\xi(x-b) - \cos\xi(x-a)}{\xi}\, d\xi = 0$$

이 되는 것을 이용하였다. 피적분 함수가 ξ의 홀함수이기 때문이다. 따라서

$$f_R(\alpha) = \int_0^R \frac{\sin\xi\alpha}{\xi}\, d\xi, \quad \alpha \in \mathbb{R}$$

로 두면(디리클레 적분이라고 한다) 윗식은

$$= 2\int_{\mathbb{R}} \left\{ f_R(x-a) - f_R(x-b) \right\} \mu(dx)$$

로 고쳐쓸 수 있다. 그런데 $\sup_{R,\alpha} |f_R(\alpha)| < \infty$로

$$\lim_{R\to\infty} f_R(\alpha) = \begin{cases} \displaystyle\int_0^\infty \frac{\sin\xi}{\xi}\, d\xi = \frac{\pi}{2}, & \alpha > 0 \\ -\dfrac{\pi}{2}, & \alpha < 0 \\ 0, & \alpha = 0 \end{cases}$$

이므로 르베그의 수렴 정리를 이용하면 (5.14)의 우변은

$$\frac{1}{2}\int_{\mathbb{R}} \left\{ \left(1_{(a,\infty)}(x) - 1_{(-\infty,a)}(x)\right) - \left(1_{(b,\infty)}(x) - 1_{(-\infty,b)}(x)\right) \right\} \mu(dx)$$

와 일치함을 알 수 있다. 그런데 피적분함수는, 예를 들어 $a < b$로 하면 $2 \cdot 1_{(a,b]} + 1_{\{a\}} - 1_{\{b\}}$

와 같기 때문에 a, b가 F의 연속점이면 $1_{\{a\}}$, $1_{\{b\}}$의 μ에 대한 적분은 모두 0이 되고 (5.14)를 얻는다.

2**단계**: $\mu, \tilde{\mu} \in \mathcal{P}(\mathbb{R})$가 주어지고 $\varphi_\mu = \varphi_{\tilde{\mu}}$라고 하자. 이때, 1단계로부터 $F_\mu(x) = F_{\tilde{\mu}}(x)$가, x가 F_μ와 $F_{\tilde{\mu}}$ 양쪽의 연속점일 때 성립한다. 일반적으로 분포함수는 우연속으로 불연속점은 많아야 가산개이므로 이것은 $F_\mu = F_{\tilde{\mu}}$를 의미하고 따라서 명제 2.25로부터 $\mu = \tilde{\mu}$가 됨을 알 수 있다. ■

[**다른 증명**] 푸리에변환의 이론을 이용한 다른 증명을 보자. $\mathcal{S}(\mathbb{R})$을 $\mathbb{R}$ 위에서 빠르게 감소하는 함수의 족, $\mathcal{S}'(\mathbb{R})$을 그의 쌍대공간인 슈바르츠(Schwartz)의 초함수족이라고 하자. 이때, $F \in \mathcal{S}'(\mathbb{R})$의 푸리에변환을 $\hat{F}$, 푸리에역변환을 $\check{F}$로 두면 $F \mapsto \hat{F}$, $F \mapsto \check{F}$는 모두 $\mathcal{S}'(\mathbb{R}) \to \mathcal{S}'(\mathbb{R})$에서 전단사함수로 $(\hat{F})^{\vee} = F$를 만족한다(야지마 [3] 정리 14.17 참조).

그런데 $\mu \in \mathcal{P}(\mathbb{R})$에 대하여

$$\langle \mu, f \rangle = \int_{\mathbb{R}} f(x)\mu(dx), \quad f \in \mathcal{S}(\mathbb{R})$$

로 두면

$$|\langle \mu, f \rangle| \leq \|f\|_\infty$$

이므로 $\langle \mu, \cdot \rangle$는 $\mathcal{S}(\mathbb{R})$ 위의 연속함수이다. 따라서 $\mathcal{P}(\mathbb{R}) \subset \mathcal{S}'(\mathbb{R})$로 생각할 수 있다. 이때, $\varphi_\mu(\xi) = \check{\mu}(\xi)$이 되고 특성함수는 $\mathcal{S}'(\mathbb{R})$에서 μ의 푸리에변환과 일치한다. 이로부터 결론을 말할 수 있다. ■

- **특성함수의 수렴과 분포의 약수렴**

특성함수의 점별수렴은 분포의 약수렴과 동치이다.

정리 5.20

$\mu_n \in \mathcal{P}(\mathbb{R}), n = 1, 2, \ldots$에 대해 그의 특성함수를 φ_n으로 두자. 이때,

(1) $\mu \in \mathcal{P}(\mathbb{R})$가 존재하여 $\mu_n \Longrightarrow \mu\ (n \to \infty)$이면 임의의 $\xi \in \mathbb{R}$에 대하여 $\varphi_n(\xi) \longrightarrow \varphi_\mu(\xi)$이다.

(2) 거꾸로, 임의의 $\xi \in \mathbb{R}$에 대하여 $\varphi_n(\xi) \longrightarrow \varphi(\xi)$가 성립하고 φ가 $\xi = 0$에서 연속이면 φ는 어떤 $\mu \in \mathcal{P}(\mathbb{R})$의 특성함수가 되고 $\mu_n \Longrightarrow \mu$가 성립한다.

[**증명**] (1)은 $f(x) = e^{i\xi x}$의 실수부와 허수부는 각각 $C_b(\mathbb{R})$에 속하므로 약수렴의 정의로부터 명백하다. (2)를 보이자.

1**단계**: 먼저, $(\mu_n)_{n=1,2,\ldots}$이 긴밀하다는 것을 밝힌다. 그러기 위해 다음과 같은 확률을 평가하자.

양수 c를 $c = 1/(1-\sin 1) > 0$로 정하면 $M > 0$에 대하여

$$\begin{aligned}\mu_n(|x| \geq M) &\leq c\int_{|x|\geq M}\left(1 - \frac{\sin(x/M)}{x/M}\right)\mu_n(dx)\\ &\leq c\int_{\mathbb{R}}\left(1 - \frac{\sin(x/M)}{x/M}\right)\mu_n(dx)\\ &= c\int_{\mathbb{R}}\left(1 - \frac{1}{2}\int_{-1}^{1} e^{i\xi\frac{x}{M}}\,d\xi\right)\mu_n(dx)\\ &= c\left(1 - \frac{1}{2}\int_{-1}^{1}\varphi_n\left(\frac{\xi}{M}\right)d\xi\right)\end{aligned}$$

가 된다. 실제로 첫째 줄은

$$\begin{aligned}|a| \geq 1 &\implies |\sin a| \leq |a|\cdot\sin 1\\ &\implies \frac{1}{a}\sin a \leq \sin 1 \implies 1 - \frac{1}{a}\sin a \geq \frac{1}{c}\end{aligned}$$

에 유의하면 되고 둘째 줄은 피적분함수가 음이 아니기 때문이다. 그리고 셋째 줄은

$$\frac{1}{2}\int_{-1}^{1} e^{i\xi x}\,d\xi = \frac{1}{2ix}e^{i\xi x}\bigg|_{\xi=-1}^{1} = \frac{1}{x}\sin x$$

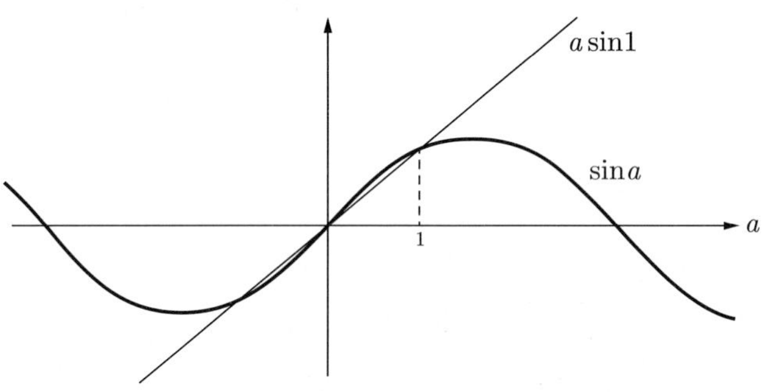

그림 5.3: 사인 곡선

로부터, 넷째 줄에서는 푸비니의 정리를 이용하였다. $\mu_n(|x| \geq M)$의 평가식에서 우변의 마지막 식을 $I_n(M)$으로 두면 $I_n(M)$은

$$\begin{aligned}I_n(M) &= c\left(1 - \frac{M}{2}\int_{-1/M}^{1/M}\varphi_n(\xi)\,d\xi\right)\\ &= c\left(1 - \frac{M}{2}\int_{-1/M}^{1/M}\varphi(\xi)\,d\xi\right) + \frac{cM}{2}\int_{-1/M}^{1/M}(\varphi(\xi) - \varphi_n(\xi))\,d\xi\\ &\equiv I^{(1)}(M) + I_n^{(2)}(M)\end{aligned}$$

으로 변형된다. 그런데 $\varphi(\xi)$는 $\xi = 0$에서 연속이고 $\varphi(0) = 1$이므로 임의의 $\varepsilon > 0$에 대해 $M > 0$

을 찾아

$$\left|I^{(1)}(M)\right| \leq \varepsilon$$

이 가능하다. 다음, 이러한 $M > 0$을 고정하고 $n \to \infty$로 하면 $|\varphi_n(\xi)| \leq 1$, $|\varphi(\xi)| \leq 1$이므로 르베그의 수렴 정리로부터

$$\lim_{n\to\infty} I_n^{(2)}(M) = 0$$

이다. 즉, n_0가 존재하여 $n \geq n_0$이면

$$\left|I_n^{(2)}(M)\right| \leq \varepsilon$$

이 됨을 알 수 있다. 이상으로부터 프로호로프의 정리(정리 5.11)를 이용할 수 있고 $(\mu_n)_{n=1,2,\ldots}$의 긴밀성을 증명하였다.

2단계: 1단계의 결과에 의하면 (μ_n)의 임의의 부분열 $(\mu_{n'})$이 주어졌을 때 그 안에서 또 부분열 $(\mu_{n''})$을 취하여 어떤 $\mu \in \mathcal{P}(\mathbb{R})$에 약수렴하는 것이 가능하다. 이 경우 (1)로부터 $\varphi_{n''}(\xi) \to \varphi_\mu(\xi)$가 되고 따라서 $\varphi_\mu(\xi) = \varphi(\xi)$이다. 만일 부분열을 취하는 방법에 따라 약수렴의 극한으로 $\mu, \tilde{\mu}$가 나온다고 하면 $\varphi_\mu(\xi) = \varphi(\xi) = \varphi_{\tilde{\mu}}(\xi)$이 되고 정리 5.19로부터 $\mu = \tilde{\mu}$이다. 즉, 극한 μ는 부분열을 취하는 방법에 의존하지 않고 동일하여 (μ_n) 자신이 (부분열을 취하지 않고) μ에 수렴함을 증명하였다. ■

- **특성함수의 특성화**

여기서 특성함수의 간단한 성질을 알아보자.

명제 5.21

$\varphi = \varphi_X$를 어떤 실숫값 확률변수 X의 특성함수라고 하면 φ는

(1) $\varphi(0) = 1$을 만족하는 $\mathbb{R}$ 위에서 고르게 연속인 함수이고 더욱이

(2) **양정함수**(positive definite)이다. 즉, 임의의 $n = 1, 2, \ldots$, $\xi_j \in \mathbb{R}, z_j \in \mathbb{C}, j = 1, 2, \ldots, n$에 대하여

$$\sum_{j,k=1}^{n} \varphi(\xi_j - \xi_k) z_j \bar{z}_k \geq 0$$

가 성립한다($\bar{z}$는 $z \in \mathbb{C}$의 켤레복소수를 나타낸다).

[**증명**] $\varphi(0)=1$은 명백하다. φ의 고른 연속성을 보이기 위해 $\xi_1, \xi_2 \in \mathbb{R}$를 임의로 취하면

$$\begin{aligned}|\varphi(\xi_1)-\varphi(\xi_2)| &= \left|E\left[e^{i\xi_1 X}-e^{i\xi_2 X}\right]\right| \\ &\le E\left[\left|e^{i(\xi_1-\xi_2)X}-1\right|\right] \\ &\le E\left[(|\xi_1-\xi_2|\cdot|X|)\wedge 2\right]\end{aligned}$$

이다. 마지막 부등식은 $|e^{ix}-1| \le |x| \wedge 2, x \in \mathbb{R}$가 됨을 이용하였다. 그런데 르베그의 수렴 정리로부터 우변은 $|\xi_1-\xi_2| \to 0$일 때 $\to 0$이 되기 때문에 (1)을 보였다. (2)는

$$\sum_{j,k=1}^{n} \varphi(\xi_j-\xi_k) z_j \bar{z}_k = E\left[\left|\sum_{j=1}^{n} e^{i\xi_j X} z_j\right|^2\right] \ge 0$$

이 되기 때문이다. ■

거꾸로 명제 5.21의 조건 (1), (2)는 「함수 φ가 어떤 분포의 특성함수가 되는 것」을 특성화한다. 그를 위해 φ의 연속성은 $\xi=0$에서만 가정해도 충분하다.

정리 5.22 (보크너(Bochner)의 정리)

$\varphi=\varphi(\xi)$를 $\mathbb{R}$ 위의 $\mathbb{C}$-값 함수로 「$\xi=0$에서 연속, $\varphi(0)=1$, 양정함수」의 세 조건을 만족한다고 하자. 이때 φ는 어떤 $\mu \in \mathcal{P}(\mathbb{R})$의 특성함수이다.

정리를 증명하기 위해 보조정리를 준비하자.

보조정리 5.23

$\varphi=\varphi(\xi)$, 또 $\varphi_1=\varphi_1(\xi), \varphi_2=\varphi_2(\xi), \ldots, \varphi_n=\varphi_n(\xi)$는 각각 정리 5.22의 세 조건을 만족한다고 하자. 이때

(1) 임의의 $a \in \mathbb{R}$에 대하여 $\varphi(\xi)e^{i\xi a}$도 같은 성질을 가진다.

(2) (볼록결합에 대한 불변성) $\alpha_j \ge 0$, $\sum_{j=1}^{n}\alpha_j=1$이면 $\sum_{j=1}^{n}\alpha_j\varphi_j(\xi)$도 같은 성질을 가진다.

(3) φ는 임의의 $\xi \in \mathbb{R}$에 대하여 $\varphi(-\xi)=\overline{\varphi(\xi)}$, $|\varphi(\xi)| \le 1$을 만족한다.

(4) 임의의 $\xi, \eta \in \mathbb{R}$에 대하여

$$|\varphi(\xi)-\varphi(\eta)|^2 \le 4|1-\varphi(\xi-\eta)|$$

가 성립한다.

(5) $\varphi \in C_b(\mathbb{R})$, 특히 φ는 임의의 $\xi \in \mathbb{R}$에서 연속이다.

[**증명**] (1), (2)는 명백하다.

1**단계**: (3)을 보이자. 먼저, 양정조건에서 $n=2$로 하고 $\xi_1=0, \xi_2=\xi$로 취하면 $\varphi(0)=1$이므로 임의의 $z_1, z_2 \in \mathbb{C}$에 대하여

$$|z_1|^2 + \varphi(-\xi)z_1\bar{z}_2 + \varphi(\xi)\bar{z}_1 z_2 + |z_2|^2 \geq 0$$

이 성립한다. 달리 말하면 2×2 행렬

$$H = \begin{pmatrix} 1 & \varphi(\xi) \\ \varphi(-\xi) & 1 \end{pmatrix}$$

에 대하여

$$\left(Hz, z\right) \geq 0, \quad z = \begin{pmatrix} z_1 \\ z_2 \end{pmatrix} \in \mathbb{C}^2$$

가 성립한다. 단, 좌변의 $(\cdot,\cdot)$는 $\mathbb{C}^2$에서 내적을 나타낸다. 따라서 H는 에르미트 행렬, 즉 $\varphi(-\xi) = \overline{\varphi(\xi)}$이고

$$0 \leq \det H = 1 - \varphi(\xi)\overline{\varphi(\xi)}$$

이므로 (3)을 얻는다.

2**단계**: 다음, (4)를 보이자. 이번에는 $n=3$에 대하여 2단계와 마찬가지로 3×3 행렬

$$H = \begin{pmatrix} 1 & \varphi(\xi-\eta) & \varphi(\xi) \\ \overline{\varphi(\xi-\eta)} & 1 & \varphi(\eta) \\ \overline{\varphi(\xi)} & \overline{\varphi(\eta)} & 1 \end{pmatrix}$$

는 음이 아닌 것을 알 수 있다. 특히, 그 행렬식은 음이 아니다. 간단한 계산으로부터

$$0 \leq \det H = 1 - |\varphi(\xi)-\varphi(\eta)|^2 - |\varphi(\xi-\eta)|^2 + 2\mathrm{Re}\left\{\overline{\varphi(\xi)}\varphi(\eta)(\varphi(\xi-\eta)-1)\right\}$$

이 되고 $z \in \mathbb{C}$에 대하여 $\mathrm{Re}\, z \leq |z|$와 $a = \varphi(\xi-\eta) \in \mathbb{C}$에 대하여

$$1 - |a|^2 + 2|1-a| \leq 4|1-a|$$

에 유의하면 (4)를 얻는다. 단, $\mathrm{Re}\, z$는 z의 실수부를 나타낸다. (5)는 φ가 $\xi=0$에서 연속인 것과 (4)로부터 나온다. ■

[**정리 5.22의 증명**] 보조정리 5.23으로부터 φ는 $\mathbb{R}$ 전체에서 연속이라고 가정해도 된다.

1**단계**: 먼저, φ가 $\mathbb{R}$ 위에서 가적분, 즉 $\int_{\mathbb{R}} |\varphi(\xi)|\, d\xi < \infty$를 만족한다고 가정하고 결론을 보이자. 이때, φ의 푸리에변환

$$f(x) = \frac{1}{2\pi}\int_{\mathbb{R}} e^{-i\xi x}\varphi(\xi)\, d\xi, \quad x \in \mathbb{R}$$

가 존재하여 $f(x) \geq 0$이다. 실제로,

$$\begin{aligned} f(x) &= \lim_{R\to\infty} \frac{1}{2\pi} \int_{-R}^{R} \left(1 - \frac{|\xi|}{R}\right) e^{-i\xi x} \varphi(\xi)\, d\xi \\ &= \lim_{R\to\infty} \frac{1}{2\pi R} \int_0^R \int_0^R e^{-i\xi x} e^{i\eta x} \varphi(\xi - \eta)\, d\xi\, d\eta \geq 0 \end{aligned}$$

이기 때문이다. 여기서 처음 등호는 φ가 가적분이라는 것에 주의하여 르베그의 수렴 정리를 이용하였다. 두 번째 등호는 마지막 적분에서 변수변환 $\xi \to \xi + \eta$를 하고 적분의 순서를 바꾸면 된다. 마지막 값이 음이 아닌 것은 적분을 리만합으로 근사하고 φ의 양정성을 이용하면 된다.

2단계: $f(x)dx$가 $\mathbb{R}$ 위의 확률측도이고 그 특성함수가 $\varphi(\xi)$가 됨을 보이자. 그러기 위해 $v > 0$에 대하여

$$f_v(x) = f(x) e^{-\frac{vx^2}{2}}$$

로 두자. 이때 푸비니의 정리와 보기 5.16의 계산으로부터

$$\begin{aligned} \int_{\mathbb{R}} e^{i\xi x} f_v(x)\, dx &= \frac{1}{2\pi} \int_{\mathbb{R}} \int_{\mathbb{R}} e^{i\xi x} e^{-\frac{vx^2}{2}} e^{-i\eta x} \varphi(\eta)\, d\eta\, dx \\ &= \int_{\mathbb{R}} \varphi(\eta) \frac{1}{\sqrt{2\pi v}} e^{-\frac{(\xi-\eta)^2}{2v}}\, d\eta \end{aligned} \tag{5.15}$$

임을 알 수 있다. (5.15)에서 $v \downarrow 0$으로 하자. 그러기 위해, 먼저 $0 \leq f_v(x) \nearrow f(x)$이므로 파토우의 보조정리를 이용하여

$$\int_{\mathbb{R}} f(x)\, dx \leq \liminf_{v\downarrow 0} \int_{\mathbb{R}} f_v(x)\, dx \leq 1$$

이 되는 것에 주의하자. 마지막 부등식은 (5.15)에서 $\xi = 0$으로 두면 $|\varphi(\eta)| \leq 1$이기 때문이다. 특히, f는 가적분이 되는 것을 알았다. 따라서 (5.15)의 양변에서 $v \downarrow 0$으로 취할 때 좌변에서는 르베그의 수렴 정리를 쓸 수 있어

$$\int_{\mathbb{R}} e^{i\xi x} f(x)\, dx \tag{5.16}$$

에 수렴한다. 한편, 우변은 변수변환을 하면

$$= \int_{\mathbb{R}} \varphi(\xi + \sqrt{v}\eta) \frac{1}{\sqrt{2\pi}} e^{-\frac{\eta^2}{2}}\, d\eta$$

로 바꿔쓸 수 있기 때문에 φ의 연속성에 유의하여 $v \downarrow 0$일 때 $\varphi(\xi)$에 수렴함을 알 수 있다. 그러므로

$$\int_{\mathbb{R}} e^{i\xi x} f(x)\, dx = \varphi(\xi)$$

를 얻었다. 이것은 φ가 $f(x)dx$의 특성함수가 됨을 의미한다. 특히, $\xi = 0$을 취하면 $f(x)$가 확률밀도함수가 되는 것도 알 수 있다.

3단계: 1단계, 2단계에서는 φ의 가적분성을 가정하고 정리를 증명하였지만 여기서는 그런 가정을 하지 않는다. 그러기 위해 $v > 0$에 대하여

$$\varphi_v(\xi) = \varphi(\xi)e^{-\frac{v\xi^2}{2}}$$

로 두자. 우변은

$$= \int_{\mathbb{R}} \varphi(\xi)e^{i\xi y}\frac{1}{\sqrt{2\pi v}}e^{-\frac{y^2}{2v}}\,dy$$

로 고쳐쓸 수 있고 보조정리 5.23-(1), (2)로부터 $\varphi(\xi)e^{i\xi y}$, 또한 그의 볼록결합(그리고 그의 극한)은 정리 5.22의 가정을 만족함을 알 수 있다. 따라서 φ_v도 정리 5.22의 가정을 만족한다. φ_v는 가적분이므로 2단계까지의 결과를 써서 어떤 $\mu_v \in \mathcal{P}(\mathbb{R})$의 특성함수가 된다. 그런데 $v \downarrow 0$일 때 $\varphi_v \longrightarrow \varphi$이므로 정리 5.20-(2)로부터 $\mu \in \mathcal{P}(\mathbb{R})$가 존재하여 $\mu_v \Longrightarrow \mu$이고 φ는 μ의 특성함수임을 알 수 있다. ■

[**정리** 5.22**의 별도 증명**] 논의는 좀 복잡하지만 φ의 양정성이 어느 정도 증명에 관여하는지 별도 증명에서 보기로 하자(자세한 것은 고타니 [7] 참조).

보조정리 5.23-(5)로부터 $\varphi \in C_b(\mathbb{R}) \subset \mathcal{S}'(\mathbb{R})$이므로 φ의 푸리에변환을 취하여 $f = f(x) \in \mathcal{S}'(\mathbb{R})$가 존재하여 φ는

$$\varphi(\xi) = \check{f}(\xi), \quad \xi \in \mathbb{R}$$

로 표현할 수 있다는 것을 알 수 있다. 우변은 $f \in L^1(\mathbb{R})$일 경우 (5.16)으로 주어지고 그것을 $\mathcal{S}'(\mathbb{R})$ 위로 적당히 확장시킨 것이다(푸리에변환론, 예를 들어 야지마 [3] 참조). f는 초월함수이지만 만일 음이 아님을, 즉

$$g(x) \geq 0,\ g \in \mathcal{S}(\mathbb{R}) \quad \Longrightarrow \quad \langle f, g\rangle \geq 0 \tag{5.17}$$

을 보인다면, **음이 아닌 초월함수는 측도**[2)]이므로 $\varphi(0) = 1$에 주의하여 $f \in \mathcal{P}(\mathbb{R})$임을 알 수 있다. (5.17)을 보이자. $g(x) \geq 0$이라고 하면 $g(x) = |h(x)|^2$로 쓰고 h는

$$h(x) = \int_{\mathbb{R}} \psi(\xi)e^{i\xi x}\,d\xi$$

2) X를 콤팩트·하우스도르프공간이라고 하면 $C(X)$ 위의 양범함수는 X 위의 유한 벨측도로 나타내진다는 것은 야지마 [3] 정리 12.11에서 설명하였다. 일반적으로 초월함수인 경우, 예를 들어 I.M. Gel'fand and N.Ya. Vilenkin, Generalized Functions, Volume 4, Applications of Harmonic Analysis, Academic Press, 1964의 2장을 참조하기 바란다.

로 표현된다. $\psi(\xi)(=\hat{h}(\xi))$를 $\psi(\xi)d\xi = \sum_{j=1}^{n} z_j \delta_{\xi_j}(d\xi)$로 근사하면

$$g(x) = \left|\sum_{j=1}^{n} z_j e^{i\xi_j x}\right|^2 = \sum_{j,k=1}^{n} z_j \bar{z}_k e^{i(\xi_j - \xi_k)x}$$

이므로

$$\langle f, g \rangle = \sum_{j,k=1}^{n} z_j \bar{z}_k \varphi(\xi_j - \xi_k)$$

가 된다. 그런데 φ의 양정성으로부터 우변≥ 0이다. 따라서 f가 음이 아니라는 것을 보였고 결론을 이끌었다. φ의 연속성은 $\psi(\xi)d\xi$를 근사하는 단계에서 정리 5.20-(2)를 쓸 때 필요하다.

■

5.3 중심극한정리

앞 절의 결과에 의하면 실숫값 확률변수열의 법칙수렴은 대응하는 특성함수열의 수렴에 따라 판정할 수 있다는 것을 알 수 있다(정리 5.20). 여기서는 그의 응용으로 중심극한정리를 보인다. 또, 특별한 경우에만 한정되지만 특성함수를 사용하지 않고 초등적인 수법을 바탕으로 증명하는 것도 설명한다. 이 두 개의 증명을 비교하면 특성함수의 방법이 간단하고 유효하다는 것을 알 것이다.

확률변수의 열은 지금까지와 마찬가지로 확률공간 $(\Omega, \mathcal{F}, P)$ 위에서 정의되었다고 하자.

정리 5.24 (중심극한정리)

$(X_n)_{n=1,2,\ldots}$은 독립이고 같은 분포를 가진 확률변수의 열로 $E[X_n] = m \in \mathbb{R}, \mathrm{Var}(X_n) = v \in (0, \infty)$를 만족한다고 하자. 이때,

$$Z_n = \frac{1}{\sqrt{n}} \sum_{k=1}^{n} \left(X_k - m\right)$$

으로 두면 Z_n은 평균 0, 분산 v의 정규분포를 따르는 확률변수 Z에 법칙수렴한다. 특히, $-\infty < a < b < \infty$일 때

$$\lim_{n\to\infty} P(a \leq Z_n \leq b) = \frac{1}{\sqrt{2\pi v}} \int_a^b e^{-\frac{x^2}{2v}} dx$$

가 성립한다.

[**증명**] $\frac{1}{\sqrt{v}}(X_n - m)$를 다시 X_n으로 생각하여 처음부터 $m = 0, v = 1$이라고 가정해도 된다. 이 경우 Z_n의 특성함수는

$$\varphi_{Z_n}(\xi) = E\left[e^{i\frac{\xi}{\sqrt{n}}\sum_{k=1}^{n} X_k}\right] = \prod_{k=1}^{n} E\left[e^{i\frac{\xi}{\sqrt{n}}X_k}\right] = \left(\varphi\left(\frac{\xi}{\sqrt{n}}\right)\right)^n$$

이다. 두 번째 등호는 (X_k)의 독립성으로부터, 마지막 등호는 같은 분포를 가진다는 것으로부터 성립한다. 단, φ는 $X(= X_1)$의 특성함수이다. 그런데 $E[X^2] = 1 < \infty$로 가정하였으므로 $\varphi \in C^2(\mathbb{R})$이고 $\varphi, \varphi', \varphi''$은 모두 유계이다. 실제로

$$\begin{aligned}
\varphi(\xi) &= E\left[e^{i\xi X}\right] \\
\varphi'(\xi) &= E\left[iXe^{i\xi X}\right] \\
\varphi''(\xi) &= E\left[-X^2 e^{i\xi X}\right]
\end{aligned}$$

가 성립한다. 이것은 형식적으로 ξ에 대한 미분 $\frac{d}{d\xi}$와 적분 $E[\cdot]$를 바꾼 것이지만

$$\begin{aligned}
\left|iXe^{i\xi X}\right| &\le |X| \\
\left|-X^2 e^{i\xi X}\right| &\le X^2
\end{aligned}$$

과 ξ에 의존하지 않는 가적분 함수로 고르게 평가된다는 것(실제로는 등호가 성립한다)에 주의하면 정당화할 수 있다. φ', φ''의 연속성은 르베그의 수렴 정리를 이용하면 된다. 따라서 테일러(Taylor)의 공식으로부터 어떤 $\eta : |\eta| \le \frac{|\xi|}{\sqrt{n}}$가 존재하여

$$\varphi\left(\frac{\xi}{\sqrt{n}}\right) = \varphi(0) + \frac{\xi}{\sqrt{n}}\varphi'(0) + \frac{\xi^2}{2n}\varphi''(\eta)$$

로 쓸 수 있다는 것을 알 수 있다. $\varphi(0) = 1, \varphi'(0) = E[iX] = 0$에 유의하면

$$\begin{aligned}
\log \varphi_{Z_n}(\xi) &= n \log \varphi\left(\frac{\xi}{\sqrt{n}}\right) \\
&= n \log\left(1 + \frac{\xi^2}{2n}\varphi''(\eta)\right) \\
&= \frac{\xi^2}{2}\varphi''(\eta) + o(1) \\
&\longrightarrow \frac{\xi^2}{2}\varphi''(0) = -\frac{\xi^2}{2} \qquad (n \to \infty).
\end{aligned}$$

여기서 세 번째 줄은 $|\varphi''(\eta)| \le 1$에 주의하여 $\log(1+\delta) = \delta + o(\delta)\,(\delta \to 0)$를 사용하고 마지막 등호에서는 $\varphi''(0) = -1$을 사용하였다. 따라서

$$\varphi_{Z_n}(\xi) \longrightarrow \exp\left\{-\frac{\xi^2}{2}\right\} = \varphi_Z(\xi)$$

를 보였다. 단, Z는 평균 0, 분산 1의 정규분포를 따르는 확률변수이다. 따라서 정리 5.20-(2)로부터 Z_n은 Z에 법칙수렴한다는 것을 알 수 있다. ■

- **드므와브르-라플라스의 정리**

$(X_n)_{n=1,2,\dots}$ 은 $\{0,1\}$에서 값을 취하는 독립 확률변수의 열로 분포 $P(X_n=1)=p, P(X_n=0)=q$를 가진다고 하자. 단, $p,q>0, p+q=1$이다.

$$S_n = \sum_{k=1}^{n} X_k$$

로 두면 S_n은 n회 시행 가운데 1이 나오는 횟수를 나타낸다. 중심극한정리는 S_n의 기댓값 $E[S_n]=np$ 주변의 요동 $Z_n=(S_n-np)/\sqrt{n}$에 대한 약수렴 극한을 준다. 여기서는 조합론을 이용하여 좀 더 초등적인 증명을 하려고 한다. 먼저, 다음 사실에 주목하자.

정리 5.25

$l=0,1,2,\dots,n$에 대하여

$$P(S_n=l)=\frac{1}{\sqrt{2\pi npq}}\exp\left\{-\frac{(l-np)^2}{2npq}\right\}(1+R_n(l))$$

로 $R_n(l)$을 정의하면 임의의 $a<b$에 대하여

$$\lim_{n\to\infty}\max_{l:a\le\frac{l-np}{\sqrt{n}}\le b}|R_n(l)|=0 \tag{5.18}$$

이 성립한다.

이 정리를 가정하면 S_n에 대한 중심극한정리를 보일 수 있다.

정리 5.26 (드므와브르-라플라스의 정리)

$a<b$에 대하여

$$\lim_{n\to\infty}P\left(a\le\frac{S_n-np}{\sqrt{npq}}\le b\right)=\frac{1}{\sqrt{2\pi}}\int_a^b e^{-\frac{x^2}{2}}\,dx.$$

[**증명**] 좌변의 확률은

$$\sum_{l:a\le\frac{l-np}{\sqrt{npq}}\le b} P(S_n=l)$$

로 쓸 수 있기 때문에 정리 5.25에 의해

$$\frac{1}{\sqrt{npq}}\sum_{l:a\le z\le b}\frac{1}{\sqrt{2\pi}}e^{-\frac{z^2}{2}}(1+o(1))$$

이 된다. 단, $z\equiv z_l=\frac{l-np}{\sqrt{npq}}$, $l\in\mathbb{Z}_+$이다. $\frac{1}{\sqrt{npq}}$는 정리의 결론의 식에서 우변의 적분을 소구간으로 나눴을 때 한 구간의 크기이고, 따라서 이 합은 적분을 근사하는 리만합으로 생각할 수 있다. 그러므로 $n\to\infty$일 때 결론을 얻는다. ■

[**정리** 5.25**의 증명의 개략**] 여기서는 개략적으로 설명한다. 정확히는 나머지항을 (5.18)과 같이 고르게 평가할 필요가 있고, 예를 들어 후쿠시마 [8] 정리 2.1 등을 참조하기 바란다.

먼저 스털링의 공식으로부터

$$n! \sim \sqrt{2\pi n}\, n^n e^{-n} \tag{5.19}$$

이 되는 것에 주의하자(~에 대해서는 §1.9의 기호 일람 참조). 따라서

$$\begin{aligned} P(S_n = l) &= \frac{n!}{l!(n-l)!} p^l q^{n-l} \\ &\sim \sqrt{\frac{n}{2\pi l(n-l)}} \left(\frac{np}{l}\right)^l \left(\frac{nq}{n-l}\right)^{n-l} \end{aligned}$$

이 된다. 그런데 $a \le \frac{l-np}{\sqrt{n}} \le b$일 때 $\frac{l}{n} \sim p$가 되고

$$\sqrt{\frac{n}{2\pi l(n-l)}} = \frac{1}{\sqrt{2\pi n \cdot \frac{l}{n}(1-\frac{l}{n})}} \sim \frac{1}{\sqrt{2\pi npq}}$$

이므로 정리의 결론을 보이기 위해

$$\left(\frac{np}{l}\right)^l \left(\frac{nq}{n-l}\right)^{n-l} \sim e^{-\frac{1}{2}z^2}$$

을 말할 수 있으면 된다. 단, $z \equiv z_l = \frac{l-np}{\sqrt{npq}}$이다. 그런데 z를 이용하면 좌변은

$$\left(1 - \frac{\sqrt{npq}}{l} z\right)^l \left(1 + \frac{\sqrt{npq}}{n-l} z\right)^{n-l}$$

로 고쳐쓸 수 있게 되고 그의 로그는

$$l \log\left(1 - \frac{\sqrt{npq}}{l} z\right) + (n-l)\log\left(1 + \frac{\sqrt{npq}}{n-l} z\right)$$

와 같다. 테일러 전개: $\log(1+\delta) = \delta - \frac{1}{2}\delta^2 + \cdots \ (\delta \to 0)$을 이용하면 윗식은

$$\begin{aligned} &\sim l\left\{-\frac{\sqrt{npq}}{l} z - \frac{1}{2}\frac{npq}{l^2} z^2\right\} + (n-l)\left\{\frac{\sqrt{npq}}{n-l} z - \frac{1}{2}\frac{npq}{(n-l)^2} z^2\right\} \\ &= -\frac{1}{2}\left(\frac{n}{l} + \frac{n}{n-l}\right) pqz^2 \sim -\frac{1}{2}\left(\frac{1}{p} + \frac{1}{q}\right) pqz^2 = -\frac{1}{2}z^2 \end{aligned}$$

으로 거동하기 때문에 결론을 얻는다. ■

참고 5.27

(1) 예를 들어, 21, 22쪽의 표 1.4, 표 1.5를 이용하여 실제로 정리 5.25의 우변에서 $R_n(l) = 0$으로 취한 것이 확률 $P(S_n = l)$의 "충분히 좋은" 근사가 됨을 확인할 수 있다.

(2) 여기서는 확률변수의 열 $(X_n)_{n=1,2,\ldots}$이 $i.i.d.$가 될 때 중심극한정리를 보였지만 이

들이 같은 분포가 아닌 경우로 일반화 [13], 또는 독립성의 조건을 약화하는 방향으로 확장하기 등 여러 가지가 알려져 있다.

5.4 푸아송의 작은 수의 법칙

수열 $p_n \in (0,1), n = 1,2,\ldots$이 주어졌다고 하자. 이때, $n = 1,2,\ldots$에 대하여 집합 $S = \{0,1\}$ 위의 확률측도 p를 $p(\{1\}) = p_n, p(\{0\}) = 1 - p_n$으로 정하고 n회의 독립시행 $(\Omega = S^n, \mathcal{F}, P)$를 생각하자(보기 2.7-(1), $r = 2$ 참조). 단, p_n은 n이 증가할 때

$$\lim_{n\to\infty} np_n = \lambda > 0$$

을 만족한다고 하자. 즉, $n \to \infty$일 때 각 단계에서 1이 나올 확률은 $p_n \sim \frac{\lambda}{n}$으로 거동하여 작아지지만 n회의 시행을 중복할 때 1이 나올 횟수 Z_n의 기댓값은

$$E[Z_n] = np_n \longrightarrow \lambda$$

로 일정한 극한을 가지도록 유지된다고 하자. 달리 말하면 그러하도록 확률 p_n이 크기변환되는 것이다. 이때,

정리 5.28 (푸아송의 작은 수의 법칙)

$l = 0,1,2,\ldots$에 대하여

$$\lim_{n\to\infty} P(Z_n = l) = e^{-\lambda}\frac{\lambda^l}{l!}$$

이 성립한다. 즉, Z_n의 법칙수렴 극한은 매개변수 λ를 가진 푸아송 분포이다.

[**증명**] n회 시행에서 1이 l회 나올 확률은

$$\begin{aligned} P(Z_n = l) &= \binom{n}{l} p_n^l (1-p_n)^{n-l} \\ &= \frac{n(n-1)\cdots(n-l+1)}{l!} p_n^l (1-p_n)^{n-l} \end{aligned}$$

이다. 그런데, l을 고정하고 생각하면

$$\begin{aligned} &n(n-1)\cdots(n-l+1)\,p_n^l \\ &\quad = (np_n)^l \cdot \left(1 - \frac{1}{n}\right)\left(1 - \frac{2}{n}\right)\cdots\left(1 - \frac{l-1}{n}\right) \\ &\quad \longrightarrow \lambda^l \quad (n \to \infty) \end{aligned}$$

이고 한편, $p_n \to 0$이므로

$$\log(1-p_n)^{n-l} = (n-l)\log(1-p_n)$$
$$\sim -(n-l)p_n \longrightarrow -\lambda \quad (n \to \infty).$$

따라서

$$(1-p_n)^{n-l} \longrightarrow e^{-\lambda} \quad (n \to \infty)$$

이다. 그러므로 결론을 보였다(특성함수를 사용한 증명은 연습문제 5.7의 해답 참조). ■

1이 나올 확률은 $n \to \infty$일 때 작아지기 때문에 이 정리는 드물게 일어나는 사건에 관한 극한정리이다. 따라서 작은 수의 법칙이라고 부른다.

보기 5.29

단위 시간 안에 전화가 걸려오는 횟수, 또는 전자메일이 도착하는 횟수: 단위 시간(예를 들어, 1시간)을 n등분하고 구간이 다르면 그들 소구간 안에 걸려오는 전화의 수는 서로 독립이라고 할 수 있다. 게다가 n이 충분히 크면 각 소구간 안에 걸려오는 수는 0회거나 기껏해야 1회이다. 그 확률은 (어떤 $\lambda > 0$가 있어서) 평균적으로 $\frac{\lambda}{n}$정도라고 해도 된다. 이때, 정리 5.28에 의하면 단위 시간 안에 전화가 걸려오는 횟수는 매개변수 λ를 가진 푸아송 분포를 따른다고 생각할 수 있다.

5.5 통계역학에 응용하기

5.5.1 맥스웰 분포

n차원 유클리드 공간 $\mathbb{R}^n$ 안에 반지름이 $\sqrt{n}$인 구면

$$S^{n-1} = \left\{x = (x_1, x_2, \ldots, x_n) \in \mathbb{R}^n; x_1^2 + x_2^2 + \cdots + x_n^2 = n\right\}$$

을 생각하고 S^{n-1} 위에서 고른 확률측도를 $\sigma_n(dx)$라고 하자. $k \le n$에 대해 σ_n 아래서 $(x_1, x_2, \ldots, x_k)$의 분포를 $\sigma_n^k \in \mathcal{P}(\mathbb{R}^k)$로 두자. 즉, 확률공간 (S^{n-1}, σ_n) 위에서 정의된 $\mathbb{R}^k$–값 확률변수의 열 $(x_1, x_2, \ldots, x_k)$의 분포이다. σ_n^k를 σ_n의 k차 **주변분포**(marginal distribution)라고 한다. 한편, $\mu \equiv \mu_{0,1} \in \mathcal{P}(\mathbb{R})$를 평균 0, 분산 1을 가진 정규분포라고 하고 μ의 k중 곱측도를 $\mu^k \in \mathcal{P}(\mathbb{R}^k)$라고 두자. μ^k는 평균 $0 \in \mathbb{R}^k$, 공분산행렬 I($k \times k$ 단위행렬)를 가진 $\mathbb{R}^k$ 위의 정규분포이다.

정리 5.30

임의의 $k = 1, 2, \ldots$에 대하여 σ_n^k는 $n \to \infty$일 때 μ^k에 약수렴한다.

[**증명**] $x = (x_1, x_2, \ldots, x_n) \in \mathbb{R}^n$를 극좌표로 표현하여 $x = (r, y)$, $r \in [0, \infty)$, $y \in S^{n-1}(r)$로 나타내면 μ의 n중 곱측도 μ^n은 두 개 측도의 곱[3])

$$\mu^n(dx) = \nu_n(dr)\sigma_{n,r}(dy) \tag{5.20}$$

로 분해가능하다. 단, $S^{n-1}(r) = \{y = (y_1, y_2, \ldots, y_n); y_1^2 + y_2^2 + \cdots + y_n^2 = r^2\}$은 반지름이 r인 구면으로 $\sigma_{n,r}$은 $S^{n-1}(r)$ 위에서 고른 확률측도이다. ν_n은 μ^n 아래에서 $r = (x_1^2 + x_2^2 + \cdots + x_n^2)^{1/2}$의 분포에 다름 아니다.

그러면 $f \in C_0(\mathbb{R}^k)$를 임의로 취하자. 이때 (5.20)으로부터

$$\begin{aligned}\int_0^\infty \nu_n(dr) \int_{S^{n-1}(r)} & f(y_1, y_2, \ldots, y_k)\,\sigma_{n,r}(dy) \\ &= \int_{\mathbb{R}^n} f(x)\,\mu^n(dx) = \int_{\mathbb{R}^k} f(x)\,\mu^k(dx)\end{aligned} \tag{5.21}$$

가 된다. 두 번째 등호는 f가 변수 $x = (x_1, x_2, \ldots, x_n)$ 가운데 처음 k개의 좌표에만 의존하는 함수이기 때문이다. 그런데 y가 σ_n–분포이면 $\frac{r}{\sqrt{n}}y$는 $\sigma_{n,r}$–분포이기 때문에 (5.21)의 좌변은

$$= \int_0^\infty \nu_n(dr) \int_{S^{n-1}} f\left(\frac{r}{\sqrt{n}}y_1, \frac{r}{\sqrt{n}}y_2, \ldots, \frac{r}{\sqrt{n}}y_k\right)\sigma_n(dy)$$

로 변형할 수 있다. 그러나 μ^n 아래서 큰 수의 법칙: $\frac{1}{n}(x_1^2 + x_2^2 + \cdots + x_n^2) \to 1$(확률수렴)이 성립하므로 임의의 $\varepsilon > 0$에 대하여

$$\lim_{n\to\infty} \nu_n\left(\left|\frac{r}{\sqrt{n}} - 1\right| > \varepsilon\right) = 0$$

이 성립한다. 따라서 $f \in C_0(\mathbb{R}^k)$가 고르게 연속이라는 것에 유의하여

$$\begin{aligned}\lim_{n\to\infty} \int_0^\infty \nu_n(dr) \int_{S^{n-1}} \bigg| & f\left(\frac{r}{\sqrt{n}}y_1, \frac{r}{\sqrt{n}}y_2, \ldots, \frac{r}{\sqrt{n}}y_k\right) \\ & - f(y_1, y_2, \ldots, y_k)\bigg|\,\sigma_n(dy) = 0\end{aligned}$$

---

3) 역자 주. 저자는 이것을 斜積(사적)으로 부연 설명한다. 영어와 한국어 용어로는 각각 skew product, 엇곱이라고 하나 곱측도로 이해하는 것이 가장 간명하다.

을 보인다. 그런데 적분 $\int_{S^{n-1}} f(y_1, y_2, \ldots, y_k)\sigma_n(dy)$는 r에 의존하지 않기 때문에 결국

$$\lim_{n\to\infty}\int_0^\infty \nu_n(dr)\int_{S^{n-1}(r)} f(y_1, y_2, \ldots, y_k)\sigma_{n,r}(dy)$$
$$= \lim_{n\to\infty}\int_{S^{n-1}} f(y_1, y_2, \ldots, y_k)\sigma_n(dy)$$

가 성립함을 알 수 있다. 그러나, 우변의 적분은 $\int_{\mathbb{R}^k} f(x_1, x_2, \ldots, x_k)\sigma_n^k(dx)$와 일치하므로 (5.21) 로부터

$$\lim_{n\to\infty}\int_{\mathbb{R}^k} f(x)\sigma_n^k(dx) = \int_{\mathbb{R}^k} f(x)\mu^k(dx)$$

를 얻는다. 이것은 $n \to \infty$일 때 σ_n^k가 μ^k에 막연하게 수렴하는 것을 보이는 것이다. 그런데 극한인 μ^k는 확률측도이므로 이 수렴은 약수렴이기도 하다(연습문제 5.3 참조). ■

정규분포 $\mu \equiv \mu_{0,1}$는 통계역학에서 **맥스웰 분포**(또는 맥스웰–볼츠만 속도분포 법칙)라고 부른다. 정리 5.30은 통계역학적으로 아래와 같이 해석하는 것이 가능하다.

입자 수가 n인 계가 있어 i번째 입자는 속도 x_i로 운동하고 있다. 속도 x_i는 무작위로 변화하지만 **에너지 보존 법칙**에 의하면 항상

$$x_1^2 + x_2^2 + \cdots + x_n^2 = \text{상수}$$

를 만족한다고 생각할 수 있다. 여기서 상수는 계의 크기에 비례한다고 기대할 수 있기 때문에 간단히 n이라고 하자. 통계역학에서는 이러한 규정 조건 아래서 일어날 수 있는 모든 경우는 같은 확률을 가진다고 생각한다. 이른바 **등중율의 원리**이다. 달리 말하면 n개 입자의 속도 $(x_i)_{i=1,2,\ldots,n}$는 S^{n-1} 위에서 고른 확률측도 σ_n을 따라 분포한다고 생각하는 것이다. 이러한 규정 조건으로 조건을 가진 측도를 **캐노니컬(정준,** canonical) **깁스**(Gibbs)**분포**(또는 마이크로 캐노니컬(microcanonical) 깁스 분포)라고 한다.

이제 n은 실제로 아보가드로 상수($\simeq 6 \times 10^{23}$)에 상당하는 막대한 수이므로 수학적으로는 $n \to \infty$인 극한을 취하는 것에 이른다. 정리 5.30에 의하면 극한을 취하기 전에 $x_1, x_2, \ldots$는 독립이 아니지만 극한을 취하면 이들은 독립이 되고 각각 맥스웰 분포를 따라 분포하는 것을 알 수 있다. 직관적으로 σ_n이 μ의 무한 곱측도 μ^∞에 수렴한다고 생각해도 된다. 캐노니컬 깁스 분포 σ_n이 조건을 가지지 않은 깁스 분포 μ^∞에 수렴하는 것이다. 이것을 **앙상블 동치**(equivalence of ensemble) 또는 **깁스의 원리**[4)]라고 한다.

정리 5.30은 *i.i.d.*에 대한 큰 수의 약법칙의 응용으로 보였다. 그러나, 극한으로 정규분포가 나타난다는 의미에서 중심극한정리와 공통점을 보인다.

---

4) 예를 들어, 뎀보–자이토우니(Dembo–Zeitouni)(96쪽의 각주)의 87, 323 쪽을 참조하기 바란다.

5.5.2 푸아송 점과정

이번에는 $\mathbb{R}^d$ 안에 있는 입자의 위치 분포를 생각해보자. 그러기 위해 먼저 d차원의 커다란 상자 $\Lambda_L = [-L, L]^d \subset \mathbb{R}^d$을 취하고 그 안에 N개의 입자가 갇혀있다고 하자. $L \to \infty$와 $N \to \infty$인 극한을 생각해보자. 단, 단위 부피당 입자의 수(밀도) $\frac{N}{(2L)^d}$은 일정하다고 하자. 정확하게, $\frac{N}{(2L)^d} \to \lambda > 0$를 만족하며 극한을 취하는 것을 생각하자. 이러한 극한은 **열역학적 극한**(thermodynamic limit)이라고 한다. 각 입자는 Λ_L 위에서 고르게 분포하고 입자 간 상호작용은 없고 완전히 무작위로, 달리 말하면 각각 독립적으로 흩어져 있다고 하자. 즉, $S = \Lambda_L$, $p(A) = m(A)/(2L)^d$ $(A \subset \Lambda_L, A \in \mathcal{B}(\mathbb{R}^d))$, $\Omega = S^N$, $P = p \times p \times \cdots \times p$ (N개 직접 곱)를 생각한다. 단, m은 $\mathbb{R}^d$ 위의 르베그 측도이다. $\omega = (\omega_1, \omega_2, \ldots, \omega_N) \in \Omega$는 N개 입자의 위치를 나타낸다. 입자의 수 N이 지정되어 있다는 의미에서 P는 캐노니컬 깁스 분포이다. P 아래서 영역 $D \subset \Lambda_L$ 안에서 발견되는 입자의 수 $\mathfrak{n}(D) = \mathfrak{n}(D, \omega)$를 생각해보자. 즉,

$$\mathfrak{n}(D, \omega) = \sharp\{k \,;\, 1 \leq k \leq N,\ \omega_k \in D\}, \quad \omega \in \Omega$$

이다. 이때,

정리 5.31

$\mathbb{R}^d$ 안에서 유계 영역 D와 $l = 0, 1, 2, \ldots$에 대하여

$$\lim_{\substack{L \to \infty, N \to \infty \\ \frac{N}{(2L)^d} \to \lambda}} P(\mathfrak{n}(D) = l) = e^{-\lambda m(D)} \frac{\left(\lambda m(D)\right)^l}{l!}$$

이 성립한다.

[**증명**] L은 충분히 커서 $D \subset \Lambda_L$이라고 해도 된다. 이때

$$P(\mathfrak{n}(D) = l) = \binom{N}{l} \left(\frac{m(D)}{(2L)^d}\right)^l \left(1 - \frac{m(D)}{(2L)^d}\right)^{N-l}$$

이다. 실제로 확률공간 Ω를 구성할 때는 N개 입자에 번호를 매겨 생각하였지만 $P(\mathfrak{n}(D) = l)$은 N개 가운데 l개가 D에 들어가고 나머지 $N - l$개는 D에 들어가지 않는 확률이기 때문에 위와 같이 표현할 수 있다. 그런데

$$\frac{m(D)}{(2L)^d} \sim \frac{\lambda m(D)}{N}, \qquad N \sim \lambda (2L)^d$$

이므로 정리 5.28의 증명과 마찬가지로 결론을 얻는다. ■

극한으로 나타나는, $\mathbb{R}^d$ 위의 입자의 분포를 **강도**(intensity) λ의 **푸아송 점과정**(Poisson point process)이라고 한다. 또는 측도 λdx를 **강도 측도**(intensity measure)라고 하기도 한다. $\mathbb{R}_+$

위의 푸아송 점과정과 푸아송 과정의 관계는 §7.8에서 설명한다.

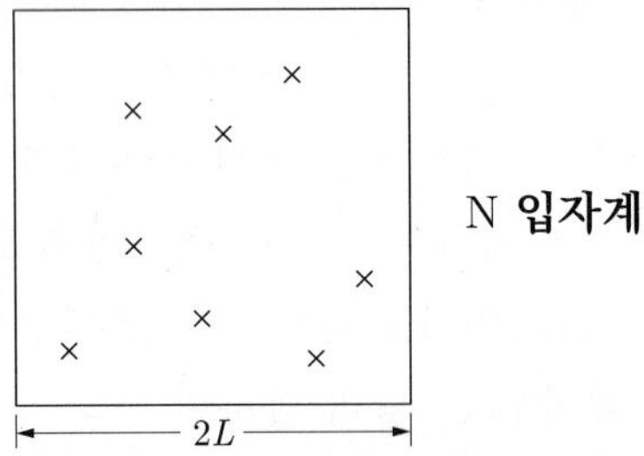

그림 5.4: 푸아송 점과정

연습문제

5.1. $\mathbb{R}$ 위의 δ–측도의 열 $(\delta_n)_{n=1,2,\ldots}$은 약수렴하지 않지만 0–측도에 막연히 수렴함을 보여라.

5.2. (5.10)의 $F(x)$는 우연속임을 보여라.

5.3. μ_n이 μ에 막연히 수렴하고 $\mu \in \mathcal{P}(S)$이면 이 수렴은 약수렴이 됨을 보여라. 단, 완비 거리공간 위의 보렐 확률측도 μ는 **내부 정칙**(inner regular)이 되는 것, 즉 임의의 $A \in \mathcal{B}(S)$에 대하여

$$\mu(A) = \sup_{K \subset A, K:\text{콤팩트}} \mu(K) \tag{5.22}$$

가 되는 것(고타니 [7] 명제 4.15, 이케다–와타나베 [18] 등 참조)을 이용하라.

5.4. $(X_n)_{n=1,2,\ldots}$은 독립이고 같은 분포를 가진 실숫값 확률변수의 열로 공통 분포 μ는 $\mathbb{R}$ 위의 르베그 측도 dx에 대하여 절대연속이라고 하자. $[0,1)$에서 값을 가지는 확률변수 Y_n을

$$Y_n = \sum_{k=1}^{n} X_k \mod 1$$

로 정의할 때 Y_n의 분포는 $n \to \infty$일 때 $[0,1)$ 위의 고른 분포로 약수렴함을 보여라.

5.5. 구간 $[a,b]$ 위의 고른 분포(보기 2.31-(2)), 매개변수 λ를 가진 지수분포(보기 2.31-(3)), 매개변수 $m=0, \sigma=1$을 가진 코시 분포(보기 2.31-(4)), 매개변수 p를 가진 기하 분포(연습문제 2.8)의 특성함수를 각각 구하여라.

5.6. 확률변수의 열 $(X_n)_{n=1,2,\ldots}$은 중심극한정리(정리 5.24)의 조건을 만족한다고 하자. 이때 $\limsup_{n\to\infty} Z_n = \infty$ $(a.s.)$가 됨을 보여라. 단, Z_n은 정리 5.24에서 정의된 확률변수이다. 또, Z_n은 확률수렴의 의미로 수렴하지 않음을 보여라.

5.7. (정리 5.28을 같은 분포가 아닌 경우로 일반화 하기) 각 $n = 1, 2, \ldots$에 대하여 n개의 독립인 $\{0, 1\}$-값 확률변수 $(X_{n,k})_{k=1,2,\ldots,n}$가 주어지고 확률 $p_{n,k} = P(X_{n,k} = 1)$는

$$\lim_{n\to\infty} \sum_{k=1}^{n} p_{n,k} = \lambda > 0, \quad \lim_{n\to\infty} \left(\max_{1\le k\le n} p_{n,k} \right) = 0$$

을 만족한다고 하자. 이때, $Z_n = \sum_{k=1}^{n} X_{n,k}$은 매개변수 λ를 가진 푸아송 분포에 법칙수렴함을 보여라.

6

마팅게일

시간을 나타내는 변수 n(또는 t)으로 매개변수가 붙은 확률변수의 열(또는 모음)을 **확률과정**(stochastic process)이라고 한다. 확률과정은 무작위로 변화하는 현상을 수학적으로 기술하기 위한 도구이다. 시간이 이산적으로 변화할 경우, 매개변수를 $n = 1, 2, \ldots$ 으로 취하면 되고 확률과정은 앞 장까지 다룬 확률변수의 열 $(X_n)_{n=1,2,\ldots}$ 과 본질적으로 같은 것이다. 여기서 $X_1, X_2, \ldots, X_n, \ldots$ 은 각각 시각 $1, 2, \ldots, n, \ldots$ 에서 상태를 나타낸다. 한편, 시간이 연속적으로 변화할 경우 매개변수를 $t \geq 0$와 같이 취하여 확률변수의 모음 $(X_t)_{t \geq 0}$ 를 생각하게 된다.

확률과정의 중요한 부류에 마팅게일이 있다. 마팅게일이란 시간이 진행할 때 그 조건부 기댓값은 변화하지 않는 것을 말한다. 독립성과 비교하면 훨씬 완만한 조건(정의 6.2-3), 정의 6.34-3))으로 정의된다. 이렇게 비교적 단순한 조건으로부터

1) 어느 종류의 무작위 시간변경에 대해 마팅게일성은 보존된다(두브(Doob)의 임의추출정리)

2) 어떤 시간 구간에서 마팅게일의 최댓값은 최후 시각의 정보로만 평가 가능하다(두브의 부등식)

와 같은 두드러진 성질을 유도할 수 있다. 이런 것은 기본적으로 4장에서 독립 확률변수의 열에 대한 콜모고로프의 아이디어를 일반화하여 얻는 결과이다.[1)]

이 장에서는 먼저 이산 시간인 경우를 고찰한다. 연속 시간인 경우에 대해서는 논의를 간략하게 처리하고자 한다. 그러한 경우는 시간 변수를 이산화한 뒤 적당한 연속 극한을 취하면 기본적으로 이산 시간의 결과에 귀착되기 때문이다.

---

1) 마팅게일의 개념은 콜모고로프의 부등식을 확장할 때 독립이지 않은 경우에도 큰 수의 법칙을 보이기 위해 1934년 레비(Lévy)에 의해 도입되었다.

6.1 이산 시간 마팅게일

6.1.1 정의

$(\Omega, \mathcal{F}, P)$는 확률공간이라고 하자.

정의 6.1

$\mathcal{F}$의 부분 σ–집합대수의 단조 증가열 $(\mathcal{F}_n) \equiv (\mathcal{F}_n)_{n=1,2,\ldots}$을 **증가 정보계** 또는 간단히 **정보계**(filtration, reference family)라고 한다. 즉,

1) 각 $\mathcal{F}_n$은 $\mathcal{F}$의 부분 σ–집합대수로

2) $\mathcal{F}_1 \subset \mathcal{F}_2 \subset \cdots$

를 만족하는 것을 말한다.[2)]

확률공간 $(\Omega, \mathcal{F}, P)$ 위에서 이산 시간 실숫값 확률과정 $(X_n) \equiv (X_n)_{n=1,2,\ldots}$, 즉 실숫값 확률변수의 열이 주어졌다고 하자(연습문제 6.1 참조).

정의 6.2

확률과정 (X_n)이 정보계 $(\mathcal{F}_n)$에 대하여 **마팅게일**(martingale)이라는 것은 아래 세 조건을 만족할 때를 말한다.

1) $(\mathcal{F}_n)$– **적합성**($(\mathcal{F}_n)$–adapted): 임의의 $n = 1, 2, \ldots$에 대하여 X_n은 $\mathcal{F}_n$–가측이다.

2) **가적분성**: 임의의 $n = 1, 2, \ldots$에 대하여 $E[|X_n|] < \infty$이다.

3) 임의의 $n = 1, 2, \ldots$에 대하여 $E[X_{n+1}|\mathcal{F}_n] = X_n$ a.s.이 성립한다.

(X_n)이 $(\mathcal{F}_n)$에 대하여 **열마팅게일**(submartingale)이라는 것은 조건 1), 2)와

3)′ 임의의 $n = 1, 2, \ldots$에 대하여 $E[X_{n+1}|\mathcal{F}_n] \geq X_n$ a.s.

이 성립할 때를 말하고 (X_n)이 $(\mathcal{F}_n)$에 대하여 **우마팅게일**(supermartingale)이라는 것은 조건 1), 2)와

3)″ 임의의 $n = 1, 2, \ldots$에 대하여 $E[X_{n+1}|\mathcal{F}_n] \leq X_n$ a.s.

이 성립하는 것을 말한다.

---

2) 확률공간 $(\Omega, \mathcal{F}, P)$는 완비이고 정보계 $(\mathcal{F}_n)$은 $\mathcal{N} \subset \mathcal{F}_1$(따라서 $\mathcal{N} \subset \mathcal{F}_n$)을 만족한다고 가정하고 논의를 진행하는 경우도 있다(예를 들어, 보기 6.8-(1), 참고 6.12 참조). 단, $\mathcal{N} = \{N \in \mathcal{F}; P(N) = 0\}$은 P에 대한 영집합의 전체이다. 여기서는 이러한 조건은 특별히 가정하지 않는다.

정보계 $(\mathcal{F}_n)$을 취하는 것이 명백할 때는 하나하나 밝히지 않고 간단히 「(X_n)은 마팅게일」 등으로 말한다. 일반적으로 확률과정 (X_n)이 주어졌을 때, 예를 들어 $\mathcal{F}_n = \sigma(X_1, X_2, \ldots, X_n)$으로 취하면 $(\mathcal{F}_n)$은 정보계가 되고 또한 정의 6.2의 조건 1)을 만족한다. 이렇게 정해진 $(\mathcal{F}_n)$을 (X_n)의 **자연스러운** 증가 정보계라고 한다.

정의 6.2의 조건 3)은

$$A \in \mathcal{F}_n \implies E[X_{n+1}, A] = E[X_n, A]$$

로 바꿔말해도 된다. (X_n)이 마팅게일이면

$$m > n \geq 1 \implies E[X_m|\mathcal{F}_n] = X_n \quad a.s. \tag{6.1}$$

이 성립하고 기댓값 $E[X_n]$은 n에 의존하지 않고 일정하다. 또, (X_n)이 열마팅게일이 되는 것과 $(-X_n)$이 우마팅게일이 되는 것은 동치이다.

보기 6.3

(1) (마팅게일 이론의 기원) $(Z_n)_{n=1,2,\ldots}$은 가적분이고 기댓값이 0이고 독립인 확률변수의 열이라고 하고 $\mathcal{F}_n = \sigma(Z_1, Z_2, \ldots, Z_n)$이라고 하면

$$X_n = \sum_{k=1}^{n} Z_k$$

은 $(\mathcal{F}_n)$에 대하여 마팅게일이 된다(참고 4.7-(1) 참조).

(2) 정보계 $(\mathcal{F}_n)$이 주어졌을 때 가적분인 확률변수 X에 대하여

$$X_n = E[X|\mathcal{F}_n]$$

으로 두면 (X_n)은 마팅게일이다. 명제 3.29-(4)를 이용하면 된다.

(3) 마팅게일은 공평한 내기를 나타낸다. 현재 α원을 가지고 있다고 하고, 앞뒤 치우침이 없는 공평한 동전을 던져 앞이 나오면 $+x$원, 뒤가 나오면 $-x$원인 도박을 생각하자($x > 0$이라고 하자). n회 동전을 던진 뒤 가지고 있는 돈을 X_n원($X_n < 0$일 수도 있다)으로 두고 $\mathcal{F}_n = \sigma(X_1, X_2, \ldots, X_n)$이라고 하면 $E[X_{n+1}|\mathcal{F}_n] = X_n$이므로 (X_n)은 마팅게일이다. 그러나, 예를 들어 짝수 번일 때 앞이면 $+2x$원이고 뒤면 $-x$원, 홀수 번일 때 앞이면 $-2x$이고 뒤면 $+x$인 내기라면 (X_n)은 마팅게일이 아니다. 홀수 번일 때는 내기에 참가하지 않는 전법을 쓰면 명백하게 유리하므로 공평하다고 할 수 없기 때문이다.

보조정리 6.4

(1) $\psi : \mathbb{R} \to \mathbb{R}$는 아래로 볼록함수이고 (X_n)은 마팅게일이라고 하자. 이때, 임의의 $n = 1, 2, \ldots$에 대하여 $E[|\psi(X_n)|] < \infty$ 이면 $(\psi(X_n))_{n=1,2,\ldots}$ 은 열마팅게일이고 특히, $p \geq 1$ 에 대하여 $E[|X_n|^p] < \infty$이면 $(|X_n|^p)_{n=1,2,\ldots}$ 은 열마팅게일이다.

(2) 아래로 볼록인 함수 ψ가 또 단조 증가(정확히는 단조 비감소)이면 (X_n)이 열마팅게일인 경우에도 (1)과 같은 결과가 성립한다. 즉, $(\psi(X_n))$은 열마팅게일이다.

[**증명**] 먼저 (1)을 보이자. 옌센의 부등식(명제 3.31)으로부터

$$E[\psi(X_{n+1})|\mathcal{F}_n] \geq \psi(E[X_{n+1}|\mathcal{F}_n]) \quad a.s. \tag{6.2}$$

가 성립하지만 (X_n)은 마팅게일이므로 우변은 $\psi(X_n)$과 같고 따라서 $(\psi(X_n))$은 열마팅게일이다. 다음, (2)를 보이자. ψ는 증가함수이므로 (X_n)이 열마팅게일임에 주의하면

$$\psi(E[X_{n+1}|\mathcal{F}_n]) \geq \psi(X_n) \quad a.s.$$

이다. 그런데 (6.2)에 의하면 좌변은 또 $a.s.$ 의 의미로 $E[\psi(X_{n+1})|\mathcal{F}_n]$에 의해 위로부터 평가된다. 따라서 $(\psi(X_n))$은 열마팅게일이다. ■

6.1.2 두브의 분해

다음 정리에 의하면 열마팅게일을 조사하는 것은 기본적으로 마팅게일을 조사하는 것에 귀착된다.

정리 6.5

열마팅게일 $(X_n)_{n=1,2,\ldots}$ 은 다음과 같이 마팅게일 부분 $(M_n)_{n=1,2,\ldots}$ 과 증가 부분(정확히 말하면 비감소 부분) $(A_n)_{n=1,2,\ldots}$ 의 합으로 분해 가능하다.

1) $X_n = M_n + A_n \quad a.s.$

2) (M_n)은 마팅게일이다.

3) $n = 2, 3, \ldots$에 대하여 A_n은 $\mathcal{F}_{n-1}$-가측이고

$$0 = A_1 \leq A_2 \leq \cdots \quad a.s.$$

가 성립한다(이러한 (A_n)을 **증가 과정**(increasing process)이라고 한다).

이런 분해는 다음 의미로 유일하다. (X_n)이 조건 1)–3)을 만족하는 다른 분해 $X_n = M'_n + A'_n \ a.s.$를 가지면 임의의 $n = 1, 2, \ldots$에 대하여

$$M_n = M'_n, \quad A_n = A'_n \quad a.s.$$

가 성립한다.

이러한 분해를 열마팅게일 (X_n)의 **두브의 분해**라고 한다.

[**정리** 6.5**의 증명**] 1**단계**(분해의 존재) : $M_1 = X_1$, $n = 2, 3, \ldots$에 대하여

$$M_n = X_1 + \sum_{k=2}^{n} \{X_k - E[X_k|\mathcal{F}_{k-1}]\}$$

로 두자. 이때, (M_n)은 마팅게일이다. 실제로, M_n은 $\mathcal{F}_n$–가측이고 가적분이며

$$E[M_{n+1} - M_n|\mathcal{F}_n] = E\Big[X_{n+1} - E[X_{n+1}|\mathcal{F}_n]\Big|\mathcal{F}_n\Big] = 0 \quad a.s.$$

이기 때문이다. 다음, $n = 1, 2, \ldots$에 대하여

$$A_n = X_n - M_n$$

으로 두자. 이때, 명백하게 $A_1 = 0$. 또, $n = 2, 3, \ldots$에 대하여

$$\begin{aligned} A_n &= X_n - \big(X_n - E[X_n|\mathcal{F}_{n-1}] + M_{n-1}\big) \\ &= E[X_n|\mathcal{F}_{n-1}] - M_{n-1} \end{aligned}$$

이므로 A_n은 $\mathcal{F}_{n-1}$–가측이다. 또한

$$\begin{aligned} A_{n+1} - A_n &= (X_{n+1} - X_n) - (M_{n+1} - M_n) \\ &= (X_{n+1} - X_n) - (X_{n+1} - E[X_{n+1}|\mathcal{F}_n]) \\ &= E[X_{n+1}|\mathcal{F}_n] - X_n \end{aligned}$$

이 되는데 (X_n)은 열마팅게일이므로 우변 $\geq 0 \ a.s.$이고 $A_{n+1} \geq A_n \ a.s.$를 얻는다. 따라서 $(X_n) = (M_n + A_n)$은 조건 1)–3)을 만족하는 분해이다.

2**단계**(분해의 유일성) : (X_n)이 두 가지 두브의 분해

$$X_n = M_n + A_n = M'_n + A'_n \quad a.s.$$

을 가진다고 하자. 이때,

$$A_n - A'_n = M'_n - M_n \quad a.s. \tag{6.3}$$

이 되는데 $A_n - A'_n$이 $\mathcal{F}_{n-1}$-가측임에 유의하면

$$\begin{aligned} A_n - A'_n &= E[A_n - A'_n|\mathcal{F}_{n-1}] \\ &= E[M'_n - M_n|\mathcal{F}_{n-1}] \quad a.s. \end{aligned}$$

로 변형 가능하다. 그런데 $(M'_n - M_n)$은 마팅게일이므로 우변은

$$= M'_{n-1} - M_{n-1} \quad a.s.$$

이다. 여기서 (6.3)을 n 대신에 $n-1$로 이용하면

$$= A_{n-1} - A'_{n-1} \quad a.s.$$

이 됨을 알 수 있다. 따라서 $n = 2, 3, \ldots$에 대하여

$$A_n - A'_n = A_{n-1} - A'_{n-1} \quad a.s.$$

을 보였다. 그러므로

$$A_n - A'_n = \cdots = A_1 - A'_1 = 0 \quad a.s.$$

즉, $A_n = A'_n$ $a.s.$이다. 따라서 $M_n = M'_n$ $a.s.$도 보였다. 두브의 분해의 유일성을 보였다. ■

6.1.3 마르코프 시각

확률과정 (X_n)을 생각할 때 시간은 $n = 1, 2, \ldots$로 변화하고 있지만 (X_n)의 성질을 조사하기 위해 무작위 시각, 즉 ω에 따라 정해지는 시각을 생각할 필요가 생기는 경우가 있다. 그러한 무작위 시각 가운데 어떤 의미로 정보계 $(\mathcal{F}_n)$에 적합하게 정해지는 것을 정의하자. 편의상 ∞라고 하는 값을 취하는 것도 허용토록 생각하고 $\bar{\mathbb{N}} \equiv \mathbb{N} \cup \{\infty\} = \{1, 2, \ldots, \infty\}$로 두자(§1.9의 기호 일람 참조). 이의 σ-집합대수 $\mathcal{B}(\bar{\mathbb{N}})$은 $\bar{\mathbb{N}}$의 부분집합 전체이다.

정의 6.6

$\bar{\mathbb{N}}$-값 확률변수 $\tau = \tau(\omega)$(즉, $\tau : (\Omega, \mathcal{F}) \to (\bar{\mathbb{N}}, \mathcal{B}(\bar{\mathbb{N}}))$는 가측)가 $(\mathcal{F}_n)$- **마르코프 시각**(Markov time) 또는 **정지 시각**(stopping time)이라는 것은 임의의 $n = 1, 2, \ldots$에 대하여

$$\{\tau \le n\} \equiv \{\omega \in \Omega ; \tau(\omega) \le n\} \in \mathcal{F}_n$$

이 성립할 때를 말한다.

즉, 무작위 시각 τ가 시각 n 또는 그 이전에 일어날까 어떨까는 시각 n까지의 정보량 $\mathcal{F}_n$에 의해 판단 가능할 때 τ를 $(\mathcal{F}_n)$-마르코프 시각이라고 하는 것이다. 생각하는 정보계 $(\mathcal{F}_n)$이

명백할 때는 하나하나 $(\mathcal{F}_n)$–마르코프 시각이라고 하지 않고 간단히 마르코프 시각이라고 하기도 한다.

보조정리 6.7

τ가 마르코프 시각이 되는 것과 임의의 $n = 1, 2, \ldots$에 대하여

$$\{\tau = n\} \in \mathcal{F}_n$$

이 성립하는 것은 동치이다.

[**증명**] τ가 정의 6.6의 의미로 마르코프 시각이라고 하자. 이때,

$$\{\tau = n\} = \{\tau \le n\} \setminus \{\tau \le n-1\}$$

로 고쳐쓸 수 있다. $\{\tau \le n\} \in \mathcal{F}_n$이고 $\{\tau \le n-1\} \in \mathcal{F}_{n-1} \subset \mathcal{F}_n$이므로 $\{\tau = n\} \in \mathcal{F}_n$이 됨을 알 수 있다. 역을 보이기 위해

$$\{\tau \le n\} = \bigcup_{k=1}^{n} \{\tau = k\}$$

가 되는 것에 유의하면 된다. ■

보기 6.8

(1) $\tau(\omega) \equiv m(\Omega$ 위의 상수 함수)는 마르코프 시각이다. 실제로, $n = 1, 2, \ldots$에 대하여 $\{\tau \le n\} = \emptyset(m > n$일 때) 또는 $= \Omega(m \le n$일 때)이므로 어떤 경우든 $\{\tau \le n\} \in \mathcal{F}_n$임을 알 수 있다. 134 쪽 각주의 가정이 있으면 "$\tau \equiv m$ a.s." 도 마르코프 시각이다.

(2) (**도달 시각**, (first) hitting time) $(X_n)_{n=1,2,\ldots}$은 $(\mathcal{F}_n)$에 적합한 확률과정이라고 하고 $A \in \mathcal{B}(\mathbb{R})$에 대하여

$$\tau_A(\omega) = \min\{n; X_n(\omega) \in A\}$$

로 두자. 단, $\min\emptyset = \infty$로 하자. τ_A는 (X_n)이 집합 A에 처음 도달하는 시각을 나타내고 A에 도달 시각이라고 한다. $\min\emptyset = \infty$라는 것은, 집합 A에 어떤 시간에도 도달하지 못할 때는 $\tau_A = \infty$로 정하는 것을 의미한다. τ_A는 마르코프 시각이 된다. 말인즉

$$\{\tau_A \le n\} = \{X_1 \in A\} \cup \{X_2 \in A\} \cup \cdots \cup \{X_n \in A\}$$

로 나타내는 것이 가능하고 따라서 $\{\tau_A \le n\} \in \mathcal{F}_n$임을 알 수 있기 때문이다.

(3) 내기를 한다고 가정하자. 일정액, 예를 들어 미리 α원으로 정해두고 그 금액 이상 벌면 바로 내기를 중지하는 것으로 하자. 그러한 시각은 여기서 말하는 마르코프 시각이 된다.

(4) (**최종 탈출 시각**, last exit time) 마찬가지로 $A \in \mathcal{B}(\mathbb{R})$에 대하여

$$\sigma_A(\omega) = \max\{n; X_n(\omega) \in A\} + 1$$

로 두고 σ_A를 (X_n)이 집합 A를 최종 탈출하는 시각이라고 한다. 단, 이번에는 $\max\emptyset = 0$이다. σ_A는 확률변수이지만 (일반적으로) 마르코프 시각이 아니다. 말하자면, 어떤 시각 m이 (X_n)이 A로부터 최종 탈출 시각일까 아닐까를 판단하려고 할 때 이 시각 이후에 (X_n)은 A에 다시는 돌아오지 않는 것을 확인해야만 한다. 따라서 미래에 대해 (X_n)의 움직임을 완전히 파악하지 않으면 $\sigma_A = m$일지 아닐지를 판단하는 것은 불가능하다.

정리 6.9

τ와 σ를 마르코프 시각이라고 하자. 이때,

$$\tau \vee \sigma \equiv \max\{\tau, \sigma\}, \quad \tau \wedge \sigma \equiv \min\{\tau, \sigma\}, \quad \tau + \sigma$$

는 모두 마르코프 시각이다. 단, 이러한 양은 ω마다 정의되는 $\bar{\mathbb{N}}$-값 확률변수이다. 즉,

$$\begin{aligned}
&\max\{\tau, \sigma\}(\omega) = \max\{\tau(\omega), \sigma(\omega)\},\\
&\min\{\tau, \sigma\}(\omega) = \min\{\tau(\omega), \sigma(\omega)\},\\
&(\tau + \sigma)(\omega) = \tau(\omega) + \sigma(\omega)
\end{aligned}$$

이다. 또, ∞와 관련된 연산은 예를 들어 $\max\{n, \infty\} = \infty$, $\min\{n, \infty\} = n$, $n + \infty = \infty$ 등과 같이 자연스럽게 정의한다.

[**증명**] $n = 1, 2, \ldots$에 대하여

$$\begin{aligned}
&\left\{\tau \vee \sigma \le n\right\} = \{\tau \le n\} \cap \{\sigma \le n\},\\
&\left\{\tau \wedge \sigma \le n\right\} = \{\tau \le n\} \cup \{\sigma \le n\},\\
&\left\{\tau + \sigma \le n\right\} = \bigcup_{k=1}^{n-1} \left[\{\tau = k\} \cap \{\sigma \le n - k\}\right]
\end{aligned}$$

이므로 τ와 σ가 마르코프 시각이라면 우변은 모두 $\mathcal{F}_n$에 속한다. 따라서 $\tau \vee \sigma$, $\tau \wedge \sigma$, $\tau + \sigma$는 마르코프 시각이다. ■

정의 6.10

$(\mathcal{F}_n)$-마르코프 시각 τ가 주어졌을 때 임의의 $n = 1, 2, \ldots$에 대하여 $A \cap \{\tau \le n\} \in \mathcal{F}_n$을

만족하는 사건 $A \in \mathcal{F}$의 전체를 $\mathcal{F}_\tau$로 두고 τ **시각까지의 정보량**이라고 한다. 즉,

$$\mathcal{F}_\tau = \left\{A \in \mathcal{F};\text{임의의 } n = 1,2,\ldots\text{에 대하여 } A \cap \{\tau \le n\} \in \mathcal{F}_n\right\}$$

이다.

바꿔 말하면 $A \in \mathcal{F}_\tau$라는 것은 A에 τ가 n시각 또는 그 이전에 일어난다고 제한을 두고 생각하면 그것은 $\mathcal{F}_n$에 들어간다, 즉 n시 이전의 정보로만 정할 수 있다는 것을 말하는 것이다.

특히 $\tau \equiv m$(상수)일 때는 $\mathcal{F}_\tau = \mathcal{F}_m$이다. 보기 6.8-(1)에서 본 것과 같이 $\{\tau \le n\} = \emptyset$ 또는 Ω가 되는 것에 유의하면 된다.

정리 6.11

τ와 σ를 마르코프 시각이라고 하자. 이때 아래 (1)–(3)이 성립한다.

(1) $\mathcal{F}_\tau$는 σ–집합대수이다.

(2) τ는 $\mathcal{F}_\tau$–가측이다.

(3) $\tau \le \sigma$(즉, 임의의 $\omega \in \Omega$에 대하여 $\tau(\omega) \le \sigma(\omega)$)이면

$$\mathcal{F}_\tau \subset \mathcal{F}_\sigma$$

이다.

[**증명**] 1**단계** ((1)의 증명) : τ는 마르코프 시각이므로 임의의 $n = 1,2,\ldots$에 대하여

$$\Omega \cap \{\tau \le n\} = \{\tau \le n\} \in \mathcal{F}_n$$

이다. 따라서 $\Omega \in \mathcal{F}_\tau$ 임을 알 수 있다. 다음, $A \in \mathcal{F}_\tau$일 때 $A^c \in \mathcal{F}_\tau$ 임을 보이자. 실제로, $n = 1, 2, \ldots$에 대하여

$$A^c \cap \{\tau \le n\} = \{\tau \le n\} \setminus (A \cap \{\tau \le n\})$$

으로 바꿔쓸 수 있고 우변의 사건은 각각 $\{\tau \le n\} \in \mathcal{F}_n$이고 $A \cap \{\tau \le n\} \in \mathcal{F}_n$이므로 $A^c \cap \{\tau \le n\} \in \mathcal{F}_n$, 즉 $A^c \in \mathcal{F}_\tau$ 임을 알 수 있다. 마지막으로 $A_k \in \mathcal{F}_\tau (k = 1,2,\ldots)$라고 하면

$$\left(\bigcup_{k=1}^{\infty} A_k\right) \cap \{\tau \le n\} = \bigcup_{k=1}^{\infty} (A_k \cap \{\tau \le n\}) \in \mathcal{F}_n$$

이므로 $\bigcup_{k=1}^{\infty} A_k \in \mathcal{F}_\tau$이다. 이상으로부터 $\mathcal{F}_\tau$는 σ–집합대수이다.

2**단계** ((2)의 증명) : 임의의 $k = 1,2,\ldots$에 대하여

$$\{\tau = k\} \in \mathcal{F}_\tau$$

를 보이면 충분하다. 이를 위해 $n = 1,2,\ldots$에 대하여

$$\{\tau = k\} \cap \{\tau \le n\} \in \mathcal{F}_n \tag{6.4}$$

을 말할 수 있으면 된다. 그런데

$$\{\tau = k\} \cap \{\tau \le n\} = \begin{cases} \{\tau = k\}, & k \le n\text{일 때} \\ \emptyset \quad , & k > n\text{일 때} \end{cases}$$

이므로 (6.4)가 성립하고 (2)가 증명되었다.

3단계 ((3)의 증명) : 임의의 $A \in \mathcal{F}_\tau$를 취하자. 이때, $\tau \le \sigma$이면 $n = 1,2,\ldots$에 대하여 $\{\sigma \le n\} \subset \{\tau \le n\}$이 되는 것에 유의하여

$$\begin{aligned} A \cap \{\sigma \le n\} &= A \cap \left[\{\tau \le n\} \cap \{\sigma \le n\}\right] \\ &= \left[A \cap \{\tau \le n\}\right] \cap \{\sigma \le n\} \end{aligned}$$

으로 변형 가능하다. 그런데 $A \in \mathcal{F}_\tau$이므로 $A \cap \{\tau \le n\} \in \mathcal{F}_n$이고 한편, σ는 마르코프 시각이므로 $\{\sigma \le n\} \in \mathcal{F}_n$이다. 따라서 윗식의 우변 $\in \mathcal{F}_n$이 됨을 알 수 있다. 이것은 $A \in \mathcal{F}_\sigma$를 의미한다. 따라서 $\mathcal{F}_\tau \subset \mathcal{F}_\sigma$이다. ■

참고 6.12

정리 6.11-(3)의 조건을 약화하여 "$\tau \le \sigma$ *a.s.*" 아래 $\mathcal{F}_\tau \subset \mathcal{F}_\sigma$를 말할 때는 134쪽의 각주의 가정이 필요하다(연습문제 6.4 참조).

6.1.4 두브의 임의 추출정리

$(\mathcal{F}_n)$에 적합한 확률과정 (X_n)과 $\mathbb{N}$-값(즉, ∞ 값을 취하지 않는다) 마르코프 시각 τ가 주어졌다고 하자. 이때, X_τ를

$$X_\tau(\omega) = X_{\tau(\omega)}(\omega)$$

로 정의하자. 임의의 $a \in \mathbb{R}$에 대하여 $\{X_\tau \le a\} = \bigcup_{n=1}^{\infty}\{X_n \le a, \tau = n\} \in \mathcal{F}$이므로 X_τ는 $\mathcal{F}$-가측이다. (X_τ를 가측 사상 $\Omega \ni \omega \mapsto (\tau(\omega), \omega) \in \mathbb{N} \times \Omega$와 연습문제 6.1에서 (6.21)로 정의되는 사상 X의 합성함수로 생각하고 X_τ의 $\mathcal{F}$-가측성을 보이는 것도 가능하다). 또한

보조정리 6.13

$X_\tau : \Omega \to \mathbb{R}$는 $\mathcal{F}_\tau$-가측인 확률변수이다.

[**증명**] 결론을 말하는 데에는 임의의 $a \in \mathbb{R}$에 대하여

$$\{X_\tau \le a\} \in \mathcal{F}_\tau$$

를 말할 수 있으면 충분하다. 그러기 위해서는 $n = 1, 2, \ldots$에 대하여

$$\{X_\tau \le a\} \cap \{\tau \le n\} \in \mathcal{F}_n$$

을 말하면 된다. 그런데 이 사건은

$$\begin{aligned}\{X_\tau \le a\} \cap \{\tau \le n\} &= \bigcup_{k=1}^{n} \{X_\tau \le a, \tau = k\} \\ &= \bigcup_{k=1}^{n} \left[\{X_k \le a\} \cap \{\tau = k\}\right]\end{aligned}$$

로 변형 가능하고 우변 $\in \mathcal{F}_n$이 됨을 알 수 있다. ■

마팅게일성·열마팅게일성은 무작위 시각에 대해서도 그것이 유계인 마르코프 시각이 되면 아래 의미로 보존된다.

정리 6.14

열마팅게일 (X_n)과 마르코프 시각 τ, σ가 주어지고 $\tau \le \sigma$이고 σ는 유계라고 하자. 즉, ω에 의존하지 않는 상수 $K \in \mathbb{N}$가 존재하여 임의의 $\omega \in \Omega$에 대하여

$$\tau(\omega) \le \sigma(\omega) \le K$$

가 된다고 하자. 이때, X_τ, X_σ는 모두 가적분이고

$$E[X_\sigma | \mathcal{F}_\tau] \ge X_\tau \quad a.s. \tag{6.5}$$

가 성립한다. 특히, (X_n)이 마팅게일이면 (6.5)에서 등호가 성립한다.

[**증명**] 1**단계**: 먼저 X_τ의 가적분성을 보이자. 실제로,

$$\begin{aligned}E[|X_\tau|] &= \sum_{k=1}^{K} E[|X_k|, \tau = k] \\ &\le \sum_{k=1}^{K} E[|X_k|] < \infty\end{aligned}$$

이므로 $E[|X_\tau|] < \infty$임을 쉽게 알 수 있다. X_σ에 대해서도 마찬가지다.

2단계: 다음, (6.5)를 보이자. 그를 위해 먼저 (X_n)을 마팅게일이라고 하고

$$E[X_\sigma|\mathcal{F}_\tau] = X_\tau \quad a.s.$$

를 보이자. 이제 임의의 $A \in \mathcal{F}_\tau$에 대하여

$$E[X_\sigma, A] = E[X_\tau, A] \tag{6.6}$$

를 말할 수 있으면 충분하다. 그런데 (6.6)의 좌변은

$$E[X_\sigma, A] = \sum_{k=1}^{K} E[X_k, A \cap \{\sigma = k\}]$$

이고 $\tau \le \sigma$에 주의하면 정리 6.11-(3)으로부터 $A \in \mathcal{F}_\tau$일 때 $A \in \mathcal{F}_\sigma$이어서 $A \cap \{\sigma = k\} \in \mathcal{F}_k$이다. 그러나 (X_n)은 마팅게일이므로 임의의 $B \in \mathcal{F}_k$에 대하여 $1 \le k \le K$일 때

$$E[X_k, B] = E[X_K, B]$$

가 성립한다. 따라서 $B = A \cap \{\sigma = k\}$로 하면

$$\begin{aligned} E[X_\sigma, A] &= \sum_{k=1}^{K} E[X_K, A \cap \{\sigma = k\}] \\ &= E[X_K, A] \end{aligned}$$

를 얻는다. 마찬가지로 $A \in \mathcal{F}_\tau$일 때

$$E[X_\tau, A] = E[X_K, A]$$

도 말할 수 있으므로 양쪽을 합쳐서 (6.6)을 얻는다.

3단계: 마지막으로 (X_n)이 일반적인 열마팅게일인 경우를 생각하자. (X_n)은 $X_n = M_n + A_n$로 두브 분해 가능하기 때문에

$$\begin{aligned} E[X_\sigma|\mathcal{F}_\tau] &= E[M_\sigma + A_\sigma|\mathcal{F}_\tau] \\ &= E[M_\sigma|\mathcal{F}_\tau] + E[A_\sigma|\mathcal{F}_\tau] \end{aligned}$$

가 된다. 그런데 우변의 첫 번째 항은 (M_n)이 마팅게일이므로 2단계로부터

$$E[M_\sigma|\mathcal{F}_\tau] = M_\tau \quad a.s.$$

가 된다. 한편, 두 번째 항은 (A_n)이 증가 과정으로 $\sigma \ge \tau$이므로 $A_\sigma \ge A_\tau$ $a.s.$가 되고 따라서

$$E[A_\sigma|\mathcal{F}_\tau] \ge E[A_\tau|\mathcal{F}_\tau] = A_\tau \quad a.s.$$

이다. 마지막 등호에서는 보조정리 6.13을 이용하였다. 이상으로부터

$$E[X_\sigma|\mathcal{F}_\tau] \geq M_\tau + A_\tau = X_\tau \quad a.s.$$

를 얻는다. (6.5)가 증명되었다. ■

보기 6.15

마르코프 시각 τ, σ가 유계가 아니면 정리 6.14가 반드시 성립하는 것은 아니다. 예를 들어, $(X_n)_{n=1,2,\ldots}$을 원점 0에서 출발하는 $\mathbb{Z}$ 위의 대칭 단순 막걸음(random walk)(즉, 좌우로 1씩 이동하는 확률이 각각 1/2)이라고 하고

$$\tau_{-k} = \min\{n; X_n = -k\}, \quad k = 1, 2, \ldots$$

로 두자. 이때 (X_n)은 마팅게일(보기 6.3-(1) 참조)이고 $\tau_{-1} < \tau_{-2} (< \infty\ a.s.)$는 모두 마르코프 시각(보기 6.8-(2) 참조)이지만

$$X_{\tau_{-1}} = -1 > X_{\tau_{-2}} = -2 \quad a.s.$$

이므로 (6.5)는 성립하지 않는다.

정리 6.14로부터 바로 다음의 **임의추출정리**(optional sampling theorem)를 얻는다.

정리 6.16

$(X_n)_{n=1,2,\ldots}$은 $(\mathcal{F}_n)$에 대하여 열마팅게일이고 $(\tau_k)_{k=1,2,\ldots}$는 각각 유계(즉, $\sup_\omega \tau_k(\omega) < \infty$)인 $(\mathcal{F}_n)$-마르코프 시각의 단조 증가열, 즉 $\tau_1 \leq \tau_2 \leq \cdots$(정확히 말하면 임의의 $\omega \in \Omega$에 대하여 $\tau_1(\omega) \leq \tau_2(\omega) \leq \cdots$)라고 하자. 이때, $(Y_k \equiv X_{\tau_k})_{k=1,2,\ldots}$는 $(\mathcal{F}_{\tau_k})$에 대하여 열마팅게일이다.

[**증명**] $(\mathcal{F}_{\tau_k})_{k=1,2,\ldots}$가 정보계가 되는 것은 정리 6.11-(1), (3)으로부터 알 수 있다. 또, 보조정리 6.13으로부터 확률과정 (Y_k)는 $(\mathcal{F}_{\tau_k})$-적합하다. Y_k의 가적분성과

$$E[Y_{k+1}|\mathcal{F}_{\tau_k}] \geq Y_k \quad a.s.$$

가 되는 것은 정리 6.14로부터 알 수 있다. ■

6.1.5 두브의 부등식

열마팅게일 $(X_n)_{n=1,2,\ldots}$이 시각 1부터 n까지 사이에 취하는 최댓값 $\max_{1\leq k\leq n} X_k$에 대한 확률 평가를 마지막 시각 n에 대한 값 X_n만 이용하여 할 수 있다. $\max_{1\leq k\leq n} X_k$를 알기 위해서는 $X_1, X_2, \ldots, X_n$의 값 전부를 알아야 하기 때문에 이러한 평가식은 일반적인 확률과정에 대해서 성립하지 않는

것은 물론이다. 열마팅게일이라는 구조를 잘 사용하여 처음으로 유도하는 것이다. 앞서 주의한 바와 같이 이런 평가의 배후에는 독립인 확률변수열의 합에 대한 콜모고로프의 부등식이 있다.

정리 6.17

(X_n)이 열마팅게일이라고 하자. 이때, 임의의 $a>0$에 대하여

$$P\left(\max_{1\le k\le n} X_k \ge a\right) \le \frac{1}{a}E\left[X_n, \max_{1\le k\le n} X_k \ge a\right] \le \frac{1}{a}E[X_n^+] \tag{6.7}$$

과

$$\begin{aligned} P\left(\min_{1\le k\le n} X_k \le -a\right) &\le \frac{1}{a}E[X_n - X_1] - \frac{1}{a}E\left[X_n, \min_{1\le k\le n} X_k \le -a\right] \\ &\le \frac{1}{a}E[X_n^+] - \frac{1}{a}E[X_1] \end{aligned} \tag{6.8}$$

이 성립한다. 단, X_n^+는 X_n의 양수부이다.

[**증명**] 1**단계** ((6.7)의 증명) : 마르코프 시각

$$\sigma = \min\{k; X_k \ge a\}$$

를 이용하여 (6.7)의 좌변의 사건은

$$\left\{\max_{1\le k\le n} X_k \ge a\right\} = \{\sigma \le n\}$$

으로 표현할 수 있다. 따라서 그 확률은

$$P\left(\max_{1\le k\le n} X_k \ge a\right) = P(\sigma \le n) \le \frac{1}{a}E[X_\sigma, \sigma \le n]$$

으로 평가 가능하다. 단, 부등식은 $\sigma < \infty$이면 $X_\sigma \ge a$, 즉 $X_\sigma / a \ge 1$이기 때문이다. 그런데 우변의 기댓값은 또한

$$\begin{aligned} E[X_\sigma, \sigma \le n] &= \sum_{k=1}^{n} E[X_\sigma, \sigma = k] \\ &= \sum_{k=1}^{n} E[X_k, \sigma = k] \\ &\le \sum_{k=1}^{n} E[X_n, \sigma = k] \\ &= E[X_n, \sigma \le n] \end{aligned}$$

으로 평가 가능하다. 세 번째 줄의 부등식은 (X_n)의 열마팅게일성: $X_k \le E[X_n | \mathcal{F}_k]$ *a.s.* 를

이용하고 σ가 마르코프 시각이므로 $\{\sigma = k\} \in \mathcal{F}_k$가 되는 것에 주의하면 된다. 따라서

$$P\left(\max_{1\le k\le n} X_k \ge a\right) \le \frac{1}{a} E\left[X_n, \sigma \le n\right]$$

을 보였다. 이것은 (6.7)의 첫 번째 부등식에 다름 아니다. (6.7)의 두 번째 부등식은

$$E\left[X_n, \sigma \le n\right] \le E\left[X_n^+, \sigma \le n\right] \le E\left[X_n^+\right]$$

이므로 쉽게 보인다.

2단계 ((6.8)의 증명) : 이번에는

$$\sigma = \min\{k; X_k \le -a\}$$

로 하자. $\sigma \wedge n (= \min\{\sigma, n\})$은 유계인 마르코프 시각이므로 정리 6.14를 이용하면

$$E[X_1] \le E[X_{\sigma\wedge n}]$$

이다. 그런데

$$E[X_{\sigma\wedge n}] = E[X_{\sigma\wedge n}, \sigma \le n] + E[X_{\sigma\wedge n}, \sigma > n]$$

으로 분해 가능하고 우변의 1항에 대해서는 $\sigma \le n$일 때 $X_{\sigma\wedge n} = X_\sigma \le -a$에 주의하고 2항에 대해서는 $\sigma > n$일 때 $X_{\sigma\wedge n} = X_n$이므로 윗식은

$$\begin{aligned} &\le -aP(\sigma \le n) + E[X_n, \sigma > n] \\ &= -aP(\sigma \le n) + E[X_n] - E[X_n, \sigma \le n] \end{aligned}$$

으로 평가 가능하다. 따라서

$$aP(\sigma \le n) \le E[X_n - X_1] - E[X_n, \sigma \le n]$$

을 얻는다. 이것은 (6.8)의 첫 번째 부등식이다. (6.8)의 두 번째 부등식은

$$E\left[X_n, \min_{1\le k\le n} X_k > -a\right] \le E\left[X_n^+, \min_{1\le k\le n} X_k > -a\right] \le E[X_n^+]$$

으로부터 유도된다. ■

따름정리 6.18

(M_n)을 p제곱 가적분인 마팅게일이라고 하자. 즉, $E[|M_n|^p] < \infty$를 만족하는 마팅게일이라고 하자. 단, $p \ge 1$이다. 이때, 임의의 $a > 0$에 대하여

$$P\left(\max_{1\le k\le n} |M_k| \ge a\right) \le \frac{1}{a^p} E\left[|M_n|^p\right]$$

가 성립한다.

[**증명**] 보조정리 6.4에서 보인 바와 같이 $(|M_n|^p)$는 열마팅게일이다. 따라서 정리 6.17의 (6.7)식을 적용할 수 있고 결과를 얻는다. ■

6.1.6 열마팅게일의 수렴 정리

지금까지와 마찬가지로 확률공간 $(\Omega, \mathcal{F}, P)$와 정보계 $(\mathcal{F}_n)_{n=1,2,\dots}$이 주어졌다고 하자. 여기서는 열마팅게일의 양수부의 기댓값이(뒤에 소개하는 조건 (6.10)의 의미로) 유계이면 $n \to \infty$일 때 X_n이 대개수렴하는 극한을 가진다는 것을 보인다(정리 6.24). 그 증명에서 열마팅게일의 상향 횡단 횟수에 관한 평가가 기본이 되는데 그를 증명하기 위해 먼저 마팅게일 변환이라고 하는 것을 도입한다.

- **마팅게일 변환**

확률과정 $(H_n)_{n=2,3,\dots}$이 **예측 가능**(predictable)하다는 것은 임의의 $n = 2, 3, \dots$에 대하여

$$H_n\text{이 } \mathcal{F}_{n-1}\text{–가측}$$

이 되는 것을 말한다. 달리 말하면 n시에 나오는 값(상태)이 그 이전 정보, 즉 $n-1$시까지의 정보량 $\mathcal{F}_{n-1}$로부터 예측 가능한 것을 말한다. 예를 들어, 두브의 분해에서 나오는 증가 과정 (A_n)은 예측 가능한 확률과정이다.

정의 6.19

예측 가능한 확률과정 $(H_n)_{n=2,3,\dots}$과 $(\mathcal{F}_n)$에 적합한 확률과정 $(X_n)_{n=1,2,\dots}$이 주어졌을 때 새로운 확률과정 $(X'_n)_{n=1,2,\dots} \equiv ((H \cdot X)_n)_{n=1,2,\dots}$을 다음과 같이 정의하자.

$$X'_n \equiv (H \cdot X)_n = \begin{cases} \displaystyle\sum_{k=2}^{n} H_k(X_k - X_{k-1}), & n \geq 2, \\ 0 \qquad\qquad\qquad\quad , & n = 1. \end{cases}$$

(X'_n)을 (X_n)의 **마팅게일 변환**이라고 한다.

마팅게일이라고 하는 이름의 유래는 정리 6.22에서 나온다. (X_n)은, 예를 들어 동전던지기에서 결정되는 마팅게일, 즉

$$X_n = \sum_{k=1}^{n} Z_k$$

로 $(Z_k)_{k=1,2,\dots}$는 독립이고 $P(Z_k = 1) = P(Z_k = -1) = \frac{1}{2}$이 되는 확률변수의 열이라고 하자($(X_n)$은 원점 0으로부터 출발하는 $\mathbb{Z}$ 위의 대칭 단순 막걸음이다). 이제 무작위 변화 (X_n)에 근거하여

내기를 한다고 하자. (H_n)은 내기의 전략(strategy)을 나타낸다. 즉, $n-1$시까지 얼마나 이익이 있는지 또는 손실이 있는지에 근거하여 n시의 내기 금액을 결정한다. 그 결과, 예를 들어 n회의 내기의 결과 Z_n에 따라 $H_n Z_n$만큼의 이익이 나오도록 한다. 이 경우 $Z_k = X_k - X_{k-1}$이므로 $(H \cdot X)_n$은 n시에 소지하는 이익분의 금액을 나타낸다.

보기 6.20

예를 들어, 룰렛과 같은 데서 자주 이용되는 "두 배 걸기"의 방법에서는 전략 (H_n)을

$$H_n = \begin{cases} 2H_{n-1}, & Z_{n-1} = -1 \text{일 때}, \\ \quad 1 \quad, & Z_{n-1} = \ \ 1 \text{일 때}, \end{cases}$$

로 정한다. 즉, 앞에 손실이면 이번 회에 손실금의 두 배를 거는 것이다. 이런 전략을 취하면 예를 들어, 1회, 2회,...,k회에도 실패를 거듭해도 $k+1$회에 성공하면 그 때 이익금은

$$-1 - 2 - \cdots - 2^k + 2^{k+1} = 1$$

이 되고 언젠가는 반드시 이익이 나오게 된다. 따라서 두 배 걸기 전략은 절대 손실이 없고 이른바 필승법이 된다.

그러나, 물론 이것은 옳지 않다. 현실에서는 패배를 계속하면 결국 내기금이 없어지기 때문이다. 즉, 계속하여 손실을 볼 수 있는 횟수 k에는 한계가 있기 때문이다. 수학적으로는 다음 정리 6.22-(1)로부터 실증된다.

참고 6.21

마팅게일 변환 $(H \cdot X)_n$은 연속 시간인 경우 확률 적분 $\int_0^t H\,dX$(예를 들어, 후나키 [9] 참조)에 해당한다.

정리 6.22

예측 가능한 확률과정 $(H_n)_{n=2,3,\ldots}$이 주어지고 각 H_n은 ω에 대하여 유계(즉, 각 $n = 2, 3, \ldots$에 대하여 $\sup_\omega |H_n(\omega)| < \infty$)라고 하자. 이때,

(1) $(X_n)_{n=1,2,\ldots}$이 마팅게일이면 $(X'_n) = ((H \cdot X)_n)$도 마팅게일이다.

(2) $(X_n)_{n=1,2,\ldots}$이 열마팅게일이고 (H_n)이 음이 아니면(즉, $H_n \geq 0, n = 2, 3, \ldots$) (X'_n)도 열마팅게일이다.

[**증명**] 1**단계**: X'_n이 $\mathcal{F}_n$–가측이 되는 것은 정의로부터 명백하다. 또, 그의 가적분성은

$$
\begin{aligned}
E[|X'_n|] &\le \sum_{k=2}^{n} E[|H_k(X_k - X_{k-1})|] \\
&\le \sum_{k=2}^{n} \sup_{\omega} |H_k(\omega)| \cdot \{E[|X_k|] + E[|X_{k-1}|]\}
\end{aligned}
$$

에 유의하면 (H_n)의 유계성과 (X_n)의 가적분성으로부터 알 수 있다.

2**단계**: $n = 1, 2, \ldots$에 대하여 H_{n+1}은 $\mathcal{F}_n$–가측이므로

$$
\begin{aligned}
E[X'_{n+1} - X'_n | \mathcal{F}_n] &= E[H_{n+1}(X_{n+1} - X_n) | \mathcal{F}_n] \\
&= H_{n+1} E[X_{n+1} - X_n | \mathcal{F}_n]
\end{aligned}
$$

이다(이 식은 $n = 1$일 때도 성립하는 것에 주의하자). 따라서 (X_n)이 마팅게일이면 우변$= 0$ *a.s.*이 되고 (X'_n)도 마팅게일이 됨을 알 수 있다. 한편, (X_n)이 열마팅게일이고 $H_{n+1} \ge 0$이면 우변 ≥ 0 *a.s.*이 되고 (X'_n)은 열마팅게일이다. ■

- **윗방향 횡단 부등식**

실수 a, b를 $a < b$가 되게 잡고 잠시 고정하여 생각하자. 정보계 $(\mathcal{F}_n)$에 적합한 확률과정 $(X_n)_{n=1,2,\ldots}$이 주어지고

$$
\begin{aligned}
\sigma_1 &= \min\{n \ge 1; X_n \le a\} \\
\sigma_2 &= \min\{n > \sigma_1; X_n \ge b\} \\
&\cdots \\
&\cdots \\
\sigma_{2k+1} &= \min\{n > \sigma_{2k}; X_n \le a\} \\
\sigma_{2k+2} &= \min\{n > \sigma_{2k+1}; X_n \ge b\} \\
&\cdots \\
&\cdots
\end{aligned}
$$

로 정하자. 단, $k = 1, 2, \ldots$이다. 이때 $(\sigma_j)_{j=1,2,\ldots}$는 마르코프 시각의 단조 증가열이다(연습문제 6.6 참조):

$$\sigma_1 < \sigma_2 < \sigma_3 < \cdots \qquad (\sigma_j < \infty\text{일 때}).$$

보기 6.8-(2)에서 언급했듯이 $\min\emptyset = \infty$로 정해서 어떤 j에 대하여 $\sigma_j = \infty$가 되면 j번째 이후는

항상 $\sigma_k = \infty\ (k \geq j)$ 이다.

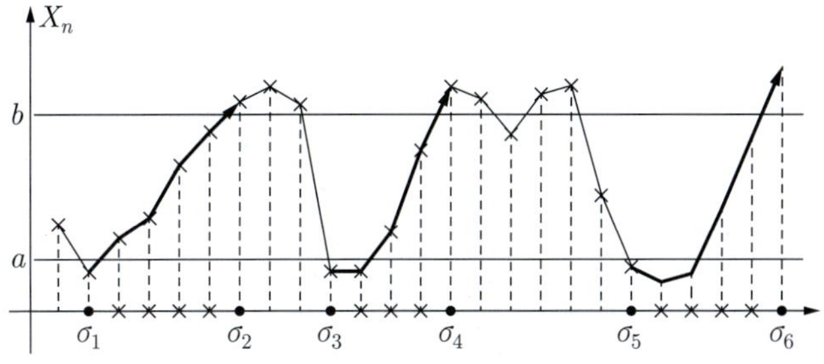

그림 6.1: 윗방향 횡단

σ_1 는 (X_n) 이 최초에 a 이하가 되는 시각이고 σ_2 는 σ_1 이후 (X_n) 의 운동을 관찰할 때 처음으로 그 값이 b 이상 되는 시각이다. 또, σ_3 는 σ_2 시각 이후로 (X_n) 의 값이 다시 a 이하가 되는 시각, σ_4 는 σ_3 시각 이후에 (X_n) 의 값이 b 이상이 되는 시각이다. 이하, 이런 식으로 시각을 순차적으로 생각해서 $\sigma_5, \sigma_6, \ldots$ 으로 정의하는 것이다.

마르코프 시각의 열 $(\sigma_j)_{j=1,2,\ldots}$ 을 이용하여 $n = 1, 2, \ldots$ 에 대하여

$$U_n = \max\{k; \sigma_{2k} \leq n\} \in \mathbb{Z}_+$$

로 정하자. 단, $\max\emptyset = 0$ 으로 두자. U_n 은 확률변수의 열로 시각 n 까지 (X_n) 이 a 이하에 있던 상태에서 b 이상의 상태에 몇 번이나 구간 $[a, b]$ 를 가로질러 횡단할까, 그 횟수를 나타내는 양이다. U_n 은 시각 n 까지의 ($a \nearrow b$ 사이의) **윗방향 횡단 횟수**(upcrossing number)라고 한다.

(X_n) 이 열마팅게일이면 U_n 의 기댓값에 대하여 위로부터 평가식을 줄 수 있다. 다음 정리는 (X_n) 이 $a \nearrow b$ 로 윗방향으로 횡단하는 횟수는(기댓값의 의미로) 한도가 주어져, 제한 없이 얼마든지 $[a, b]$ 사이를 왔다갔다 할 수 없다는 것을 보여준다. 대략 말하면, 열마팅게일은(적어도 기댓값을 보는 한도에서) 단조 증가하고 있어서 계속해서 $[a, b]$ 주변에 머물 수 없거나, 아니면 b 를 여러 번 넘을 수 없게 되는 것이다(정확히는 뒤의 정리 6.24에서 언급한다). 이 사정은 특히 마팅게일이어도 마찬가지다.

정리 6.23

(X_n) 이 열마팅게일이면

$$E[U_n] \leq \frac{1}{b-a} E[(X_n - a)^+]$$

가 성립한다.

[**증명**] 1**단계**: $(Y_n \equiv (X_n - a)^+)_{n=1,2,\ldots}$ 은 열마팅게일이다. 왜냐하면 $\psi(x) = (x-a)^+, x \in \mathbb{R}$ 로 하고 보조정리 6.4-(2)를 적용할 수 있기 때문이다.

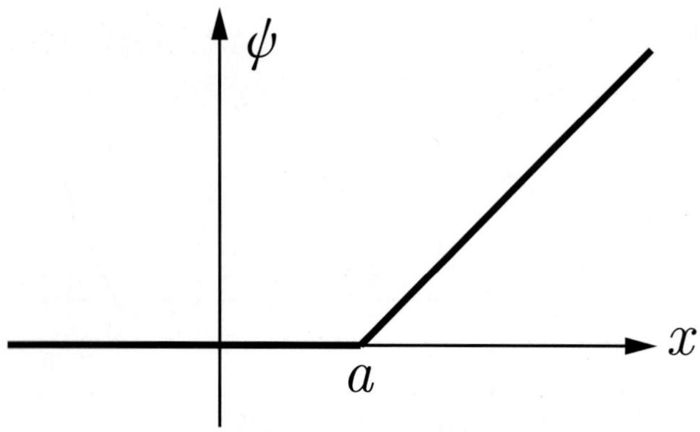

그림 6.2: ψ의 그래프

2**단계**: $n = 2, 3, \ldots$에 대하여

$$H_n = \begin{cases} 1, & \sigma_{2k-1} < n \le \sigma_{2k} \text{를 만족하는 } k \ge 1 \text{가 존재할 때,} \\ 0, & \text{그러한 } k\text{가 존재하지 않을 때,} \end{cases}$$

로 두자. (X_n)의 값이 a 이하가 될 때부터 윗방향으로 횡단 중인 상태에 있을 때 1로 셈하고 그렇게 되지 않을 때 0으로 셈한다. 이때 $(H_n)_{n=2,3,\ldots}$은 예측 가능한 확률과정이다. 실제로,

$$\{H_n = 1\} = \bigcup_{k=1}^{\infty} \{\sigma_{2k-1} < n \le \sigma_{2k}\}$$

가 되고

$$\{\sigma_{2k-1} < n \le \sigma_{2k}\} = \{\sigma_{2k-1} \le n-1\} \cap \{\sigma_{2k} \le n-1\}^c \in \mathcal{F}_{n-1}$$

이므로 $\{H_n = 1\} \in \mathcal{F}_{n-1}$이 됨을 알 수 있다. H_n은 0과 1 밖에 값을 취하지 않으므로 $\{H_n = 0\} = \{H_n = 1\}^c \in \mathcal{F}_{n-1}$이 되는 것도 알 수 있고 (H_n)이 예측 가능함을 보였다.

3**단계**: 여기서는 윗방향 횡단횟수에 대한 평가식

$$(b-a)U_n \le (H \cdot Y)_n \tag{6.9}$$

을 보이자. $n = 1$일 때는 $U_1 = 0$이므로 (6.9)가 성립하는 것은 명백하다. 그러므로 $n \ge 2$로 하고 우변의 마팅게일변환으로부터 시작하자. 이때,

$$(H \cdot Y)_n = \sum_{k=2}^{n} H_k(Y_k - Y_{k-1})$$

로 (H_k)는 (X_k)가 윗방향 횡단 상태일 때만 1이므로

$$= \sum_{\substack{2 \le k \le n:\\ \sigma_{2i-1} < k \le \sigma_{2i} \text{를 만족하는 } i \ge 1 \text{가 존재}}} (Y_k - Y_{k-1})$$

$$= \sum_{i=1}^{U_n} \left(Y_{\sigma_{2i}} - Y_{\sigma_{2i-1}}\right) + \left(Y_n - Y_{\sigma_{2U_n+1} \wedge n}\right)$$

으로 고쳐쓸 수 있다($\sigma_{2U_n+1} \wedge n = \min\{\sigma_{(2U_n)+1}, n\}$이고 $\sigma_{2U_n+2} > n$에 주의). 그런데 우변의 첫 번째 항의 합에 대해서는

$$Y_{\sigma_{2i}} \ge b - a, \quad Y_{\sigma_{2i-1}} = 0$$

이다. 한편, 두 번째 항은

$$Z_n = Y_n - Y_{\sigma_{2U_n+1} \wedge n}$$

으로 두면 $\sigma_{2U_n+1} \ge n$이면

$$Z_n = Y_n - Y_n = 0$$

이고 $\sigma_{2U_n+1} < n$이면 $Y_{\sigma_{2U_n+1} \wedge n} = Y_{\sigma_{2U_n+1}} = 0$이므로

$$Z_n = Y_n \ge 0$$

이다. 따라서 어떤 경우든 $Z_n \ge 0$이 됨을 알 수 있다. 그러므로

$$(H \cdot Y)_n \ge \sum_{i=1}^{U_n} (b-a) = (b-a)U_n$$

을 보였다.

4단계: $K_n = 1 - H_n$으로 두면 $(K_n)_{n=2,3,\ldots}$은 예측 가능하고 0 또는 1의 값을 취한다. 따라서 정리 6.22-(2)로부터 $((K \cdot Y)_n)$은 열마팅게일이다. 그런데 $H_k + K_k = 1$이므로

$$\begin{aligned} Y_n - Y_1 &= \sum_{k=2}^{n} (Y_k - Y_{k-1}) \\ &= \sum_{k=2}^{n} (H_k + K_k)(Y_k - Y_{k-1}) \\ &= (H \cdot Y)_n + (K \cdot Y)_n \end{aligned}$$

이 되는 것에 유의하면 3단계로부터

$$\begin{aligned} E[(b-a)U_n] &\le E[(H \cdot Y)_n] \\ &= E[Y_n - Y_1 - (K \cdot Y)_n] \end{aligned}$$

임을 알 수 있다. 그러나, $((K\cdot Y)_n)$은 열마팅게일로 $(K\cdot Y)_1 = 0$이므로

$$E[(K\cdot Y)_n] \geq E[(K\cdot Y)_1] = 0$$

이다. 따라서

$$E[(b-a)U_n] \leq E[Y_n - Y_1] \leq E[Y_n]$$

이 되어 결론을 얻는다. ■

- **열마팅게일의 수렴 정리**

단조 증가하는(정확하게 비감소하는) 실수 열 $(a_n)_{n=1,2,\ldots}$ 이 위로부터 유계이면 극한 $\lim_{n\to\infty} a_n$ 이 존재한다. 다음 정리는 이 사실에 대응하는 확률판이다.

정리 6.24

열마팅게일 $(X_n)_{n=1,2,\ldots}$ 이

$$\sup_n E[X_n^+] < \infty \tag{6.10}$$

를 만족하면 X_n은 어떤 확률변수 X에 대개수렴,

$$X = \lim_{n\to\infty} X_n \quad a.s.$$

하고 극한 X는 가적분(즉, $E[|X|] < \infty$)이다.

[**증명**] 1**단계**: 임의의 실수의 조 $a < b$를 고정하고 시각 n까지 (X_n)의 $a \nearrow b$ 사이의 윗방향 횡단 횟수를 $U_n^{a,b}$ 으로 두자. 이때, 명백하게 $0 \leq U_1^{a,b} \leq U_2^{a,b} \leq \cdots$ 이므로 극한

$$U^{a,b} = \lim_{n\to\infty} U_n^{a,b} \in \bar{\mathbb{Z}}_+ (\equiv \mathbb{Z}_+ \cup \{\infty\})$$

가 존재한다. 그런데 정리 6.23으로부터

$$\begin{aligned} E[U_n^{a,b}] &\leq \frac{1}{b-a} E[(X_n - a)^+] \\ &\leq \frac{1}{b-a}(E[X_n^+] + |a|) \end{aligned}$$

로 평가되므로 가정 (6.10)으로부터 우변은 n에 대하여 유계이다. 따라서 단조수렴정리(정리 2.39)를 쓰면

$$E[U^{a,b}] = \lim_{n\to\infty} E[U_n^{a,b}] < \infty$$

를 알 수 있다. 특히, 임의의 $a < b$에 대하여

$$U^{a,b} < \infty \quad a.s.$$

를 보였다. $U^{a,b}$는 (X_n)의 (시각 ∞까지) 윗방향 횡단 횟수라고 부른다.

2단계: 다음, (X_n)이 $\pm\infty$ 값을 가질 수 있다면 $n \to \infty$일 때 대개수렴하는 것을 보이자. 그러기 위해 극한을 가지지 않는 사건을 생각하여 그것을 $U^{a,b}$를 이용하여 표현해보자:

$$\left\{\liminf_{n\to\infty} X_n \neq \limsup_{n\to\infty} X_n\right\}$$
$$= \bigcup_{\substack{a,b\in\mathbb{Q}\\ a<b}} \left\{\liminf_{n\to\infty} X_n < a < b < \limsup_{n\to\infty} X_n\right\}$$
$$= \bigcup_{\substack{a,b\in\mathbb{Q}\\ a<b}} \left\{U^{a,b} = \infty\right\}.$$

그런데, 우변은 가산 합이므로 그 확률을 생각하면 1단계로부터

$$P\left(\liminf_{n\to\infty} X_n \neq \limsup_{n\to\infty} X_n\right)$$
$$\leq \sum_{\substack{a,b\in\mathbb{Q}\\ a<b}} P\left(U^{a,b} = \infty\right) = 0$$

이 됨을 알 수 있다. 그러므로

$$P\left(\liminf_{n\to\infty} X_n = \limsup_{n\to\infty} X_n\right) = 1$$

임을 보였다. 즉, $\lim_{n\to\infty} X_n$은 $\pm\infty$ 값을 허용하여 생각하면 존재할 확률이 1이다. 그 극한을

$$X = \lim_{n\to\infty} X_n \in \mathbb{R} \cup \{\pm\infty\} \quad a.s.$$

로 두자.

3단계: 마지막으로, 극한 X는 $X \in \mathbb{R}$ $a.s.$ 를 만족하는 것을 보이자. 그러기 위해 파토우의 보조정리(정리 2.40)를 이용하면 정리의 가정 (6.10)으로부터

$$E[X^+] \leq \liminf_{n\to\infty} E[X_n^+] < \infty$$

가 됨을 알 수 있다. 한편, 다시 파토우의 보조정리를 이용하여

$$E[X^-] \leq \liminf_{n\to\infty} E[X_n^-]$$

이 되지만 (X_n)이 열마팅게일이므로 $E[X_n] \geq E[X_1]$에 유의하여

$$E[X_n^-] = E[X_n^+] - E[X_n]$$
$$\leq E[X_n^+] - E[X_1]$$

이다. 따라서

$$E[X^-] \le \liminf_{n\to\infty} E[X_n^+] - E[X_1] < \infty$$

를 얻는다. $E[X^+], E[X^-]$ 모두 유한이므로

$$E[|X|] < \infty$$

가 되고, 특히 $|X| < \infty$ *a.s.* 가 됨을 보였다. ■

참고 6.25

정리의 증명의 3단계로부터 열마팅게일 (X_n)에 대한 조건 (6.10)은 조건 $\sup_n E[|X_n|] < \infty$와 동치이다.

6.1.7 모멘트 부등식

여기서는 §6.1.5에서 언급한 열마팅게일에 대한 두브의 부등식 (6.7)을 마팅게일의 p차 모멘트에 관한 평가식으로 고쳐 쓴다.

• **두브의 부등식의 변형**

정리 6.26 (두브의 부등식)

$p > 1$이고 $(M_n)_{n=1,2,\dots}$을 p제곱 가적분인 마팅게일이라고 하자. 이때,

$$E\left[\max_{1\le k\le n} |M_k|^p\right] \le \left(\frac{p}{p-1}\right)^p E\left[|M_n|^p\right]$$

가 성립한다.

[**증명**] 1**단계**: 먼저, $q > 0$일 때 $y \ge 0$에 대하여 y^q는

$$\begin{aligned} y^q &= \int_0^y qz^{q-1}\,dz \\ &= \int_0^\infty qz^{q-1} 1_{\{y\ge z\}}\,dz \end{aligned} \tag{6.11}$$

로 고쳐 쓸 수 있다는 것에 주의하자.

2**단계**: 그러면 정리의 증명에 들어가자.

$$Y = \max_{1\le k\le n} |M_k|$$

로 두고 (6.11)에서 $y = Y, q = p$로 두고 양변에 기댓값을 취하면

$$E[Y^p] = \int_\Omega P(d\omega) \int_0^\infty pz^{p-1} 1_{\{Y\ge z\}}\,dz$$

로 나타낼 수 있다. 그런데 우변의 피적분 함수는 음이 아니기 때문에 푸비니의 정리를 적용할 수 있어

$$
\begin{aligned}
&= p\int_0^\infty z^{p-1}\,dz\int_\Omega 1_{\{Y\ge z\}}\,P(d\omega)\\
&= p\int_0^\infty z^{p-1}P(Y\ge z)\,dz
\end{aligned}
$$

로 변형된다. 그러나 보조정리 6.4-(1)로부터 $(|M_n|)$은 열마팅게일이므로 정리 6.17의 두브의 부등식 (6.7)을 이용하면

$$P(Y\ge z)\le \frac{1}{z}E\left[|M_n|, Y\ge z\right],\quad z>0,$$

가 된다. 따라서

$$E[Y^p]\le p\int_0^\infty z^{p-2}\,dz\int_\Omega |M_n|1_{\{Y\ge z\}}\,P(d\omega)$$

를 얻는다. 여기서 다시 푸비니의 정리를 이용하여 우변을 변형하면

$$= p\int_\Omega |M_n|\,P(d\omega)\int_0^\infty z^{p-2}1_{\{Y\ge z\}}\,dz$$

가 된다. 또 z에 대한 적분에서 (6.11)을 $q=p-1$일 때 이용하면

$$
\begin{aligned}
&= \frac{p}{p-1}\int_\Omega |M_n|Y^{p-1}\,P(d\omega)\\
&= \frac{p}{p-1}E\left[|M_n|Y^{p-1}\right]
\end{aligned}
$$

로 변형된다. 마지막으로 이 기댓값에 대하여 헬더의 부등식(보조정리 2.37)을 이용하면 결국

$$E[Y^p]\le \frac{p}{p-1}E\left[|M_n|^p\right]^{\frac{1}{p}}E\left[Y^p\right]^{\frac{p-1}{p}}$$

이 됨을 알 수 있다. 따라서 양변을 $E[Y^p]^{\frac{p-1}{p}}$로 나누면

$$E[Y^p]^{\frac{1}{p}}\le \frac{p}{p-1}E\left[|M_n|^p\right]^{\frac{1}{p}}$$

을 얻고 그것을 p제곱하여 결론을 보인다. ■

- **버크홀더**(Burkholder)**의 부등식**

여기서는 $(M_n)_{n=0,1,2,\dots}$은 $M_0=0$을 만족하는 2제곱 가적분인 마팅게일이라고 하자. 특히, (M_n)은 $E[M_n]=0$을 만족하는 것에 유의하자.

정의 6.27

$n = 1, 2, \ldots$에 대하여

$$[M]_n = \sum_{k=1}^{n} (M_k - M_{k-1})^2$$

을 (M_n)의 2차 **변분**(quadratic variation, 또는 **2차 변동**)이라고 한다.

참고 6.28

일반적으로 $p \geq 1$에 대하여 (M_n)의 $\boldsymbol{p}$**차 변분**(또는 $\boldsymbol{p}$**차 변동**)

$$\sum_{k=1}^{n} |M_k - M_{k-1}|^p$$

를 생각하는 것이 가능하다. 특히, $p = 1$일 때 **변분** 또는 **전변동**(total variation)이라고 한다.

명제 6.29

2차 변분 $[M]_n$은 다음 두 조건을 만족한다.

1) $(M_n^2 - [M]_n)_{n=1,2,\ldots}$은 마팅게일이다.

2) $([M]_n)$은 증가 과정이다.

[**증명**] 2)는 정의로부터 명백하므로 1)을 보이면 된다. 그러기 위해

$$M_n^2 - [M]_n = 2(\tilde{M} \cdot M)_n \tag{6.12}$$

이 성립함을 보이자. 단, 우변의 $(\tilde{M}_n)_{n=2,3,\ldots}$은 $\tilde{M}_n = M_{n-1}$에 의해 정해지는 예측 가능한 확률과정이고 $((\tilde{M} \cdot M)_n)$은 마팅게일 변환이다. (6.12)를 알면 정리 6.22-(1)의 증명과 마찬가지 계산으로 1)을 얻는다. 그러나, (6.12)의 증명은 쉽다. 실제로

$$\begin{aligned} M_n^2 - [M]_n &= \sum_{k=1}^{n} (M_k^2 - M_{k-1}^2) - \sum_{k=1}^{n} (M_k - M_{k-1})^2 \\ &= 2\sum_{k=1}^{n} M_{k-1}(M_k - M_{k-1}) \end{aligned}$$

이기 때문이다. ■

$(M_n^2)_{n=1,2,\ldots}$은 열마팅게일이므로 (M_n^2)은

1) $M_n^2 = N_n + A_n,\ n = 1, 2, \ldots,$

2) $(N_n)_{n=1,2,\ldots}$은 마팅게일,

3) $(A_n)_{n=1,2,\ldots}$은 예측 가능한 증가 과정으로 $A_1 = 0$

으로 두브의 분해가 가능하고(정리 6.5) 1), 2)를 합하면

1)′ $(M_n^2 - A_n)$은 마팅게일

로 고쳐 쓸 수 있다. 즉, (A_n)도 명제 6.29의 $[M]_n$에 대한 2개의 조건을 만족함을 알 수 있다.

정의 6.30

(A_n)을 $(\langle M\rangle_n)$으로 표시하고 역시 (M_n)의 2차 **변분**이라고 하기도 한다.

참고 6.31

(1) $(\langle M\rangle_n)$은 예측 가능한 확률과정이지만 $([M]_n)$은 일반적으로 그렇지는 않다. 양쪽 같은 이름으로 부르지만 실제로는 다르고 구별하여 생각할 필요가 있다.
(2) 연속 시간 연속 마팅게일에 대해서는 양쪽이 일치한다(보조 정리 6.45 참조).

정리 6.32 (버크홀더(Burkholder–Davis–Gundy)의 부등식)

임의의 $p \geq 1$에 대하여 양수 $c_p, C_p > 0$가 존재하여 $(M_n)_{n=0,1,2,\ldots}$이 $M_0 = 0$을 만족하는 p제곱 가적분인 마팅게일이면

$$c_p E\left[[M]_n^{\frac{p}{2}}\right] \leq E\left[\max_{1\leq k\leq n} |M_k|^p\right] \leq C_p E\left[[M]_n^{\frac{p}{2}}\right]$$

가 성립한다.[3)]

버크홀더의 제2의(즉, 우측의) 부등식을 두브의 부등식(정리 6.26)과 비교하면 $E[|M_n|^p]$를 대신하여 $E[[M]_n^{\frac{p}{2}}]$를 평가한다. 응용에서는 2차 변분이 비교적 간단히 계산 가능한 경우도 많고 그런 의미로 정리 6.32는 유용하다. $p = 2$일 때 제 2부등식은 두브의 부등식에 다름 아니라는 것에 유의하자. 말하자면, 두브의 부등식으로부터

$$E\left[\max_{1\leq k\leq n} |M_k|^2\right] \leq 4E\left[M_n^2\right]$$

이 되는데 명제 6.29-1)로부터 $(M_n^2 - [M]_n)$은 마팅게일이므로 $E[M_n^2] = E[[M]_n]$이 되고

$$E\left[\max_{1\leq k\leq n} |M_k|^2\right] \leq 4E\left[[M]_n\right].$$

즉, $p = 2$일 때의 제2 부등식이 $C_p = 4$로 얻어진다.

---

3) 2차 변분 $[M]_n$은 (M_n)이 2제곱 가적분이 아니더라도 정의된다.

여기서는 $p \geq 2$인 경우에 제한하여 버크홀더의 제2 부등식의 간단한 증명을 주고자 한다. 기본적으로는 역시 두브의 부등식을 이용하는 것이다.

[**정리** 6.32, $p \geq 2$, **제**2 **부등식의 증명**] 1**단계**: 먼저 $p \geq 2$일 때 임의의 $x, y \in \mathbb{R}$에 대하여

$$|x|^p - |y|^p \leq p|y|^{p-1}\operatorname{sgn} y \cdot (x-y) + \frac{1}{2}p(p-1)\max\{|x|,|y|\}^{p-2}(x-y)^2 \tag{6.13}$$

이 되는 것에 주의하자. 단, $\operatorname{sgn} y = 1\,(y>0),\ -1\,(y<0),\ 0\,(y=0)$이다. 실제로, $f(x) = |x|^p$에 테일러 공식을 적용하면 x와 y 사이에 z가 존재하여

$$f(x) = f(y) + f'(y)(x-y) + \frac{1}{2}f''(z)(x-y)^2$$

으로 쓸 수 있다($f \in C^2(\mathbb{R})$에 주의하라). 그런데, $f'(y) = p|y|^{p-1}\operatorname{sgn} y$이고

$$f''(z) = p(p-1)|z|^{p-2} \leq p(p-1)\max\{|x|,|y|\}^{p-2}$$

이므로 (6.13)을 얻는다.

2**단계**: $Y = \max_{1\leq k\leq n}|M_k|$로 두면 (6.13)으로부터

$$\begin{aligned}|M_n|^p - |M_{n-1}|^p \leq& p|M_{n-1}|^{p-1}\operatorname{sgn} M_{n-1}\cdot(M_n - M_{n-1})\\ &+\frac{1}{2}p(p-1)Y^{p-2}(M_n - M_{n-1})^2\end{aligned}$$

이 되는데 n에 대하여 양변에 합을 취하면 $M_0 = 0$이므로

$$|M_n|^p \leq p\sum_{k=1}^{n}|M_{k-1}|^{p-1}\operatorname{sgn} M_{k-1}\cdot(M_k - M_{k-1}) + \frac{1}{2}p(p-1)Y^{p-2}[M]_n$$

을 얻는다. 그런데 우변의 첫 번째 항은 (M_n)의 마팅게일성(마팅게일 변환 참조)으로부터 그의 기댓값은 0이다. 따라서

$$E[|M_n|^p] \leq \frac{1}{2}p(p-1)E\left[Y^{p-2}[M]_n\right]$$

이 되는데 헬더의 부등식을 쓰면

$$(\text{우변}) \leq \frac{1}{2}p(p-1)E[Y^p]^{\frac{p-2}{p}}\,E\left[[M]_n^{\frac{p}{2}}\right]^{\frac{2}{p}}$$

로 평가 가능하고 한편, 두브의 부등식(정리 6.26)으로부터

$$(\text{좌변}) \geq \left(\frac{p-1}{p}\right)^p E[Y^p]$$

이다. 따라서, 정리 6.26의 증명의 마지막 부분과 동일하게 $E[Y^p]$에 대한 위로부터의 평가를 구한다. ■

6.2 연속 시간 마팅게일

§6.1에서 정보계 $(\mathcal{F}_n)_{n=1,2,\ldots}$에 관한 마팅게일 또는 열마팅게일・우마팅게일 $(X_n)_{n=1,2,\ldots}$에 대하여 논하였다. 이 절의 주된 목표는 연속 시간의 경우에도 이산 시간과 마찬가지의 결과가 성립하는 것을 논하는 것이다. 증명은 거의 생략하지만 언급하여도 매우 간략하게만 하겠다.

6.2.1 정의

$(\Omega, \mathcal{F}, P)$는 확률공간이라고 하자.

정의 6.33

$(\mathcal{F}_t) \equiv (\mathcal{F}_t)_{t\geq 0}$가 **증가 정보계** 또는 간단히 **정보계**라고 하는 것은

1) 각 $\mathcal{F}_t$는 $\mathcal{F}$의 부분 σ-집합대수로

2) $0 \leq s < t \Longrightarrow \mathcal{F}_s \subset \mathcal{F}_t$

를 만족하는 것을 말한다.[4] 또, 정보계 $(\mathcal{F}_t)$가 **우연속**이라는 것은 임의의 $t \geq 0$에 대하여 $\mathcal{F}_t = \mathcal{F}_{t+}$ 성립하는 것을 말한다. 단, $\mathcal{F}_{t+} = \bigcap_{\varepsilon>0} \mathcal{F}_{t+\varepsilon}$이다.

연속 시간 매개변수를 가진 실숫값 확률과정 $(X_t) \equiv (X_t)_{t\geq 0}$가 확률공간 $(\Omega, \mathcal{F}, P)$ 위에 주어지고 (X_t)는 **우연속**이라고 가정하자. 단, (X_t)가 우연속이라는 것은 임의의 $\omega \in \Omega$에 대하여 $X_t(\omega)$가 t에 대하여 우연속이고 **좌극한을 가지는** 것을 의미한다(P-$a.s.$ ω에 대하여 말하는 경우도 있다). (X_t)가 우연속인 것을 프랑스 말(continue à droite limites à gauche)의 머리글자를 써서 càdlàg으로 표시하기도 한다.

정의 6.34

우연속인 실숫값 확률과정 (X_t)가 정보계 $(\mathcal{F}_t)$에 대하여 **마팅게일**이라는 것은 세 조건

1) (X_t)는 $(\mathcal{F}_t)$-적합이다. 즉, 임의의 $t \geq 0$에 대하여 X_t는 $\mathcal{F}_t$-가측이다.

2) 임의의 $t \geq 0$에 대하여 X_t는 가적분: $E[|X_t|] < \infty$이다.

3) 임의의 $0 \leq s < t$에 대하여 $E[X_t|\mathcal{F}_s] = X_s$ $a.s.$

를 만족할 때를 말한다. 조건 3)에서 $E[X_t|\mathcal{F}_s] \geq X_s$ $a.s.$ 가 성립할 때 (X_t)를 ($(\mathcal{F}_t)$에 대하여) **열마팅게일**, $E[X_t|\mathcal{F}_s] \leq X_s$ $a.s.$일 경우 ($(\mathcal{F}_t)$에 대하여) **우마팅게일**이라고 한다.

---

4) 이산 시간의 경우와 마찬가지로 확률공간 $(\Omega, \mathcal{F}, P)$의 완비성 및 $\mathcal{N} \subset \mathcal{F}_0$(따라서 $\mathcal{N} \subset \mathcal{F}_t$)를 가정하는 경우가 있다. 단, $\mathcal{N} = \{N \in \mathcal{F}; P(N) = 0\}$ 이다.

정의 6.34의 조건 3)은 이산 시간의 경우에서 (6.1)을 확장한 것이다. 정보계 $(\mathcal{F}_t)$가 우연속이라는 것은 직선적으로 말하면 $\mathcal{F}_t$ 안에 t시보다 미소 미래의 정보도 포함된다는 것을 말한다. 확률과정 (X_t)가 주어졌을 때, 예를 들어 $\mathcal{F}_t = \bigcap_{\varepsilon>0} \sigma(X_s; s \le t+\varepsilon)$로 취하면 $(\mathcal{F}_t)$는 우연속인 정보계가 되고 (X_t)는 $(\mathcal{F}_t)$–적합하다. 정보계 $(\mathcal{F}_t)$를 취하는 방법이 명백한 경우는 하나하나 지정하지 않는 경우가 있다.

이산 시간의 경우와 마찬가지로

1) 두브의 부등식, 버크홀더의 부등식

2) 두브의 임의추출정리

3) 열마팅게일의 수렴 정리

4) 두브의 분해(두브–메이어(Doob–Meyer) 분해)

가 성립한다. 먼저, 마르코프 시각의 개념을 연속 시간의 경우에 확장하자.

6.2.2 마르코프 시각

이산 시간의 경우와 마찬가지로 정보계 $(\mathcal{F}_t)_{t\ge 0}$에 적합한 무작위 시각이라고 하는 개념을 도입하자. 아래에서 정보계 $(\mathcal{F}_t)$는 우연속이라고 가정하자.

정의 6.35

$\tau : \Omega \to [0,\infty]$가 $(\mathcal{F}_t)$–**마르코프 시각** 또는 **정지 시각**이라는 것은 임의의 $t \ge 0$에 대하여

$$\{\tau \le t\} \equiv \{\omega \in \Omega ; \tau(\omega) \le t\} \in \mathcal{F}_t$$

가 성립하는 것을 말한다.

마르코프 시각의 정의는 다음과 같이 바꿀 수 있다.

보조정리 6.36

다음 (1)–(4)는 서로 동치이다.

(1) τ는 마르코프 시각이다.

(2) 임의의 $t \ge 0$에 대하여 $\{\tau < t\} \in \mathcal{F}_t$가 성립한다.

(3) 임의의 $t \ge 0$에 대하여 $\{\tau > t\} \in \mathcal{F}_t$가 성립한다.

(4) 임의의 $t \ge 0$에 대하여 $\{\tau \ge t\} \in \mathcal{F}_t$가 성립한다.

[**증명**] 「(1) $\Longleftrightarrow$ (3)」, 「(2) $\Longleftrightarrow$ (4)」는 명백하다. (1)을 가정하면

$$\{\tau < t\} = \bigcup_{n=1}^{\infty} \{\tau \le t - 1/n\} \in \mathcal{F}_t$$

로부터 (2)를 얻는다. 거꾸로 (2)를 가정하면 임의의 $N = 1, 2, \ldots$에 대하여

$$\{\tau \leq t\} = \bigcap_{n=N}^{\infty} \{\tau < t + 1/n\} \in \mathcal{F}_{t+1/N}$$

을 알 수 있고 $(\mathcal{F}_t)$의 우연속성으로부터 (1)을 얻는다. ■

보기 6.37

$(X_t)_{t\geq 0}$를 $(\mathcal{F}_t)$–적합한 $\mathbb{R}^d$–값 연속 확률과정(즉, 임의의 $\omega \in \Omega$에 대하여 $t \mapsto X_t(\omega) \in \mathbb{R}^d$가 연속)이라고 하고 이산 시간의 경우의 보기 6.8-(2)와 마찬가지로 (X_t)가 집합 $A(\subset \mathbb{R}^d)$에 도달하는 시각을

$$\tau_A(\omega) = \inf\{t > 0; X_t(\omega) \in A\} \tag{6.14}$$

로 정의하자. 단, $\inf \emptyset = \infty$이다. A가 열린집합 또는 닫힌집합이면 τ_A는 마르코프 시각이 된다(증명은 후나키 [9] 보기 3.8 참조). 또한, 161쪽 각주의 가정이 주어지면 임의의 $A \in \mathcal{B}(\mathbb{R}^d)$에 대하여 τ_A는 마르코프 시각이 되는 것이 알려져 있다(Dellacherie–Meyer [16] 4장, Ikeda–Watanabe [18] 1장 참조).

마르코프 시각의 성질은 최댓값·최솟값, 합, 단조 극한을 취하는 조작에 변하지 않는다.

정리 6.38

$\tau, \sigma, \sigma_n, n = 1, 2, \ldots$을 마르코프 시각이라고 하자. 단, 열 σ_n은 단조 증가($\sigma_1 \leq \sigma_2 \leq \cdots$, 정확히는 임의의 $\omega \in \Omega$에 대하여 $\sigma_1(\omega) \leq \sigma_2(\omega) \leq \cdots$, $\sigma_n \nearrow$으로 쓴다) 또는 단조 감소 ($\sigma_1 \geq \sigma_2 \geq \cdots$, $\sigma_n \searrow$으로 쓴다)로 가정한다. 이때, 다음은 모두 마르코프 시각이다.

$$\tau \vee \sigma \equiv \max\{\tau, \sigma\}, \quad \tau \wedge \sigma \equiv \min\{\tau, \sigma\}, \quad \tau + \sigma, \quad \lim_{n\to\infty} \sigma_n.$$

[**증명**] $\tau \vee \sigma$, $\tau \wedge \sigma$에 대해서는 정리 6.9와 마찬가지이고 그 외에 대해서는 각각

$$\{\tau + \sigma < t\} = \bigcup_{r \in \mathbb{Q} \cap (0,t)} \Big[\{\tau < r\} \cap \{\sigma < t - r\}\Big],$$

$$\{\lim_{n\to\infty} \sigma_n \leq t\} = \bigcap_{n=1}^{\infty} \{\sigma_n \leq t\} \quad (\sigma_n \nearrow \text{ 일 때}),$$

$$\{\lim_{n\to\infty} \sigma_n < t\} = \bigcup_{n=1}^{\infty} \{\sigma_n < t\} \quad (\sigma_n \searrow \text{ 일 때}),$$

에 주의하여 보조정리 6.36을 이용하면 된다. ■

마르코프 시각 τ에 대하여

$$\mathcal{F}_\tau = \left\{A \in \mathcal{F}; \text{임의의 } t \geq 0\text{에 대하여 } A \cap \{\tau \leq t\} \in \mathcal{F}_t\right\} \tag{6.15}$$

로 두자. $\mathcal{F}_\tau$는 τ시까지의 정보량을 나타낸다. $\mathcal{F}_\tau$는 σ–집합대수이다. 특히, $\tau(\omega) \equiv t$(상수)는 마르코프 시각으로 $\mathcal{F}_\tau = \mathcal{F}_t$이다.

정리 6.39

$\tau, \sigma, \sigma_n, n = 1, 2, \ldots$은 마르코프 시각으로

(1) τ는 $\mathcal{F}_\tau$–가측이다.

(2) $\tau \leq \sigma$이면 $\mathcal{F}_\tau \subset \mathcal{F}_\sigma$이다.

(3) (우연속성의 일반화) $\sigma_n \searrow \sigma$(단조 감소)이면

$$\bigcap_{n=1}^{\infty} \mathcal{F}_{\sigma_n} = \mathcal{F}_\sigma$$

이다.

[**증명**] (1), (2)의 증명은 기본적으로 이산 시간의 경우와 마찬가지다(정리 6.11). (3)의 증명은 후나키 [9] 명제 3.7에 있는데 여기서는 생략한다. ■

6.2.3 두브의 부등식

이산 시간의 경우와 마찬가지로 $(X_t)_{t\geq 0}$가 마팅게일이면 $(|X_t|^p)_{t\geq 0}, p \geq 1,$는 가적분이기만 하면 열마팅게일이 된다. (X_t)의 우연속성으로부터 $\sup_{0\leq s\leq t} X_s$는 확률변수, 즉 $\mathcal{F}$–가측이 되는 것에 주의하자.

정리 6.40 (두브의 부등식)

(1) (X_t)는 열마팅게일이라고 하자. 이때, 임의의 $a > 0$에 대하여

$$P\left(\sup_{0\leq s\leq t} X_s \geq a\right) \leq \frac{1}{a} E\left[X_t, \sup_{0\leq s\leq t} X_s \geq a\right] \leq \frac{1}{a} E[X_t^+]. \tag{6.16}$$

(2) 특히, 임의의 $t \geq 0$에 대하여 $X_t \geq 0$ a.s.이면

$$P\left(\sup_{0\leq s\leq t} X_s \geq a\right) \leq \frac{1}{a} E[X_t].$$

(3) (X_t)가 $p > 1$에 대하여 $E[|X_t|^p] < \infty, t \geq 0,$를 만족하는 마팅게일, 또는 음이 아닌 열마팅게일이면

$$E\left[\sup_{0\leq s\leq t} |X_s|^p\right] \leq \left(\frac{p}{p-1}\right)^p E[|X_t|^p]$$

가 성립한다.

[**증명**] 구간 $[0,t]$의 임의의 분할 $0=t_0<t_1<\cdots<t_n=t$에 대하여

$$P\left(\max_{0\le k\le n} X_{t_k} \ge a\right) \le \frac{1}{a}E\left[X_t, \max_{0\le k\le n} X_{t_k} \ge a\right] \tag{6.17}$$

이다. 말하자면 $(X_{t_k})_{k=0,1,2,\ldots,n}$는 $(\mathcal{F}_{t_k})$에 대하여 이산 시간 열마팅게일이므로 정리 6.17을 이용하면 된다. 따라서 (X_t)는 우연속임에 주의하여 분할을 촘촘하게 하여 (6.17)의 극한을 취하면 (1)이 증명된다. (2)는 (1)로부터 바로 나온다. (3)의 증명은 정리 6.26의 증명과 같다.

■

6.2.4 두브의 임의 추출 정리

정리 6.14, 정리 6.16은 연속 시간인 경우로 일반화 가능하다.

정리 6.41

τ,σ는 유계인 마르코프 시각으로 $\tau\le\sigma$라고 하자. 이때, (X_t)가 마팅게일이면

$$E[X_\sigma|\mathcal{F}_\tau]=X_\tau \quad a.s.$$

가 성립한다.

[**증명**] 마르코프 시각 τ,σ를 각각 유한 개의 값만 취하는 마르코프 시각의 열로 위로부터 근사하여 극한을 취하면 된다. 자세한 것은 예를 들어, 후나키 [9] 정리 3.12를 참조하기 바란다.

■

정리 6.42

(X_t)는 $(\mathcal{F}_t)$에 대하여 마팅게일이고 $(\tau_t)_{t\ge0}$는 각각 유계인 마르코프 시각의 단조 증가열:

$$t>s\ge0 \implies \tau_t\ge\tau_s$$

라고 하자. 이때, $Y_t=X_{\tau_t}, \tilde{\mathcal{F}}_t=\mathcal{F}_{\tau_t}$로 두면 (Y_t)는 $(\tilde{\mathcal{F}}_t)$에 대하여 마팅게일이다.

열마팅게일에 대해서는, 이산 시간의 경우는 두브의 분해를 이용하여 보였지만 연속 시간의 경우에도 두브–메이어 분해(정리 6.44)를 이용하면 된다.

6.2.5 열마팅게일의 수렴 정리

연속 시간의 경우에도 윗방향 횡단 횟수에 관한 평가식을 유도하고 열마팅게일의 수렴정리를 보일 수 있다. 증명은 생략한다.

정리 6.43

열마팅게일 $(X_t)_{t\ge0}$가

$$\sup_{t\ge0} E[X_t^+] < \infty$$

를 만족하면 X_t는 $t\to\infty$일 때 어떤 확률변수 X에 대개수렴하고 극한 X는 가적분이다.

6.2.6 두브–메이어 분해

아래에서 마팅게일·열마팅게일은 **연속**, 즉 임의의 $\omega\in\Omega$에 대하여 $X_t(\omega)$가 t에 대하여 연속이라고 가정한다. 이산 시간의 정리 6.5에 대응하는 결과로 아래 정리가 성립한다. 증명은 생략하지만 유일성에 대해서는 후나키 [9] 정리 3.13에 기술되어 있다. 정보계 $(\mathcal{F}_t)$에 관하여 마팅게일·열마팅게일을 각각 간단히 $(\mathcal{F}_t)$–마팅게일·$(\mathcal{F}_t)$–열마팅게일이라고 쓰기도 한다.

정리 6.44 (두브–메이어 분해)

(X_t)는 연속인 $(\mathcal{F}_t)$–열마팅게일이라고 하자. 이때, ((X_t)가 어떤 종류의 고른 가적분성을 만족하면) 연속인 $(\mathcal{F}_t)$–마팅게일 (M_t)와 $A_0=0$이고 $(\mathcal{F}_t)$–적합한 연속 증가 과정 (A_t)가 존재하여 (X_t)는 $X_t=M_t+A_t, t\ge0,$로 분해된다. 더욱이, 이 분해는 유일하다. 단, (A_t)가 **증가 과정**이라는 것은 $t>s\ge0$일 때 $A_t\ge A_s$ *a.s.* 가 되는 것을 말한다.

2제곱 가적분이고 연속인 $(\mathcal{F}_t)$–마팅게일 $(M_t)_{t\ge0}$로 $M_0=0$ *a.s.*가 되는 전체를 $\mathcal{M}\equiv\mathcal{M}_2^c(\mathcal{F}_t)$로 두자. $(M_t)\in\mathcal{M}$일 때 $(M_t^2)_{t\ge0}$은 열마팅게일이 되고 게다가 "어떤 종류의 고른 가적분성"을 가지는데 정리 6.44로부터 연속 증가 과정 A_t가 유일하게 존재하여 $(M_t^2-A_t)$가 마팅게일이 됨을 알 수 있다. 이 A_t를 $\langle M\rangle_t$로 쓰고 (M_t)의 2차 **변분**이라고 한다. $(M_t),(N_t)\in\mathcal{M}$에 대하여

$$\langle M,N\rangle_t=\frac{1}{2}\Big(\langle M+N\rangle_t-\langle M\rangle_t-\langle N\rangle_t\Big) \tag{6.18}$$

로 두면 $\langle M,N\rangle_t$는 *a.s.*로(t에 대하여) 유계 변동이 되고 $(M_tN_t-\langle M,N\rangle_t)$는 마팅게일이 된다. $\langle M,N\rangle_t$를 (M_t)와 (N_t)의 2차 변분이라고 한다. 증명은 생략하는데 $\langle M\rangle_t$를 (M_t)의 2차 변분이라고 부르는 이유는 다음과 같다.

보조정리 6.45

$[0,t]$의 분할을 $\Delta=\{0=t_0<t_1<\cdots<t_k=t\}$로 할 때

$$\langle M\rangle_t=\lim_{|\Delta|\to0}\sum_{i=1}^{k}(M_{t_i}-M_{t_{i-1}})^2$$

이 성립한다. 단, $|\Delta|=\max_{1\le i\le k}(t_i-t_{i-1})$로 우변의 수렴은 확률수렴의 의미이다.

(M_t)가 연속이 아니고 도약(jump)을 가질 때는 이산 시간의 경우와 같이 $[M]_t$도 생각하여 $\langle M\rangle_t$와 구별할 필요가 있다.

보기 6.46

(1) (브라운 운동) 브라운 운동 $(B_t)_{t\geq 0}$는 $(\mathcal{F}_t^B)$에 대하여 마팅게일이다. 단, $\mathcal{F}_t^B = \sigma(B_s; s \leq t)$는 브라운 운동의 자연스러운 증가 정보계이다.[5] 또, $\langle B\rangle_t = t$이다(따름정리 7.40).

(2) (푸아송 과정) $\mathbb{Z}_+$-값을 가지는 확률과정 $(N_t)_{t\geq 0}$를 매개 변수 λ를 가진 푸아송 과정이라고 하면 $(N_t - \lambda t)_{t\geq 0}$는 자연스러운 정보계에 대하여 마팅게일이다(따름정리 7.43).

6.2.7 버크홀더의 부등식

이산 시간인 경우의 정리 6.32에 대응하여 다음과 같은 부등식이 알려져 있다.

정리 6.47 (**버크홀더의 부등식**)[6]

임의의 $p \geq 1$에 대하여 상수 $c_p, C_p > 0$가 존재하여 $(M_t) \in \mathcal{M}$가 $E[\langle M\rangle_T^{\frac{p}{2}}] < \infty$를 만족하면

$$c_p E[\langle M\rangle_T^{\frac{p}{2}}] \leq E\left[\sup_{0\leq t\leq T} |M_t|^p\right] \leq C_p E[\langle M\rangle_T^{\frac{p}{2}}] \tag{6.19}$$

가 성립한다.

6.2.8 마팅게일 성질의 응용

마팅게일이 구간 (a,b)의 내부로부터 출발할 때 a,b 어느 쪽에서 탈출할까, 그 확률을 구할 수 있다.

명제 6.48

연속 마팅게일 (M_t)가 $M_0 = x \in (a,b)$이고 $\tau = \tau_{[a,b]^c} < \infty$ a.s.를 만족하면

$$P(M_\tau = a) = \frac{b-x}{b-a}, \quad P(M_\tau = b) = \frac{x-a}{b-a} \tag{6.20}$$

이다. 단, $[a,b]^c = \mathbb{R} \setminus [a,b]$로 $\tau_{[a,b]^c}$는 $[a,b]^c$에 도달하는 시각이다.

---

5) $(\mathcal{F}_t^B)$는 우연속이 아니다. 즉, 정의 6.33의 조건을 만족하지 않는다. 우연속이려면 정보계를 적당히 완비화, 확대하여 고칠 필요가 있다(카라자스–쉬레브 [10] §2.7 참조).

6) 예를 들어, 이케다–와타나베 [18]를 참조하기 바란다. 이 부등식은 임의의 $p > 0$로 확장 가능하다.

[**증명**] 임의 추출 정리(정리 6.41)로부터 $x = E[M_{\tau\wedge t}]$, $t > 0$, 이지만 $a \le M_{\tau\wedge t} \le b$에 유의하여 르베그의 수렴 정리를 써서 $t \to \infty$로 하면 $\tau < \infty$ *a.s.* 로 가정하였기 때문에

$$x = E[M_\tau] = aP(M_\tau = a) + bP(M_\tau = b)$$

를 얻는다. 한편, $\tau < \infty$ *a.s.* 는 $1 = P(M_\tau = a) + P(M_\tau = b)$를 의미하기 때문에 이로부터 $P(M_\tau = a)$와 $P(M_\tau = b)$에 대한 연립 1차 방정식으로 보아 해를 구하여 결론을 얻는다. ■

마팅게일성의 응용으로 이 밖에 연습문제 6.8, 6.9에 둔다.

연습문제

6.1. 일반적으로 실숫값 확률과정 $(X_n)_{n=1,2,\dots}$이 주어졌을 때 사상

$$X : \mathbb{N} \times \Omega \ni (n, \omega) \longmapsto X_n(\omega) \in \mathbb{R} \tag{6.21}$$

이 가측이 됨을 보여라. 단, $\mathbb{N} \times \Omega$, $\mathbb{R}$ 위에서 각각 σ–집합대수 $\mathcal{B}(\mathbb{N}) \times \mathcal{F}$, $\mathcal{B}(\mathbb{R})$를 생각한다.

6.2. 열마팅게일 $(X_n)_{n=1,2,\dots}$이 임의의 $n = 1, 2, \dots$에 대하여 $E[X_n] = E[X_1]$을 만족하면 마팅게일임을 보여라.

6.3. $(X_n), (Y_n)$이 열마팅게일이면 $(X_n \vee Y_n)$도 열마팅게일임을 보여라.

6.4. 확률공간 $(\Omega, \mathcal{F}, P)$와 정보계 $(\mathcal{F}_n)$은 134쪽 각주의 가정을 만족한다고 하자. 이때, $(\mathcal{F}_n)$-마르코프 시각 τ와 σ가 주어지고 $\tau \le \sigma$ *a.s.*를 만족하면 $\mathcal{F}_\tau \subset \mathcal{F}_\sigma$가 됨을 보여라.

6.5. τ와 σ는 (이산 시간의) 마르코프 시각일 때 $\mathcal{F}_{\tau\wedge\sigma} = \mathcal{F}_\tau \cap \mathcal{F}_\sigma$가 성립함을 보여라. 또, $\{\tau < \sigma\}, \{\tau \le \sigma\}, \{\tau = \sigma\} \in \mathcal{F}_{\tau\wedge\sigma}$가 됨을 보여라.

6.6. σ는 (이산 시간의) 마르코프 시각이고 $\tilde{\tau}_A$는 정보계 $(\mathcal{F}_n)$에 적합한 실숫값 확률과정 (X_n)이 σ시 뒤에 $A \in \mathcal{B}(\mathbb{R})$에 도달하는 시각이라고 하자. 즉,

$$\tilde{\tau}_A = \min\{n > \sigma; X_n \in A\}$$

이다. 이때, $\tilde{\tau}_A$도 마르코프 시각이 됨을 보여라.

6.7. 2제곱 가적분인 마팅게일 $(M_n)_{n=0,1,2,\dots}$이 주어지고 $M_0 = 0$이고 $\sum_{n=1}^{\infty} E[(M_n - M_{n-1})^2] < \infty$를 만족한다고 하자. 이때, 대개수렴 극한 $M = \lim_{n\to\infty} M_n$이 존재하여 이 수렴은 2차 평균수렴도 됨을 보여라.

6.8. $\mathbb{Z}_+$-값 $i.i.d.$ $(Y_{n,k})_{n=1,2,\ldots,k=1,2,\ldots}$가 주어졌다고 하고 $\mathbb{Z}_+$-값 확률변수의 열 $(X_n)_{n=0,1,2,\ldots}$을 먼저 $n = 0$일 때 $X_0 = 1$로 정하고 다음 $n = 1, 2, \ldots$에 대하여 귀납적으로

$$X_n = \begin{cases} \displaystyle\sum_{k=1}^{X_{n-1}} Y_{n,k}, & X_{n-1} \geq 1 \text{일 때}, \\ 0 \quad , & X_{n-1} = 0 \text{일 때}, \end{cases}$$

으로 정의하자. 또, 증가 정보계를 $\mathcal{F}_n = \sigma(Y_{m,k}; m = 1, 2, \ldots, n, k = 1, 2, \ldots)$, $n = 1, 2, \ldots$, 으로 정한다. 이때, $(\lambda^{-n} X_n)_{n=1,2,\ldots}$이 $(\mathcal{F}_n)$에 대하여 마팅게일이 됨을 보여라. 단, $\lambda = E[Y_{1,1}]$이고 $0 < \lambda < \infty$로 가정한다. $(X_n)_{n=0,1,2,\ldots}$,은 **갈튼-왓슨**(Galton-Watson) **과정**으로 부른다. X_n은 제 n세대에 있는 개체수(예를 들어, 인구)를 나타낸다. 각 개체는 각각 독립적으로 같은 분포를 따라 아이를 낳는다. λ는 1 개체로부터 태어나는 아이의 수의 기댓값이다

6.9. 문제 6.8에 대하여「$\lambda < 1$」또는「$\lambda = 1$ 이고 $P(Y_{1,1} = 1) < 1$」이면 $\lim_{n\to\infty} X_n = 0$ $(a.s.)$이 성립함을 보여라. 즉, 아이의 수의 기댓값이 1 이하이면(각 개체가 낳는 아이의 수가 항상 1이라는 자명한 경우를 제외하고) 계는 확률 1로 최종적으로 사멸한다.

7

마르코프 과정

4장, 5장에서는 독립인 실숫값 확률변수의 열 $(X_n)_{n=1,2,\ldots}$ 을 생각하고 그 표본평균에 대하여 큰 수의 법칙 및 중심극한정리 등의 극한정리가 성립함을 보였다. 6장에서는 마팅게일이라고 하는 확률과정의 부류를 도입하였지만 그것은 독립인 확률변수의 열에 대한 합의 일반화였다. 이 장에서는 그것과는 다른 관점에서 독립성의 개념을 일반화한다.

어떤 현상이 시간과 더불어 무작위로 변화하며 진행한다고 하자. 이때, 시각 $1,2,\ldots,n$ 에 나타나는 상태(또는 시행 결과) $(x_1,x_2,\ldots,x_n)$을 알면 다음 시각 $n+1$ 에 나타나는 상태 x_{n+1} 의 확률 법칙이 정해진다고 생각하는 것이 자연스럽다. **마르코프성**(Markov property)이란 x_{n+1} 의 확률 법칙이 과거의 이력 $(x_1,x_2,\ldots,x_n)$ 전체에 따라 결정되는 것이 아니라 현재의 상태 x_n 에만 따라 결정되는 것을 말한다. 그런 성질을 가진 확률과정을 **마르코프 과정** (Markov process)이라고 한다. 독립이라면 x_{n+1} 의 확률 법칙은 x_n 과 독립적으로 결정된다. 그런 의미로 마르코프성은 독립성의 확장이다.

마팅게일에 대하여 시간이 이산적으로 변하는 경우와 연속적으로 변하는 경우를 생각한 것과 같이 마르코프 과정도 이산 시간 및 연속 시간의 경우를 생각할 수 있다. 또한, 확률과정이 취하는 값의 공간(상태 공간이라고 한다)도 이산적인 경우(즉, 많아야 가산개의 점으로 된 집합의 경우)와 연속적인 경우를 생각할 수 있다. 따라서 대상은

1) 상태 공간, 시간 변수 모두 이산적,

2) 상태 공간은 이산적이지만 시간은 연속적,

3) 상태 공간은 연속적이지만 시간은 이산적,

4) 상태 공간, 시간 변수 모두 연속적

의 네 가지로 분류 가능하다. 이 장에서는 주로 1)의 경우를 논한다(§7.2–§7.5). 또한, x_n 에 따라 결정되는 x_{n+1} 의 확률 분포가 시각 n에 의존하지 않는다는 의미로 **시간적으로 고른**(temporally homogeneous) 경우만 취급한다. 연속 시간인 경우는 §7.6 이후에 논하는데 4), 2)의 예로써 각각 브라운 운동(§7.7)과 푸아송 과정(§7.8)을 든다. 이들은 확률과정 가운데 가장 기본적인 것이다. 3)의 경우는 이책에서는 특별히 다루지 않는다. 1), 2)와 같이 상태 공간이 이산적일 경우 마르코프 과정을 **마르코프 연쇄**(Markov chain)라고 한다.

예를 들어 1)의 경우, 상태 공간을 I로 하고, 마르코프 과정은 I–값 확률변수의 열 $(X_n)_{n=0,1,2,\ldots}$ 으로 나타낸다. 단, 시각은 0부터 시작한다고 생각한다. 독립인 경우는 이러한 확률변수의 무한 열을 구성하기 위하여 무한 곱측도의 존재 정리를 이용하였다(§3.3.2). 증명에는 호프의 확장정리가 기본이 되었다. 마르코프 과정의 구성을 위해서도 마찬가지로 확장정리를 적용할 필요가 있다. 이것은 콜모고로프의 확장정리로 공식화된다(§7.1). 마르코프 과정에 관하여 본론은 §7.2부터 시작한다.

7.1 콜모고로프의 확장정리

여기서는 상태 공간이 $\mathbb{R}$인 경우로 제한하여 콜모고로프의 확장정리를 논한다. 일반적인 경우에는 참고 7.2-(2)를 참조하기 바란다. 증명의 개략은 부록 §A.3에서 언급한다(상세한 것은, 예를 들어 후나키 [9] 정리 A.1에 있다). 정합 조건(consistency condition)으로부터 $\mathbb{R}$의 가산 무한곱 공간 $\mathbb{R}^{\mathbb{N}}$의 임의의 원통 집합(§3.3.2 참조)에 대하여 확률이 유일하게 정의되고 그것이 원통 집합족 위에서 σ–가법적인 것, 즉 호프의 확장정리(정리 A.10)의 조건 (2)′을 만족함을 확인한다.

정리 7.1 (콜모고로프의 확장정리)

$n = 1, 2, \ldots$에 대하여 $(\mathbb{R}^n, \mathcal{B}(\mathbb{R}^n))$ 위의 확률측도 μ_n이 주어지고 **정합적**(consistent)이라고 하자. 즉, 임의의 $n = 1, 2, \ldots$과 임의의 $A \in \mathcal{B}(\mathbb{R}^n)$에 대하여

$$\mu_{n+1}(A \times \mathbb{R}) = \mu_n(A) \tag{7.1}$$

가 성립한다고 가정하자. 이때 $(\mathbb{R}^{\mathbb{N}}, \mathcal{B}(\mathbb{R}^{\mathbb{N}}))$ 위의 확률측도 μ로

$$\mu(A \times \mathbb{R}^{\mathbb{N}}) = \mu_n(A), \quad A \in \mathcal{B}(\mathbb{R}^n) \tag{7.2}$$

를 만족하는 것이 유일하게 존재한다. 단,

$$A \times \mathbb{R}^{\mathbb{N}} = \{(\omega_1, \omega_2, \ldots, \omega_n, \ldots) \in \mathbb{R}^{\mathbb{N}}; (\omega_1, \omega_2, \ldots, \omega_n) \in A\} \subset \mathbb{R}^{\mathbb{N}}$$

을 나타낸다. $\mathbb{R}^{\mathbb{N}}$에는 곱위상을 주고 $\mathcal{B}(\mathbb{R}^{\mathbb{N}})$은 그 위상에 대한 보렐 집합족(콜모고로프의 σ–집합대수와 일치한다. 참고 3.22 참조)이다.

참고 7.2

(1) 조건 (7.2)를 만족하는 측도 μ가 존재하면 $(\mu_n)_{n=1,2,...}$는 정합적이어야만 한다. 실제로 $A \in \mathcal{B}(\mathbb{R}^n)$에 대하여

$$\mu_{n+1}(A \times \mathbb{R}) = \mu(A \times \mathbb{R} \times \mathbb{R}^{\mathbb{N}}) = \mu(A \times \mathbb{R}^{\mathbb{N}}) = \mu_n(A)$$

이기 때문이다. 정리 7.1은 당연히 성립해야 하는 이 조건 (7.1)을 가정함으로써 거꾸로 μ가 구성된다는 것을 주장하는 것이다.

(2) 콜모고로프의 확장정리는 $\mathbb{R}$ 대신 폴란드 공간, 즉 완비이고 분해가능한 거리공간 S를 취하고 그 위에서 보렐 집합족 $\mathcal{B}(S)$를 생각해도 성립한다는 것이 알려져 있다.

7.2 이산 시간 마르코프 연쇄

7.2.1 확률 행렬

많아야 가산개의 점으로 이루어진 집합 I가 주어졌다고 하자. I는 그 위에서 마르코프 연쇄가 무작위로 돌아다니는 집합으로 마르코프 연쇄의 **상태 공간**(state space)이라고 부른다. 각 $i \in I$를 **상태**(state)라고 한다. 행벡터 $\nu = (\nu_i)_{i \in I}$가 $\nu_i \geq 0$이고 $\sum_{i \in I} \nu_i = 1$(합은 양항 급수의 의미로 생각한다)을 만족할 때 I 위의 **확률벡터**라고 한다. 확률벡터는 I 위의 **확률 분포**(확률측도)에 다름 아니다.

정의 7.3

(일반적으로 가산개의 성분을 가진) 행렬 $\mathbb{P} = (p_{ij})_{i,j \in I}$가 **확률적**(stochastic)이라는 것은 각 $i \in I$에 대하여 i행 벡터 $(p_{ij})_{j \in I}$가 I 위의 확률벡터가 되는 것을 말한다.

§7.2.2에서 $\mathbb{P}$에 대한 마르코프 연쇄를 실제로 구성하지만 p_{ij}는 현재 상태가 i라고 하고 다음 시각에 상태 j로 움직이는 확률을 지정한다.

열벡터 $f = (f_i)_{i \in I}$의 각 성분이 음이 아닐 때(즉, 임의의 $i \in I$에 대하여 $f_i \geq 0$) f를 간단히 **음이 아니다**라고 하고 $f \geq 0$으로 쓴다. 1은 모든 성분이 1이 되는 열벡터를 나타낸다. 즉, 임의의 $i \in I$에 대하여 $1_i = 1$이다. 또, δ_i는 i성분만이 1이고 다른 것은 0이 되는 벡터를 나타낸다. 벡터는 경우에 따라 열・행을 구분하여 사용하니 주의하기 바란다. 가산 무한 행렬의 곱 및 행렬과 벡터의 곱 등은 보통과 같이 정의한다.

보조정리 7.4

행렬 $\mathbb{P}$에 대하여 다음 세 가지 조건은 서로 동치이다.

(1) $\mathbb{P}$는 확률적이다.

(2) $f \geq 0$이면 $\mathbb{P}f \geq 0$이고 $\mathbb{P}\,1 = 1$이 성립한다.

(3) 행벡터 ν가 확률 분포이면 $\nu\mathbb{P}$도 확률 분포가 된다.

[**증명**] 「(1) $\Longrightarrow$ (2)」는 자명하다. 「(2) $\Longrightarrow$ (1)」을 보이자. 먼저, $f = \delta_j$(열벡터)로 취하면 $\mathbb{P}\delta_j = (p_{ij})_{i\in I} \geq 0$이므로 $p_{ij} \geq 0$임을 알 수 있다. 다음, $\mathbb{P}\,1 = 1$로부터 $\sum_{j\in I} p_{ij} = 1$임을 보였다.

「(1) $\Longrightarrow$ (3)」을 말하기 위해 $\nu' = \nu\mathbb{P}$로 두자. 이때,

$$\nu'_j = \sum_{i\in I} \nu_i p_{ij} \geq 0$$

이 되므로

$$\sum_{j\in I} \nu'_j = \sum_{i,j\in I} \nu_i p_{ij} = \sum_{i\in I} \nu_i = 1$$

임을 알 수 있다. 마지막으로 「(3) $\Longrightarrow$ (1)」을 보이자. $\nu = \delta_i$(행벡터)로 취하면 $\delta_i\mathbb{P} = (p_{ij})_{j\in I}$는 확률 분포가 되므로 (1)을 보였다. ■

보조정리 7.5

$\mathbb{P} = (p_{ij})$, $\mathbb{P}' = (p'_{ij})$가 모두 확률 행렬이면 곱 $\mathbb{P}'' \equiv (p''_{ij}) = \mathbb{P}\mathbb{P}'$도 확률 행렬이 된다. 특히, 임의의 $i, j \in I$에 대하여 $p'_{ij} > 0$이면 임의의 $i, j \in I$에 대하여 $p''_{ij} > 0$이 된다.

[**증명**] 전반은 「보조정리 7.4 (1) $\Longrightarrow$ (3) 」의 계산과 마찬가지이므로 후반만 주목하자. $\sum_{k\in I} p_{ik} = 1$이므로 $(p_{ik})_{k\in I}$ 가운데 하나는 양이다. 따라서

$$p''_{ij} = \sum_{k\in I} p_{ik} p'_{kj} > 0$$

임을 알 수 있다. ■

7.2.2 마르코프 연쇄의 정의와 구성

상태 공간 I 위에서 무작위로 움직이는 운동을 구성하자. I 위의 확률 분포 $\nu = (\nu_i)_{i\in I}$와 확률 행렬 $\mathbb{P}$가 주어졌다고 하자.

정의 7.6

확률공간 $(\Omega, \mathcal{F}, P)$ 위에서 정의된 I-값 확률과정 $(X_n)_{n=0,1,2,...}$이 **초기분포** ν와 **추이 행렬**(transition matrix, 또는 추이 확률 행렬) $\mathbb{P}$를 가진, 상태 공간 I 위의 (시간적으로 고른) **마르코프 연쇄**라는 것은 임의의 $n = 1, 2, \ldots$과 임의의 $i_0, i_1, \ldots, i_n \in I$에 대하여

$$P\Big(X_0 = i_0, X_1 = i_1, \ldots, X_n = i_n\Big) = \nu_{i_0} p_{i_0 i_1} \cdots p_{i_{n-1} i_n}$$

을 만족하는 것을 말한다.

명제 7.7

적당한 확률공간 위에서 초기분포 ν와 추이 행렬 $\mathbb{P}$를 가진 마르코프 연쇄 $(X_n)_{n=0,1,2,...}$이 존재한다.

[**증명**] I는 많아야 가산개의 점으로 이루어진 집합이므로 적당하게 번호를 부여하면 $I \subset \mathbb{N}$, 따라서 $I \subset \mathbb{R}$로 $\mathbb{R}$ 안에 끼워넣어 생각할 수 있다. 이때, $n = 0, 1, 2, \ldots$에 대하여 $(\mathbb{R}^{n+1}, \mathcal{B}(\mathbb{R}^{n+1}))$ 위의 측도 P_{n+1}을

$$P_{n+1}(A) = \sum_{(i_0, i_1, \ldots, i_n) \in I^{n+1} \cap A} \nu_{i_0} p_{i_0 i_1} \cdots p_{i_{n-1} i_n}, \quad A \in \mathcal{B}(\mathbb{R}^{n+1})$$

로 정의하자(I^{n+1}의 성분은 많아야 가산개로 합의 각 항은 음이 아니므로 우변의 합은 의미를 가진다). 또,

$$\begin{aligned} P_{n+2}(A \times \mathbb{R}) &= \sum_{(i_0, i_1, \ldots, i_n) \in I^{n+1} \cap A} \nu_{i_0} p_{i_0 i_1} \cdots p_{i_{n-1} i_n} \sum_{i_{n+1} \in I} p_{i_n i_{n+1}} \\ &= P_{n+1}(A) \end{aligned}$$

이므로 $(P_{n+1})_{n=0,1,2,...}$은 정합적이다. P_{n+1}이 $(\mathbb{R}^{n+1}, \mathcal{B}(\mathbb{R}^{n+1}))$ 위에서 확률측도가 됨은 마찬가지로 알 수 있다. 따라서 콜모고로프의 확장정리(정리 7.1)를 적용하면 $(\mathbb{R}^{\mathbb{N}}, \mathcal{B}(\mathbb{R}^{\mathbb{N}}))$ 위의 확률측도 P가 존재하여 임의의 $n = 0, 1, 2, \ldots$에 대하여

$$P(A \times \mathbb{R}^{\mathbb{N}}) = P_{n+1}(A), \quad A \in \mathcal{B}(\mathbb{R}^{n+1})$$

가 됨을 알 수 있다. 이제 확률공간 $(\mathbb{R}^{\mathbb{N}}, \mathcal{B}(\mathbb{R}^{\mathbb{N}}), P)$ 위의 실숫값 확률변수의 열 $(X_n)_{n=0,1,2,...}$을 $\omega = (\omega_0, \omega_1, \omega_2, \ldots) \in \Omega \equiv \mathbb{R}^{\mathbb{N}}$에 대하여

$$X_n(\omega) = \omega_n$$

으로 정의하면

$$\begin{aligned}P\big(X_0 = i_0, X_1 = i_1, \ldots, X_n = i_n\big) \\ &= P\big(\omega_0 = i_0, \omega_1 = i_1, \ldots, \omega_n = i_n\big) \\ &= P_{n+1}\Big(\{(i_0, i_1, \ldots, i_n)\}\Big) \\ &= \nu_{i_0} p_{i_0 i_1} \cdots p_{i_{n-1} i_n}\end{aligned}$$

을 만족하므로 $(X_n)_{n=0,1,2,\ldots}$ 은 초기분포 ν와 추이 행렬 $\mathbb{P}$를 가진 마르코프 연쇄이다. 특히, X_n은 P-$a.s.$로 I–값을 가지는 것도 알 수 있다. ■

참고 7.8

시각 0부터 정해진 시각 N까지 마르코프 연쇄 $(X_n)_{n=0,1,2,\ldots,N}$ 을 구성하기 위해 콜로고로프의 확장정리는 필요하지 않다. 그러나, 도달 확률(§7.3)이나 재귀성・비재귀성(§7.5)의 문제 등을 논하기 위해 무한 열 $(X_n)_{n=0,1,2,\ldots}$ 을 구성해두지 않으면 안 된다.

참고 7.9

추이 행렬 $\mathbb{P} = (p_{ij})$가 $p_{ij} \equiv \bar{p}_j$를 만족하여 i에 의존하지 않을 때 $(X_n)_{n=1,2,\ldots}$ 은 i.i.d. (독립 시행)가 되고 임의의 $j \in I$에 대하여 $P(X_n = j) = \bar{p}_j$가 성립한다. 단, X_0은 제외하고 고려한다.

7.2.3 마르코프성

확률공간 $(\Omega, \mathcal{F}, P)$ 위에서 마르코프 연쇄 $(X_n)_{n=0,1,2,\ldots}$ 이 주어졌다고 하자. 이때, $n = 0, 1, 2, \ldots$과 $i_0, i_1, \ldots, i_n \in I$에 대하여

$$A_{i_0, i_1, \ldots, i_n} = \Big\{\omega \in \Omega;\, X_0(\omega) = i_0, X_1(\omega) = i_1, \ldots, X_n(\omega) = i_n\Big\}$$

으로 두자. 만일 $P(A_{i_0,i_1,\ldots,i_n}) > 0$이면 $i_{n+1} \in I$에 대하여

$$P\Big(X_{n+1} = i_{n+1} | A_{i_0,i_1,\ldots,i_n}\Big) = p_{i_n i_{n+1}} \tag{7.3}$$

이 성립한다. 실제로 좌변의 조건부 확률은

$$\begin{aligned}&= \frac{P\Big(\{X_{n+1} = i_{n+1}\} \cap A_{i_0,i_1,\ldots,i_n}\Big)}{P\Big(A_{i_0,i_1,\ldots,i_n}\Big)} \\ &= \frac{\nu_{i_0} p_{i_0 i_1} \cdots p_{i_{n-1} i_n} p_{i_n i_{n+1}}}{\nu_{i_0} p_{i_0 i_1} \cdots p_{i_{n-1} i_n}} \\ &= p_{i_n i_{n+1}}\end{aligned}$$

로 변형 가능하기 때문이다. 따라서 시각 $n+1$에서 마르코프 연쇄의 상태 확률 분포는 그 전 시각 n일 때의 상태 i_n에만 의존하고 과거 이력 $A_{i_0,i_1,\ldots,i_n}$ 전체에는 의존하지 않는다는 것을 알 수 있다. 성질 (7.3)을 $(X_n)_{n=0,1,2,\ldots}$의 **마르코프성**이라고 한다. 참고 7.9에서 지적한 바와 같이 독립시행에서는 다음 시각의 상태는 심지어 현재 상태에도 의존하지 않고 결정된다.

마르코프성은 다음과 같이 공식화될 수 있다. $n = 0, 1, 2, \ldots$에 대하여

$$\mathcal{F}_n = \sigma(X_0, X_1, \ldots, X_n) \tag{7.4}$$

을 마르코프 연쇄 $(X_n)_{n=0,1,2,\ldots}$의 자연스러운 증가 정보계라고 하자.

정리 7.10

$(X_n)_{n=0,1,2,\ldots}$은 초기분포 ν, 추이 행렬 $\mathbb{P}$를 가진 마르코프 연쇄라고 하자. 이때, 주어진 $m = 0, 1, 2, \ldots$과 $i \in I$에 대하여 $P(X_m = i) > 0$이면 조건부 확률 $P(\cdot|X_m = i)$ 아래

1) $(X_{m+n})_{n=0,1,2,\ldots}$은 초기분포 δ_i와 추이 행렬 $\mathbb{P}$를 가진 마르코프 연쇄가 되고(즉, (7.6)이 임의의 $n = 1, 2, \ldots$에 대하여 성립한다),

2) $(X_{m+n})_{n=0,1,2,\ldots}$은 $\mathcal{F}_m$과 독립이다. 즉, (7.7)이 성립한다.

[**증명**] 1**단계**: 임의의 $A \in \mathcal{F}_m$와 $i_m, i_{m+1}, \ldots, i_{m+n} \in I$에 대하여

$$\begin{aligned} &P\Big(\{X_m = i_m, X_{m+1} = i_{m+1}, \ldots, X_{m+n} = i_{m+n}\} \cap A | X_m = i\Big) \\ &= \delta_{ii_m} p_{i_m i_{m+1}} \cdots p_{i_{m+n-1} i_{m+n}} P\Big(A | X_m = i\Big) \end{aligned} \tag{7.5}$$

를 보이면 결론을 말할 수 있다. 말하자면, (7.5)에서 특히 $A = \Omega$으로 취하면

$$\begin{aligned} &P\Big(X_m = i_m, X_{m+1} = i_{m+1}, \ldots, X_{m+n} = i_{m+n} | X_m = i\Big) \\ &= \delta_{ii_m} p_{i_m i_{m+1}} \cdots p_{i_{m+n-1} i_{m+n}} \end{aligned} \tag{7.6}$$

을 알 수 있고 이것은 1)을 의미한다. 또, (7.6)을 (7.5)의 우변에 대입하면

$$\begin{aligned} &P\Big(\{X_m = i_m, X_{m+1} = i_{m+1}, \ldots, X_{m+n} = i_{m+n}\} \cap A | X_m = i\Big) \\ &= P\Big(X_m = i_m, X_{m+1} = i_{m+1}, \ldots, X_{m+n} = i_{m+n} | X_m = i\Big) \\ &\quad \times P\Big(A | X_m = i\Big) \end{aligned} \tag{7.7}$$

이므로, 이것은 조건부 확률 $P(\cdot|X_m = i)$ 아래 $(X_{m+n})_{n=0,1,2,\ldots}$과 $\mathcal{F}_m$의 독립성을 의미한다.

2**단계**: (7.5)를 보이자. 그러기 위해 $A = A_{i_0,i_1,\ldots,i_m}$의 경우를 생각하면 충분하다. 말하자면 일반적인 A에 대해서는 A를 이러한 사건의 많아야 가산개의 서로소인 합으로 나타낸 뒤 각

사건에 대하여 성립하는 등식을 더하기만 하면 되기 때문이다. 이때,

$$
\begin{aligned}
&((7.5)\text{의 좌변}) \times P(X_m = i) \\
&\quad = \delta_{ii_m} P\big(X_0 = i_0, X_1 = i_1, \ldots, X_{m+n} = i_{m+n}\big) \\
&\quad = \delta_{ii_m} \nu_{i_0} p_{i_0 i_1} \cdots p_{i_{m+n-1} i_{m+n}}
\end{aligned}
$$

이고 한편,

$$
\begin{aligned}
&((7.5)\text{의 우변}) \times P(X_m = i) \\
&\quad = \delta_{ii_m} p_{i_m i_{m+1}} \cdots p_{i_{m+n-1} i_{m+n}} P\big(X_0 = i_0, X_1 = i_1, \ldots, X_m = i_m\big)
\end{aligned}
$$

이므로 양변은 같고 $P(X_m = i) > 0$이면 나눌 수 있어서 (7.5)가 증명되었다. ■

확률 행렬 $\mathbb{P} = (p_{ij})$의 n회 곱을

$$
\mathbb{P}^n \equiv (p_{ij}^{(n)}) = \underbrace{\mathbb{P} \cdots \mathbb{P}}_{n\text{회}}
$$

로 두자. 보조정리 7.5로부터 $\mathbb{P}^n$도 확률 행렬이 된다.

보조정리 7.11

$m = 0, 1, 2, \ldots$ 및 $i \in I$에 대하여 $P(X_m = i) > 0$이라고 하면

$$
P(X_{m+n} = j | X_m = i) = p_{ij}^{(n)}
$$

이다. 이 양을 ***n*단계 추이 확률**이라고 한다.

[**증명**] 정리 7.10-1)로부터 조건부 확률 $P(\cdot | X_m = i)$ 아래 $(X_{m+n})_{n=0,1,2,\ldots}$은 초기분포 δ_i와 추이 행렬 $\mathbb{P}$를 가진 마르코프 연쇄이다. 따라서 윗식의 좌변은

$$
\begin{aligned}
&= \sum_{i_0, i_1, \ldots, i_{n-1} \in I} \delta_{ii_0} p_{i_0 i_1} \cdots p_{i_{n-1} j} \\
&= \sum_{i_1, \ldots, i_{n-1} \in I} p_{ii_1} \cdots p_{i_{n-1} j} = p_{ij}^{(n)}
\end{aligned}
$$

로 변형된다. ■

7.2.4 강 마르코프성

마르코프성은, 시각 m을 무작위인 경우로 확장하는 것이 가능하다. $(\mathcal{F}_n)_{n=0,1,2,\ldots}$은 (7.4)에서 정의된 정보계이고 τ는 $(\mathcal{F}_n)$–마르코프 시각(정의 6.6 참조)이라고 하자. 또, σ–집합대수 $\mathcal{F}_\tau$

는 정의 6.10에서 주어진 것이라고 하자. 다음 성질을 마르코프 연쇄의 **강 마르코프성**(strong Markov property)이라고 한다.

정리 7.12

$(X_n)_{n=0,1,2,\ldots}$ 은 초기분포 ν, 추이행렬 $\mathbb{P}$를 가진 마르코프 연쇄라고 하자. 이때 $i \in I$에 대하여 $P(\tau < \infty, X_\tau = i) > 0$이면 조건부 확률 $P(\cdot|\tau < \infty, X_\tau = i)$ 아래

1) $(X_{\tau+n})_{n=0,1,2,\ldots}$ 은 초기분포 δ_i와 추이 행렬 $\mathbb{P}$를 가진 마르코프 연쇄이고

2) $(X_{\tau+n})_{n=0,1,2,\ldots}$ 은 $\mathcal{F}_\tau$와 독립이다.

[**증명**] 1**단계**: 임의의 $A \in \mathcal{F}_\tau$ 와 $j_0, j_1, \ldots, j_n \in I$에 대하여

$$\begin{aligned} &P\Big(\{X_\tau = j_0, X_{\tau+1} = j_1, \ldots, X_{\tau+n} = j_n\} \cap A | \tau < \infty, X_\tau = i\Big) \\ &\quad = \delta_{ij_0} p_{j_0 j_1} \cdots p_{j_{n-1} j_n} P\Big(A | \tau < \infty, X_\tau = i\Big) \end{aligned} \tag{7.8}$$

를 보이면 결론을 말할 수 있다. 정리 7.10의 증명의 1단계와 마찬가지다.
2**단계**: (7.8)을 보이자. 그러기 위해

$$\begin{aligned} &P\Big(\{X_\tau = j_0, X_{\tau+1} = j_1, \ldots, X_{\tau+n} = j_n\} \cap A \cap \{\tau < \infty, X_\tau = i\}\Big) \\ &\quad = \delta_{ij_0} p_{j_0 j_1} \cdots p_{j_{n-1} j_n} P\Big(A \cap \{\tau < \infty, X_\tau = i\}\Big) \end{aligned}$$

를 보이면 된다. 그런데 $\{\tau < \infty\} = \bigcup_{m=0}^{\infty} \{\tau = m\}$으로 서로소인 사건의 가산개의 합으로 분해 가능하기 때문에 임의의 $m = 0, 1, 2, \ldots$에 대하여

$$\begin{aligned} &P\Big(\{X_m = j_0, X_{m+1} = j_1, \ldots, X_{m+n} = j_n\} \cap A \cap \{\tau = m, X_m = i\}\Big) \\ &\quad = \delta_{ij_0} p_{j_0 j_1} \cdots p_{j_{n-1} j_n} P\Big(A \cap \{\tau = m, X_m = i\}\Big) \end{aligned}$$

를 보이면 된다. 그러나 $A \in \mathcal{F}_\tau$ 이므로 정의 6.10으로부터 $A \cap \{\tau = m\} \in \mathcal{F}_m$ 이고 이 등식은 (7.5)로부터 보일 수 있다. ■

7.3 도달 확률과 차분 방정식

여기서는 마르코프성의 응용으로, 마르코프 연쇄에 관한 도달 확률을 구할 때 차분 방정식이 중요한 역할을 하는 것을 본다. 또, 마르코프 연쇄와 마팅게일의 관계에 대하여 논한다.

$(X_n)_{n=0,1,2,\ldots}$ 을 추이 행렬 $\mathbb{P}$를 가진 I 위의 마르코프 연쇄라고 하자. $A \subset I$에 대하여 집합 A에 **도달 시각**(hitting time)

$$\tau_A = \min\{n \geq 0; X_n \in A\} \in \bar{\mathbb{Z}}_+ (\equiv \mathbb{Z}_+ \cup \{\infty\})$$

를 생각하자. 단, $\min\emptyset = \infty$이다. τ_A는 $(\mathcal{F}_n)$–마르코프 시각이 된다(보기 6.8-(2) 참조). 특히, $i \in I$에 대해 초기분포가 δ_i인 마르코프 연쇄에 대한 확률을 P_i로 나타내고

$$a_i = P_i(\tau_A < \infty)$$

로 두자. a_i를 i로부터 출발한 마르코프 연쇄가 집합 A에 **도달하는 시각**(hitting probability)이라고 한다.[1] 추이 행렬 $\mathbb{P} = (p_{ij})$가 주어졌을 때 I 위의 실숫값 함수 $f : I \to \mathbb{R}$에 작용하는 **차분 작용소**(difference operator)

$$\mathcal{L}f(i) = \sum_{j \in I} p_{ij} f(j) - f(i), \quad i \in I$$

가 정의 가능하다. 단, f는 임의의 $i \in I$에 대하여 $\sum_{j\in I} p_{ij}|f(j)| < \infty$를 만족하는 함수로 한다(특히, f가 유계이면 이 조건을 만족한다).

정리 7.13

도달 확률 $(a_i)_{i\in I}$는 I 위의 함수로 볼 때 방정식

$$\mathcal{L}a(i) = 0, \quad i \notin A \tag{7.9}$$

$$a_i = 1, \quad i \in A \tag{7.10}$$

의 음이 아닌 최소 해이다. (7.10)은 (7.9)의 **경계 조건**(boundary condition)이라고도 한다.

[**증명**] 1**단계**: 먼저 (a_i)가 (7.9), (7.10)을 만족함을 보이자. $i \in A$인 경우는 $\tau_A = 0\,(P_i\text{-}a.s.)$이므로 $a_i = 1$이다. 한편, $i \notin A$인 경우는

$$\begin{aligned} a_i &= P_i(\tau_A < \infty) \\ &= \sum_{j \in I : P_i(X_1 = j) > 0} P_i(\tau_A < \infty | X_1 = j) P_i(X_1 = j) \\ &= \sum_{j \in I} P_j(\tau_A < \infty) P_i(X_1 = j) \\ &= \sum_{j \in I} a_j p_{ij}. \end{aligned}$$

여기서 셋째 줄은 $i \notin A$이므로 $\tau_A \geq 1\,(P_i\text{-}a.s.)$가 되는 것에 유의하여 (X_n)의 마르코프성을 이용하여 유도하였다. 따라서 (7.9)가 성립함을 알았다.

2**단계**: 다음, (a_i)가 (7.9), (7.10)의 음이 아닌 해 가운데 가장 작다는 것을 말하자. 그를 위해

1) 마르코프 연쇄 (X_n)이 일단 집합 A에 도달하면 그 뒤는 움직임을 멈춘다고 생각하여(즉, $(X_{n\wedge\tau_A})_{n=0,1,2,\ldots}$을 생각할 때) a_i를 **흡수 확률**(absorption probability)이라고 하기도 한다.

(7.9), (7.10)을 만족하는 음이 아닌 해 $(b_i \geq 0)_{i \in I}$가 또 존재한다고 가정하자. 이때, 만일 임의의 $n = 0, 1, 2, \ldots$에 대하여

$$b_i \geq P_i(\tau_A \leq n), \quad i \in I \tag{7.11}$$

가 되면 $n \to \infty$일 때 우변은 단조 함수로 도달 확률 a_i에 가까워지므로 $b_i \geq a_i$를 보이게 되고 (a_i)의 최소성을 말하게 된다.

마지막으로 (7.11)을 n에 관하여 귀납법으로 보이자. $i \in A$인 경우는 (b_i)에 대한 조건 (7.10)으로부터 $b_i = 1 (= P_i(\tau_A \leq n))$이므로 (7.11)은 자명하다. 그러므로 아래에서 $i \notin A$로 가정한다. 먼저, $n = 0$일 때

$$P_i(\tau_A = 0) = 0 \leq b_i$$

이므로 (7.11)은 성립한다. (7.11)이 n까지 성립하면 (b_i)는 방정식 (7.9)를 만족하므로

$$b_i = \sum_{j \in I} p_{ij} b_j \geq \sum_{j \in I} p_{ij} P_j(\tau_A \leq n) = P_i(\tau_A \leq n+1)$$

이다. 단, 마지막 등호에서는 $i \notin A$에 유의하여 마르코프성을 이용하였다. 따라서 (7.11)은 $n+1$일 때도 성립한다. ■

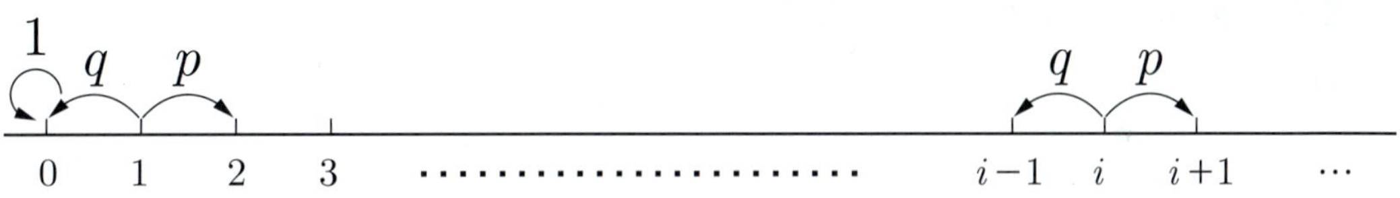

그림 7.1: 파산 문제의 마르코프 연쇄

보기 7.14 (파산 문제, ruin problem)

소지금 $i \in \mathbb{N}$를 가진 도박자가 내기를 하고 있고 각 회마다 확률 p로 따고 그 경우 소지금은 $i+1$가 되고 남은 확률 q로 잃어 소지금은 $i-1$이 된다고 하자. 단, $p, q > 0$이고 $p + q = 1$이다. 도박자는 파산할까(즉, 소지금이 0이 된다) 아니면 언제까지라도 파산하지 않고 성공할 가능성이 있을까 생각해보자.

이 문제를 수학적으로 공식화하는 것은 $I = \mathbb{Z}_+, A = \{0\}$으로 하고 $i \in \mathbb{Z}_+$로부터 출발하는 연쇄가 A에 도달하는 확률 $a_i = P_i(\tau_A < \infty)$를 구하면 된다. 단, 마르코프 연쇄의 추이 행렬 $\mathbb{P} = (p_{ij})_{i,j \in \mathbb{Z}_+}$는

$$p_{ii+1} = p, \ \ p_{ii-1} = q, \quad i = 1, 2, \ldots; \qquad p_{00} = 1$$

로 그 외의 i, j에 대해서는 $p_{ij} = 0$이다. a_i가 도박자의 파산 확률이다. 정리 7.13으로부터

$(a_i)_{i \in \mathbb{Z}_+}$ 는 $a_0 = 1$ 로 방정식(점화식)

$$pa_{i+1} + qa_{i-1} - a_i = 0, \quad i = 1, 2, \ldots \tag{7.12}$$

를 만족한다. 먼저, $p \neq q$ 일 때 (7.12)의 일반해는

$$a_i = a + b\left(\frac{q}{p}\right)^i$$

이다. 단, $a_0 = 1$ 이므로 $a + b = 1$ 이다.

경우 1: $p < q$ 일 때, $0 \leq a_i \leq 1$ 이기 위해서는 $b = 0$ 으로 제한되는 것을 알 수 있다. 따라서 $a_i \equiv 1$ 이다. 즉, $p < q$ 이면 도박자는 반드시 파산한다.

경우 2: $p > q$ 일 때 $a_i = (q/p)^i + a(1-(q/p)^i)$ 가 되지만 $a_i \geq 0$ 으로부터 $a = \lim_{i\to\infty} a_i \geq 0$ 이 되지 않으면 안 된다. 따라서 (7.12)의 음이 아닌 최소 해는 $a = 0$ 일 때이고 파산 확률은

$$a_i = \left(\frac{q}{p}\right)^i$$

이다. 즉, 도박자는 운이 좋으면 파산을 피할 수도 있다.

경우 3: $p = q = 1/2$ 일 때 (7.12)의 일반해는

$$a_i = a + bi$$

이다. 그런데 $0 \leq a_i \leq 1$ 이므로 $b = 0$ 이 되지 않으면 안 된다. 따라서 $a_i \equiv 1$ 이고 $p = q = 1/2$ 이어도 도박자는 반드시 파산한다.

- **마르코프 연쇄와 마팅게일**

I 위의 실숫값 유계 함수 $f : I \to \mathbb{R}$ 를 취하자. $(X_n)_{n=0,1,2,\ldots}$ 은 마르코프 연쇄이고 $(\mathcal{F}_n)$ 은 (7.4)에서 정의한 정보계라고 하자.

정리 7.15

$n = 0, 1, 2, \ldots$ 에 대하여

$$Y_n = f(X_n) - f(X_0) - \sum_{k=0}^{n-1} \mathcal{L}f(X_k)$$

로 두자. 이때, $(Y_n)_{n=0,1,2,\ldots}$ 은 $(\mathcal{F}_n)$ 에 대하여 마팅게일이다. .

[**증명**] 각 Y_n 은 유계(즉, $\sup_\omega |Y_n(\omega)| < \infty$) 로 (Y_n) 이 $(\mathcal{F}_n)$–적합인 것은 명확하므로 나머지는

정의 6.2의 조건 3): $n = 0, 1, 2, \ldots$와 $A \in \mathcal{F}_n$에 대하여

$$E[Y_{n+1} - Y_n, A] = 0 \tag{7.13}$$

을 보이면 충분하다. 그런데 이 기댓값은 조건부 기댓값을 이용하여

$$\sum_{i \in I : P(X_n = i) > 0} E\Big[(Y_{n+1} - Y_n) \cdot 1_A \Big| X_n = i\Big] P(X_n = i)$$

로 바꿔쓸 수 있다. 그러나

$$Y_{n+1} - Y_n = f(X_{n+1}) - f(X_n) - \mathcal{L}f(X_n) \tag{7.14}$$

은 (X_n, X_{n+1})의 값으로만 정해지므로 정리 7.10-2)로부터 조건부 확률 $P(\cdot | X_n = i)$ 아래 $\mathcal{F}_n$과 독립이다. 따라서

$$\begin{aligned} &E\Big[(Y_{n+1} - Y_n) \cdot 1_A \Big| X_n = i\Big] \\ &\quad = E\Big[Y_{n+1} - Y_n \Big| X_n = i\Big] E\Big[1_A \Big| X_n = i\Big] \end{aligned}$$

이다. 그런데 마르코프성과 (7.14)로부터

$$E\Big[Y_{n+1} - Y_n \Big| X_n = i\Big] = \sum_{j \in I} p_{ij} f(j) - f(i) - \mathcal{L}f(i) = 0$$

이고 (7.13)을 보였다. ■

참고 7.16

이 정리는 간단하지만 일반적인 마르코프 과정으로도 확장 가능하다. 실제로 슈트룩-바라단(Stroock–Varadhan) [17]에 의해 공식화된 **마팅게일 문제**(martingale problem)로 자연스럽게 이어진다.

정리 7.15를 파산 문제에 응용해보자. 단, 이번에는 $x \in \mathbb{N}$를 미리 지정해 두고, 도박꾼이 파산하거나 소지금이 x가 되면 일정한 이익을 얻었다고 생각하여 게임을 중단하는 것으로 한다. 최초 소지금은 $i \, (0 \le i \le x)$로 하고

$$\tau = \min\{n \ge 0;\, X_n = 0 \text{ 또는 } x\} \in \bar{\mathbb{Z}}_+$$

로 두자. $0 \le i \le x$에 대하여 $g(i) \left(= g_x(i)\right)$를

$$g(i) = \begin{cases} \dfrac{1 - \left(\frac{q}{p}\right)^i}{1 - \left(\frac{q}{p}\right)^x}, & (p \ne q \text{일 때}) \\ \dfrac{i}{x}, & \left(p = q = \dfrac{1}{2} \text{일 때}\right) \end{cases}$$

로 정의하자.

명제 7.17

보기 7.14에서 생각한 마르코프 연쇄가 $i\,(0 \le i \le x)$로부터 출발한다고 하면 파산 확률과 소지금이 x에 달할 확률은 각각

$$P_i(X_\tau = 0) = 1 - g(i)$$

$$P_i(X_\tau = x) = g(i)$$

로 주어진다.

[**증명**] 먼저 $(g(i))_{0 \le i \le x}$는 $g(0) = 0, g(x) = 1$,

$$\mathcal{L}g(i) \equiv pg(i+1) + qg(i-1) - g(i) = 0, \quad 1 \le i \le x-1$$

을 만족하는 것에 주의하자. 따라서 정리 7.15로부터 $(g(X_{n \wedge \tau}))_{n=0,1,2,\ldots}$는 $(\mathcal{F}_n)$에 대하여 마팅게일이다. $P_i(\tau < \infty) = 1$에 유의하면(연습문제 7.2 참조) 명제 6.48(이산 시간의 경우에도 같은 결과가 성립한다)로부터

$$P_i(X_\tau = 0) = P_i(g(X_\tau) = g(0)) = \frac{g(x) - g(i)}{g(x) - g(0)} = 1 - g(i),$$

$$P_i(X_\tau = x) = P_i(g(X_\tau) = g(x)) = \frac{g(i) - g(0)}{g(x) - g(0)} = g(i)$$

를 얻는다. ■

7.4 유한 상태공간 위의 마르코프 연쇄

여기서는 마르코프 연쇄의 상태공간 I가 유한집합이라고 가정한다. 이 가정은 이 절의 논의에서 본질적이다.

7.4.1 불변분포와 에르고딕성

정의 7.18

어떤 $n_0 \in \mathbb{N}$가 존재하여 n_0단계 추이 확률행렬 $\mathbb{P}^{n_0}$의 모든 성분이 양: $p_{ij}^{(n_0)} > 0$이 될 때 확률 행렬 $\mathbb{P}$(또는 추이행렬 $\mathbb{P}$를 가진 마르코프 연쇄)는 **에르고딕**(ergodic)이라고 한다. 즉, 어떠한 상태 i로부터 출발하여도 시각 n_0에 이르면 임의의 상태 j에 양의 확률로 이동하는 것이 가능한 때를 말한다.

정의 7.19

(1) 임의의 $i, j \in I$에 대하여 $n_1 = n_1(i, j) \in \mathbb{N}$이 존재해서 $p_{ij}^{(n_1)} > 0$이 되면 확률행렬 $\mathbb{P}$는 **기약**(irreducible)이라고 한다.
(2) 상태 $i \in I$에 대하여 $n_2 = n_2(i) \in \mathbb{N}$가 존재하여 임의의 $n \geq n_2$에 대하여 $p_{ii}^{(n)} > 0$일 때 상태 i는 **비주기적**(aperiodic)이라고 한다.

보조정리 7.20

다음 조건 (1), (2), (3)은 서로 동치이다.
(1) $\mathbb{P}$는 에르고딕이다.
(2) $\mathbb{P}$는 기약이고 모든 상태 $i \in I$는 비주기적이다.
(3) $\mathbb{P}$는 기약으로 비주기적인 상태 $i_0 \in I$를 가진다.

[**증명**] 「(1) $\Longrightarrow$ (2)」는 보조정리 7.5로부터 임의의 $i, j \in I$와 임의의 $n \geq n_0$에 대하여 $p_{ij}^{(n)} > 0$이 성립하는 것에 유의하면 된다. 「(2) $\Longrightarrow$ (3)」은 명백하다. 「(3) $\Longrightarrow$ (1)」을 보이는 데는

$$n_0 = \max_{i,j \in I}\{n_1(i, i_0) + n_2(i_0) + n_1(i_0, j)\}$$

로 취하면 된다. 실제로 이 경우

$$p_{ij}^{(n_0)} \geq p_{ii_0}^{(n_1(i,i_0))} p_{i_0 i_0}^{(n)} p_{i_0 j}^{(n_1(i_0,j))}$$

이지만 $n = n_0 - n_1(i, i_0) - n_1(i_0, j) \geq n_2(i_0)$이므로 $p_{i_0 i_0}^{(n)} > 0$이 되고 $p_{ij}^{(n_0)} > 0$이 됨을 알 수 있다. ■

보기 7.21

(1) 주기의 N등분점을 차례로 $1, 2, \ldots, N$으로 이름 붙이고 각 점으로부터 다음 시각에 양옆의 두 점에 각각 $\frac{1}{2}$의 확률로 이동 가능하다고 하자. 즉, $p_{ii+1} = p_{ii-1} = \frac{1}{2} \, (1 \leq i \leq N)$로 $N+1$과 1, N과 0은 같은 것으로 여긴다고 하자. 이때, N이 홀수이면 $\mathbb{P}$는 에르고딕이고 짝수이면 기약이기는 하지만 비주기적이 되지 않는다. 특히, N이 짝수일 때는 $\mathbb{P}$는 에르고딕이지 않다.
(2) 어떤 $i_0 \in I$가 있어 $p_{i_0 i_0} = 1$일 때 i_0를 덫(trap)이라고 한다. i_0는 한번 도달하면 그곳으로부터 탈출할 수 없는 점이다. 덫을 가진 마르코프 연쇄는 에르고딕이 아니다. 그림 7.2-(2)에서는 $i_0 = 1$이 덫이다.
(3) 원주의 4등분점을 차례로 1, 2, 3, 4로 이름 붙이자. 마르코프 연쇄는 각각 확률 1로 $1 \to 2$, $2 \to 3$, $3 \to 4$로 이동하지만 4에 올 때만 확률 $\frac{1}{2}$로 $4 \to 1$로 움직이고 나머지 $\frac{1}{2}$

의 확률로 $4 \to 4$로 제자리 걷는다고 하자. 확률 행렬로 나타내면

$$\mathbb{P} = \frac{1}{2}\begin{pmatrix} 0 & 2 & 0 & 0 \\ 0 & 0 & 2 & 0 \\ 0 & 0 & 0 & 2 \\ 1 & 0 & 0 & 1 \end{pmatrix}$$

이다. 이 확률 행렬 $\mathbb{P}$는 에르고딕이다(연습문제 7.3 참조).

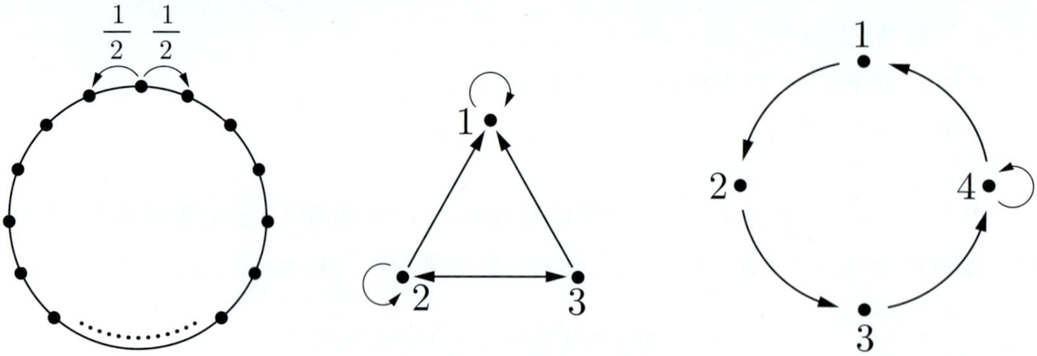

그림 7.2: 보기 7.21의 마르코프 연쇄

정리 7.22 (마르코프 연쇄의 에르고딕 정리)

에르고딕인 추이 행렬 $\mathbb{P}$를 가진 마르코프 연쇄를 생각하자. 이때, I 위에서 다음 성질 (1)을 만족하는 확률분포 π가 유일하게 존재한다.

(1) (불변성 • 정상성) $\pi\mathbb{P} = \pi$

또한, π는 다음 (2), (3)을 만족한다.

(2) (극한분포) 임의의 $i, j \in I$에 대하여 $\lim_{n\to\infty} p_{ij}^{(n)} = \pi_j$가 성립한다.

(3) (**혼합성**) (2)에서 수렴의 속도는 지수적이다. 즉, 상수 $C > 0$와 $0 < \lambda < 1$가 존재하여 임의의 $n = 1, 2, \ldots$과 $i, j \in I$에 대하여

$$|p_{ij}^{(n)} - \pi_j| \le C\lambda^n$$

이 성립한다.

정리 7.22의 (1)을 만족하는 확률 분포 π를 마르코프 연쇄의 **불변분포**(invariant distribution) 또는 **정상분포**(stationary distribution)라고 한다. 이 정리는 어떠한 상태 i로부터 출발하여도 장시간 경과한 뒤에는 여러 가지 상태를 취해 어떤 일정한 분포에 수렴한다는 것을 주장하고

있다.

정리 7.22의 증명을 위해 두 가지 보조정리를 준비하자. I 위의 확률 분포(확률벡터) 전체를 $\mathcal{P}(I)$로 두고 $\nu = (\nu_i), \tilde{\nu} = (\tilde{\nu}_i) \in \mathcal{P}(I)$에 대하여 ν와 $\tilde{\nu}$의 차에 대한 **전변동 노름**

$$\|\nu - \tilde{\nu}\| = \frac{1}{2}\sum_{i\in I}\left|\nu_i - \tilde{\nu}_i\right|$$

를 생각하자.

보조정리 7.23

(1) $(\mathcal{P}(I), \|\nu - \tilde{\nu}\|)$는 완비 거리공간이다.

(2) $\|\nu - \tilde{\nu}\| = \sum_{i\in I}(\nu_i - \tilde{\nu}_i)^+$.

(3) $\|\nu - \tilde{\nu}\| \le 1$.

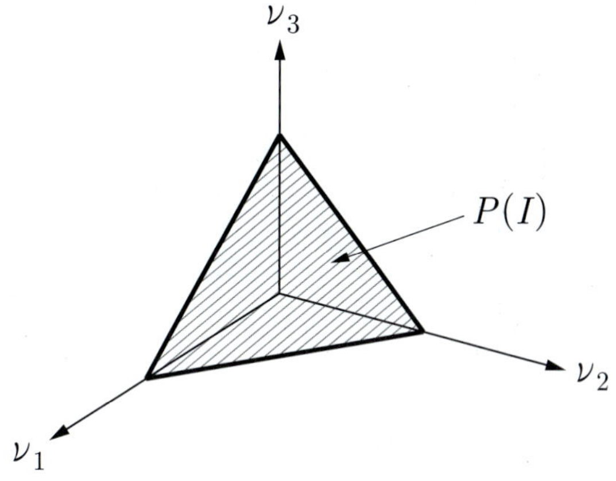

그림 7.3: $\mathcal{P}(I)$, $|I| = 3$인 경우

[**증명**] (1)을 말하기 위해서는

$$\mathcal{P}(I) = \left\{\nu = (\nu_i)_{i\in I}\, ; \nu_i \ge 0, \sum_{i\in I}\nu_i = 1\right\} \subset \mathbb{R}^{|I|}$$

로 보면 $\mathcal{P}(I)$는 $\mathbb{R}^{|I|}$의 닫힌집합으로 $\|\nu - \tilde{\nu}\|$는 유클리드 거리와 동치가 되는 것에 주의하면 된다($|I| = 3$인 경우 그림 7.3). 단, $|I|$는 집합 I의 점의 개수를 나타낸다. (2)도 쉽다. 실제로,

$$\|\nu - \tilde{\nu}\| = \frac{1}{2}\sum_{i\in I}(\nu_i - \tilde{\nu}_i)^+ + \frac{1}{2}\sum_{i\in I}(\nu_i - \tilde{\nu}_i)^-$$

인데

$$0 = \sum_{i\in I}\nu_i - \sum_{i\in I}\tilde{\nu}_i = \sum_{i\in I}(\nu_i - \tilde{\nu}_i)^+ - \sum_{i\in I}(\nu_i - \tilde{\nu}_i)^-$$

이므로 $\sum_{i\in I}(\nu_i - \tilde{\nu}_i)^+ = \sum_{i\in I}(\nu_i - \tilde{\nu}_i)^-$ 임을 알 수 있고 (2)의 결론을 얻는다. (3)은 $|\nu_i - \tilde{\nu}_i| \le \nu_i + \tilde{\nu}_i$ 로 평가하면 명백하다. ■

$\mathbb{P}$를 확률행렬이라고 하면, 보조정리 7.4-(3)으로부터 $\nu \in \mathcal{P}(I)$이면 $\nu\mathbb{P} \in \mathcal{P}(I)$이다.

보조정리 7.24 ($\mathbb{P}$의 축소성)

$\nu, \tilde{\nu} \in \mathcal{P}(I)$라고 하자. 이때,

(1) $\|\nu\mathbb{P} - \tilde{\nu}\mathbb{P}\| \le \|\nu - \tilde{\nu}\|$.

(2) 특히, $\gamma > 0$가 존재하여 임의의 $i, j \in I$에 대하여 $p_{ij} \ge \gamma$이면

$$\|\nu\mathbb{P} - \tilde{\nu}\mathbb{P}\| \le (1-\gamma)\|\nu - \tilde{\nu}\|$$

가 성립한다.

[**증명**] (1)은 다음과 같이 보일 수 있다.

$$\begin{aligned}\|\nu\mathbb{P} - \tilde{\nu}\mathbb{P}\| &= \sum_{j\in I}\left(\sum_{i\in I}(\nu_i - \tilde{\nu}_i)p_{ij}\right)^+ \\ &\le \sum_{j\in I}\sum_{i\in I}(\nu_i - \tilde{\nu}_i)^+ p_{ij} = \sum_{i\in I}(\nu_i - \tilde{\nu}_i)^+ = \|\nu - \tilde{\nu}\|.\end{aligned}$$

단, 처음과 마지막 등호는 보조정리 7.23-(2)로부터 나온다. 다음, (2)를 보이자. 먼저, 위 계산의 처음 등호에서 우변의 합은 모든 $j \in I$를 포함하지 않는다는 것에 주의하자. 말하자면, 만일 모든 j를 포함한다고 하면 임의의 j에 대하여

$$\sum_{i\in I}(\nu_i - \tilde{\nu}_i)p_{ij} > 0$$

이다. 그러나 j에 대하여 좌변의 합을 취하면 0이 되기 때문에 이러한 것은 불가능하다. 따라서 어떤 $j_0 \in I$가 존재하여

$$\|\nu\mathbb{P} - \tilde{\nu}\mathbb{P}\| = \sum_{j\ne j_0}\left(\sum_{i\in I}(\nu_i - \tilde{\nu}_i)p_{ij}\right)^+$$

가 된다. 이제 위와 같은 계산을 계속하면

$$\sum_{j\ne j_0} p_{ij} = 1 - p_{ij_0} \le 1 - \gamma$$

이므로 (2)의 결론을 얻는다. ■

이상 준비로 정리 7.22를 증명하자.

[**정리** 7.22**의 증명**] 1**단계**: $\mathbb{P}$는 에르고딕이므로 $n_0 \in \mathbb{N}$와 $\gamma > 0$가 존재하여 모든 $i, j \in I$에 대하여 $p_{ij}^{(n_0)} \geq \gamma$가 된다. 이것을 이용하면 $\nu_0 \in \mathcal{P}(I)$를 임의로 줄 때 $\nu_n = \nu_0 \mathbb{P}^n, n = 0, 1, 2, \ldots,$은 $(\mathcal{P}(I), \|\nu - \tilde{\nu}\|)$에 대해 코시열이 되는 것을 알 수 있다($\nu_n$은 마르코프 연쇄의 시각 n일 때 분포에 다름 아니다). 실제로 $\mathbb{P}$를 대신하여 $\mathbb{P}^{n_0}$를 택하고 보조정리 7.24-(2)를 반복 사용하여

$$
\begin{aligned}
\|\nu_n - \nu_{n+k}\| &= \|\nu_0 \mathbb{P}^n - \nu_0 \mathbb{P}^{n+k}\| \\
&\leq (1-\gamma)\|\nu_0 \mathbb{P}^{n-n_0} - \nu_0 \mathbb{P}^{n+k-n_0}\| \\
&\leq \cdots \leq (1-\gamma)^m \|\nu_0 \mathbb{P}^{n-mn_0} - \nu_0 \mathbb{P}^{n+k-mn_0}\| \\
&\leq (1-\gamma)^m \quad \longrightarrow 0 \qquad (n \to \infty)
\end{aligned} \tag{7.15}
$$

이기 때문이다. 단, $m = [n/n_0]$이다. ($[\cdot]$는 가우스(Gauss) 기호, §1.9의 기호 일람 참조). 그런데 $(\mathcal{P}(I), \|\nu - \tilde{\nu}\|)$는 완비이므로 ν_n의 극한 π가 존재함을 알 수 있다.

2**단계**: π는 불변분포이다. 실제로,

$$
\pi \mathbb{P} = \lim_{n \to \infty} \nu_n \mathbb{P} = \lim_{n \to \infty} \nu_{n+1} = \pi
$$

이다. 단, $\nu_n \in \mathbb{R}^{|I|}$로 보고 극한은 유클리드 공간 안에서 생각한다.

3**단계**: 불변분포는 유일하다. 말하자면 만일 두 개의 불변분포 $\pi, \tilde{\pi}$가 존재한다면

$$
\|\pi - \tilde{\pi}\| = \|\pi \mathbb{P}^{n_0} - \tilde{\pi} \mathbb{P}^{n_0}\| \leq (1-\gamma)\|\pi - \tilde{\pi}\|
$$

이므로 $\|\pi - \tilde{\pi}\| = 0$, 즉 $\pi = \tilde{\pi}$임을 알 수 있다.

4**단계**: 불변분포 π는 초기분포 ν_0를 택하는 것에 관계 없이 정해져 있다. 그러므로 특히, $\nu_0 = \delta_i$로 취하면 $\nu_n \equiv \nu_0 \mathbb{P}^n = (p_{ij}^{(n)})_j$이므로 (2)를 말할 수 있다. 그런데 평가 (7.15)에서 먼저 $k \to \infty$로 취하면

$$
\|\nu_n - \pi\| \leq (1-\gamma)^m
$$

을 얻는다. 따라서 $m = [n/n_0] > (n - n_0)/n_0$에 유의하면

$$
|p_{ij}^{(n)} - \pi_j| \leq 2\lambda^{n-n_0}
$$

임을 알 수 있다. 단, $\lambda = (1-\gamma)^{1/n_0}$이다. ■

7.4.2 큰 수의 법칙

상태 공간 I는 유한집합이고 에르고딕인 확률 행렬 $\mathbb{P}$가 주어졌다고 하자. 이때, 초기분포 $\nu \in \mathcal{P}(I)$를 임의로 정하면 대응하는 마르코프 연쇄 $(X_n)_{n=0,1,2,\ldots}$이 구성되고 I 위의 실숫값 함수 $f : I \to \mathbb{R}$를 통하여 실숫값 확률변수의 열 $Y_n = f(X_n), n = 0, 1, 2, \ldots$을 생각하는 것이 가능하다.

$(Y_n)_{n=0,1,2,...}$ 은 일반적으로 독립적이지는 않지만 §7.4.1에서 보인 마르코프 연쇄의 혼합성을 이용하면 독립인 경우와 마찬가지로 큰 수의 약법칙을 보이는 것이 가능하다.

정리 7.25 (큰 수의 약법칙, 에르고딕성)

$n \to \infty$일 때 확률수렴의 의미로

$$\frac{1}{n}\sum_{k=1}^{n} f(X_k) \longrightarrow E^{\pi}[f]$$

가 성립한다. 단, $E^{\pi}[f] = \sum_{i\in I} \pi_i f(i)$는 함수 f의 불변분포 π에 대한 기댓값을 나타낸다.

[**증명**] $E^{\pi}[f]$는 상수이므로 $f - E^{\pi}[f]$를 다시 f로 생각하면 처음부터 $E^{\pi}[f] = 0$으로 가정하여도 일반성을 잃지 않는다. 이때, 체비세프의 부등식을 이용하면 임의의 $\varepsilon > 0$에 대하여

$$\begin{aligned}
P\left(\left|\frac{1}{n}\sum_{k=1}^{n} f(X_k)\right| > \varepsilon\right) &\le \frac{1}{\varepsilon^2 n^2} E\left[\left(\sum_{k=1}^{n} f(X_k)\right)^2\right] \\
&= \frac{1}{\varepsilon^2 n^2}\left(\sum_{k=1}^{n} E[f(X_k)^2] + 2\sum_{1\le k_1<k_2\le n} E[f(X_{k_1})f(X_{k_2})]\right)
\end{aligned}$$

이다. 여기서 우변의 첫 항은

$$\le \frac{1}{\varepsilon^2 n^2}\cdot n\|f\|_{\infty}^2$$

으로 평가 가능하고 따라서 $n \to \infty$일때 0에 수렴한다. 단, $\|f\|_{\infty} = \max_{i\in I}|f(i)|$이다.

한편, 두 번째 항에서 합의 각 항은 $E^{\pi}[f] = 0$에 주의하여

$$\begin{aligned}
E[f(X_{k_1})f(X_{k_2})] &= \sum_{i_0,i,j\in I} \nu_{i_0} p_{i_0 i}^{(k_1)} p_{ij}^{(k_2-k_1)} f(i)f(j) \\
&= \sum_{i_0,i,j\in I} \nu_{i_0} p_{i_0 i}^{(k_1)} \left(p_{ij}^{(k_2-k_1)} - \pi_j\right) f(i)f(j)
\end{aligned}$$

로 고쳐쓸 수 있다. 따라서 정리 7.22-(3)으로부터

$$\begin{aligned}
\left|E[f(X_{k_1})f(X_{k_2})]\right| &\le \|f\|_{\infty}^2 \sum_{i_0,i,j\in I} \nu_{i_0} p_{i_0 i}^{(k_1)} \left|p_{ij}^{(k_2-k_1)} - \pi_j\right| \\
&\le C\lambda^{k_2-k_1}\|f\|_{\infty}^2\cdot|I|
\end{aligned}$$

로 평가되고 따라서

$$|\text{제 2항}| \le \frac{2C}{\varepsilon^2 n^2}\|f\|_{\infty}^2\cdot|I| \sum_{1\le k_1<k_2\le n} \lambda^{k_2-k_1}$$

을 보였다. 마지막의 합은

$$\sum_{1\le k_1<k_2\le n} \lambda^{k_2-k_1} = \sum_{k_1=1}^{n-1}\sum_{k_2=k_1+1}^{n} \lambda^{k_2-k_1} \le \sum_{k_1=1}^{n-1}\sum_{k=1}^{\infty} \lambda^{k} \le \frac{\lambda n}{1-\lambda}$$

으로 평가 가능하기 때문에 두 번째 항도 $n\to\infty$일 때 0에 수렴한다. 따라서 정리를 증명하였다.

■

참고 7.26

예를 들어, 초기분포가 $\nu=\pi$이고 $k_1\ne k_2$일 때 X_{k_1}과 X_{k_2}가 독립이면 $E[f(X_{k_1})f(X_{k_2})] = E[f(X_{k_1})]E[f(X_{k_2})] = (E^\pi[f])^2 = 0$이다. 실제로 이러한 독립성은 (일반적으로) 성립하지 않지만 마르코프 연쇄가 에르고딕이면 $k_2-k_1\to\infty$일 때 X_{k_1}과 X_{k_2}는 어떤 의미에서 독립에 가까워진다.

특히, 상태 $i\in I$를 하나 고정하고 $f(j)=1_{\{j=i\}}$로 하면

$$\sum_{k=1}^{n} f(X_k) = \sum_{k=1}^{n} 1_{\{X_k=i\}} \equiv \sharp\{k;\ 1\le k\le n,\ X_k=i\}$$

는 마르코프 연쇄 (X_n)이 시각 n까지 상태 i에 **방문한 횟수**(number of visits) $\tau_i^{(n)}$을 나타낸다. $\tau_i^{(n)}$을 **체재시간**이라고 부르기도 한다(보기 3.21 참조). 이러한 f에 대해서는 $E^\pi[f]=\pi_i$이므로 정리 7.25로부터 다음 따름정리를 얻는다.

따름정리 7.27

확률수렴의 의미로 $\lim_{n\to\infty}\frac{1}{n}\tau_i^{(n)}=\pi_i$가 성립한다.

초기분포를 π로 한 I 위의 마르코프 연쇄 $(\bar{X}_n)_{n=0,1,2,\ldots}$을 **정상 마르코프 연쇄**라고 한다. 이 마르코프 연쇄는 **정상성**(stationarity)을 가진다. 즉, $(\bar{X}_n)_{n=0,1,2,\ldots}$의 분포와 $(\bar{X}_{n+1})_{n=0,1,2,\ldots}$의 분포는 같다.

$f=f(i_1,i_2,\ldots,i_\ell): I^\ell\to\mathbb{R}$, $\ell\ge1$, 가 주어졌을 때 정리 7.25는 다음과 같이 일반화 가능하다.

정리 7.28

$n\to\infty$일 때 확률수렴의 의미로

$$\frac{1}{n}\sum_{k=1}^{n} f(X_k, X_{k+1},\ldots,X_{k+\ell-1}) \longrightarrow E^\pi[f]$$

가 성립한다. 단, 여기서

$$E^{\pi}[f] \equiv E^{\pi}[f(\bar{X}_1, \bar{X}_2, \ldots, \bar{X}_\ell)] \\ = \sum_{i_1, i_2, \ldots, i_\ell \in I} \pi_{i_1} p_{i_1 i_2} \cdots p_{i_{\ell-1} i_\ell} f(i_1, i_2, \ldots, i_\ell)$$

는 정상 마르코프 연쇄 $(\bar{X}_n)_{n=1,2,\ldots,\ell}$에 대한 기댓값이다.

[**증명**] 새롭게 상태 공간

$$\boldsymbol{I} = \left\{(i_1, i_2, \ldots, i_\ell) \in I^\ell ; p_{i_1 i_2}, \ldots, p_{i_{\ell-1} i_\ell} > 0\right\}$$

를 생각하여 $\boldsymbol{i} = (i_1, i_2, \ldots, i_\ell), \boldsymbol{j} = (j_1, j_2, \ldots, j_\ell) \in \boldsymbol{I}$에 대하여

$$\boldsymbol{p_{ij}} = 1_{\{j_1 = i_2, j_2 = i_3, \ldots, j_{\ell-1} = i_\ell\}} p_{j_{\ell-1} j_\ell}$$

로 두면 $\mathrm{P} = (\boldsymbol{p_{ij}})_{i,j \in \boldsymbol{I}}$는 $\boldsymbol{I}$ 위의 확률 행렬이다. 실제로 $(X_n)_{n=0,1,2,\ldots}$을 $\mathbb{P}$에 대응하는 마르코프 연쇄라고 하면

$$\boldsymbol{X}_n = (X_n, X_{n+1}, \ldots, X_{n+\ell-1}) \in \boldsymbol{I}, \quad n = 0, 1, 2, \ldots$$

이 P에 대응하는 마르코프 연쇄이다. 더욱이 P는 에르고딕이다. 말하자면, 임의의 $\boldsymbol{i}, \boldsymbol{j} \in \boldsymbol{I}$에 대하여 $\boldsymbol{p}_{\boldsymbol{ij}}^{(n_0+\ell-1)} > 0$이기 때문이다. 단, n_0는 정의 7.18에서 나온 것이다. $(\boldsymbol{X}_n)$의 불변분포 $\boldsymbol{\pi} = (\boldsymbol{\pi_i})_{\boldsymbol{i} \in \boldsymbol{I}}$가

$$\boldsymbol{\pi_i} = \pi_{i_1} p_{i_1 i_2} \cdots p_{i_{\ell-1} i_\ell}$$

로 주어지는 것에 주의하면 $(\boldsymbol{X}_n)$에 대하여 정리 7.25를 적용할 수 있고 결론을 얻는다. ■

7.5 정방 격자 위의 막걸음

이 절에서는 상태 공간 I로 d차원 정방 격자 $\mathbb{Z}^d$:

$$\mathbb{Z}^d = \left\{x = (x^1, x^2, \ldots, x^d);\ x^i \in \mathbb{Z}\ (1 \le i \le d)\right\}$$

를 취하고 그 위에서 마르코프 연쇄를 생각한다. $\mathbb{Z}^d$는 가산 무한집합으로 그 점은 x, y, z처럼 나타낸다. x의 i번째 성분이 x^i이다. 정방 격자 $\mathbb{Z}^d$는 공간 구조를 가지는데 특히 평행이동이라는 변환이 작용한다. 여기서는 추이 행렬 $\mathbb{P} = (p_{xy})_{x,y \in \mathbb{Z}^d}$에 대하여 시간적으로 고른 것에 더해 더욱이 **공간적 고름성**(spatial homogeneity), 즉 평행이동 불변성: 임의의 $x, y, z \in \mathbb{Z}^d$에 대하여

$$p_{xy} = p_{x+z, y+z}$$

를 가정하여 생각한다. 이때, $p_z = p_{Oz}$로 두면 $p = (p_z)_{z\in\mathbb{Z}^d}$는 $\mathbb{Z}^d$ 위의 확률 분포가 된다(p를 간단히 추이 확률이라고 한다). 즉, $p \in \mathcal{P}(\mathbb{Z}^d)$이다. 단, O는 $\mathbb{Z}^d$의 원점을 나타낸다.

초기분포 $\nu = (\nu_z)_{z\in\mathbb{Z}^d} \in \mathcal{P}(\mathbb{Z}^d)$와 공간적으로 고른 추이 행렬 $\mathbb{P} = (p_{xy} \equiv p_{y-x})_{x,y\in\mathbb{Z}^d}$를 가진 $\mathbb{Z}^d$ 위의 마르코프 연쇄 $(X_n)_{n=0,1,2,\ldots}$이 명제 7.7로부터 구성된다. 이 마르코프 연쇄를 $\mathbb{Z}^d$ 위의 **막걸음**(또는 **무작위 걸음**)이라고 한다.[2)]

$\mathbb{P}$가 공간적으로 고르다는 것에 주목하면 막걸음은 아래와 같이 구성할 수도 있다. 먼저, $\mathbb{Z}^d$-값 확률변수의 열 $Z_0, Z_1, Z_2, \ldots$로 다음 세 조건

(1) Z_0의 분포는 ν,

(2) $Z_1, Z_2, \ldots$의 분포는 각각 p,

(3) $(Z_0, Z_1, Z_2, \ldots)$는 독립

을 만족하는 것을 적당한 확률공간 $(\Omega, \mathcal{F}, P)$ 위에서 준비한다. 그 위에

$$X_n = \sum_{k=0}^{n} Z_k, \quad n = 0, 1, 2, \ldots$$

로 두면 $(X_n)_{n=0,1,2,\ldots}$은 임의의 $n = 0, 1, 2, \ldots$과 임의의 $x_0, x_1, \ldots, x_n \in \mathbb{Z}^d$에 대하여

$$\begin{aligned} &P(X_0 = x_0, X_1 = x_1, \ldots, X_n = x_n) \\ &\quad = P(Z_0 = x_0, Z_1 = x_1 - x_0, \ldots, Z_n = x_n - x_{n-1}) \\ &\quad = \nu_{x_0} p_{x_0 x_1} \cdots p_{x_{n-1} x_n} \end{aligned}$$

을 만족하기 때문에 구하는 막걸음이다.

7.5.1 재귀성과 비재귀성

아래에서 원점 $O(\in \mathbb{Z}^d)$로부터 출발하는 막걸음을 생각하자. 달리 말하여 $\nu = \delta_O$, 즉 $Z_0 = O$로 취하자. 추이 행렬은 공간적으로 고르기 때문에 이렇게 가정하여도 일반성을 잃지 않는다.

$$\begin{aligned} A_n &= \left\{X_n = O,\ X_k \neq O\,(1 \le k \le n-1)\right\}, \quad n = 1, 2, \ldots \\ q &= \sum_{n=1}^{\infty} P(A_n) = P\,(\text{어떤 } n \ge 1\text{이 존재하여 } X_n = O) \end{aligned}$$

로 두자. A_n은 막걸음이 시각 n에 처음으로 O에 되돌아오는 사건이고 q는 막걸음이 언젠가 원점 O에 되돌아오는 확률을 나타낸다. 사건 $A_n, n = 1, 2, \ldots$은 서로소이고 q에 관한 마지막 등호는 P의 σ-가법성을 쓴 것에 주의하기 바란다.

---

2) 역자 주. 원서는 막걸음(random walk)의 영어 표현 '랜덤 워크'를 그대로 쓰고 있으며 저자는 난보(亂步) 또는 취보(醉步)를 병기하여 소개한다. 대한수학회 용어집에는 임의보행, 확률보행으로 올라와 있으나 의미의 직관적 이해와 간편성을 위해 '막걸음' 또는 '막걷기'라는 용어를 소개한다.

정의 7.29

막걸음 $(X_n)_{n=0,1,2,...}$ 이 $q = 1$을 만족할 때 **재귀적**(recurrent), $q < 1$일 때 **비재귀적**(transient)이라고 한다.

재귀적이란 것은 원점에서 출발한 막걸음이 확률 1로 언젠가는 원점에 돌아오는 것을 의미한다. 다음 명제는 재귀성의 조건을 $P(A_n)$보다 알기 쉬운 양 $P(X_n = O)$를 이용하여 고쳐 쓰는 것이다.

명제 7.30 재귀성의 판정 조건

막걸음이 재귀적인 것과

$$\sum_{n=1}^{\infty} P(X_n = O) = \infty$$

인 것은 동치이다.

[**증명**] $n = 1, 2, \ldots$에 대하여 $q_n = P(A_n), \bar{p}_n = P(X_n = O)$로 두자. 또, 편의상 $\bar{p}_0 = 1$이라고 하자.

1**단계**: 막걸음이 시각 n에 원점 O에 이른다는 것은 n시까지 어떤 시각 $k(1 \le k \le n)$에 처음으로 원점에 오고 그 뒤 $n-k$ 시 사이에 O로부터 출발하여 O에 되돌아 오는(몇 번이건 되돌아와도 좋다) 것이므로 등식

$$\bar{p}_n = \sum_{k=1}^{n} q_k \bar{p}_{n-k}, \quad n = 1, 2, \ldots \tag{7.16}$$

가 성립한다. 그러므로 수열 (q_n)과 $(\bar{p}_n)$의 **생성함수**(generating function)를 각각

$$q(\xi) = \sum_{n=1}^{\infty} q_n \xi^n, \quad \bar{p}(\xi) = \sum_{n=0}^{\infty} \bar{p}_n \xi^n, \quad 0 \le \xi < 1$$

로 정의하면 (7.16)으로부터

$$\begin{aligned}\bar{p}(\xi) = \sum_{n=0}^{\infty} \bar{p}_n \xi^n &= 1 + \sum_{n=1}^{\infty} \left(\sum_{k=1}^{n} q_k \bar{p}_{n-k} \right) \xi^n \\ &= 1 + \bar{p}(\xi) q(\xi)\end{aligned}$$

가 성립한다. 이 식을 바꿔 쓰면

$$q(\xi) = 1 - \frac{1}{\bar{p}(\xi)}, \quad 0 \le \xi < 1 \tag{7.17}$$

을 얻는다.

2**단계**: 그런데 $q_n, \bar{p}_n \ge 0$이므로 급수 $q(\xi), \bar{p}(\xi)$의 각 항은 음이 아니고 ξ에 대하여 단조 증가

이다. 따라서 단조 수렴정리를 이용하면 ($\xi \uparrow 1$로 할 때) 극한

$$\lim_{\xi \uparrow 1} q(\xi), \qquad \lim_{\xi \uparrow 1} \bar{p}(\xi)$$

가 존재하고 각각

$$q = \sum_{n=1}^{\infty} q_n \in [0,1], \qquad \bar{p} \equiv \sum_{n=0}^{\infty} \bar{p}_n \in [1,\infty]$$

와 같음을 알 수 있다.

먼저, $\bar{p} < \infty$로 가정하자. 이 경우 (7.17)에서 $\xi \uparrow 1$로 하면

$$q = 1 - \frac{1}{\bar{p}} < 1$$

이 되고 막걸음은 비재귀적이다. 한편, $\bar{p} = \infty$이면 (7.17)에서 $\xi \uparrow 1$일 때 $q = 1$이 되는 것을 알 수 있고 따라서 막걸음은 재귀적이다. ■

명제 7.30의 응용으로 막걸음이 비재귀적이기 위한 충분 조건을 주어보자. 막걸음의 한 걸음 이동 거리가 유한:

$$R = \max\left\{|z|; z \in \mathbb{Z}^d, p_z > 0\right\} < \infty \tag{7.18}$$

이라고 가정하고

$$\boldsymbol{m} = \sum_{z \in \mathbb{Z}^d} p_z z \equiv E[Z_1] \quad (\in \mathbb{R}^d)$$

으로 두자. 여기서 $|z|$는 z의 유클리드 노름을 나타낸다. $\boldsymbol{m}$은 원점으로부터 출발하는 막걸음이 시각 1일 때 이르는 위치의 기댓값이다.

정리 7.31

$\boldsymbol{m} \neq O$이면 막걸음은 비재귀적이다.

직감적으로 시각 n에 막걸음은 (독립 동일 시행 $(Z_n)_{n=1,2,\dots}$의 합에 대한 큰 수의 법칙과 중심극한정리로부터) $n\boldsymbol{m}$의 주변에 이른다고 생각할 수 있으므로 $\boldsymbol{m} \neq O$이면 원점에 돌아오기 어렵게 된다. 따라서 비재귀적이 되는 것은 자연스럽다.

[**증명**] 결론을 말하는 데는 $\sum_{n=1}^{\infty} P(X_n = O) < \infty$를 보이면 된다. 체비셰프의 부등식을 이용하면 $\boldsymbol{m} \neq O$이므로

$$\begin{aligned} P(X_n = O) &\le P\left(|X_n - n\boldsymbol{m}| \ge \frac{n|\boldsymbol{m}|}{2}\right) \\ &\le \frac{16}{n^4 |\boldsymbol{m}|^4} E\left[|X_n - n\boldsymbol{m}|^4\right] \end{aligned}$$

으로 평가할 수 있다. 그런데 $X_n = \sum_{k=1}^n Z_k$ 이므로

$$
\begin{aligned}
|X_n - n\boldsymbol{m}|^4 &= \left\{ \sum_{k_1,k_2=1}^{n} (Z_{k_1} - \boldsymbol{m}, Z_{k_2} - \boldsymbol{m}) \right\}^2 \\
&= \sum_{k_1,k_2,\ell_1,\ell_2=1}^{n} (Z_{k_1} - \boldsymbol{m}, Z_{k_2} - \boldsymbol{m})(Z_{\ell_1} - \boldsymbol{m}, Z_{\ell_2} - \boldsymbol{m}) \qquad (7.19)
\end{aligned}
$$

이 된다. 단, $(,)$는 $\mathbb{R}^d$ 의 내적이다(보기 2.44-(1), 보기 5.17의 $\cdot$과 같다). (7.19)의 양변에 기댓값을 취하면 $E[Z_k - \boldsymbol{m}] = O$이 되는 것과 (Z_k)의 독립성으로부터 두 가지

(1) $k_1 = k_2 = \ell_1 = \ell_2$,

(2) $(k_1, k_2, \ell_1, \ell_2)$ 가운데 두 개씩 같은 경우

를 제외하고 우변의 각 항의 기댓값은 0이다. 그러나 (1)은 n개, (2)와 같은 경우의 수는 많아야 $O(n^2)$ 개이다. 실제로 (2)에서, 예를 들어 $k_1 = k_2, \ell_1 = \ell_2 \, (k_1 \neq \ell_1)$가 되는 경우는 k_1을 취하는 수는 n개이고 ℓ_1은 $(n-1)$개가 되기 때문이다. 그러나 조건 (7.18)로부터 $|Z_k| \leq R$ $(a.s.)$ 이고 (7.19)의 우변의 각 항은 유계이다. 따라서 어떤 상수 $C > 0$가 존재하여

$$
E\left[|X_n - n\boldsymbol{m}|^4\right] \leq Cn^2, \quad n = 1, 2, \ldots
$$

으로 평가되고

$$
\sum_{n=1}^{\infty} P(X_n = O) \leq \frac{16C}{|\boldsymbol{m}|^4} \sum_{n=1}^{\infty} \frac{1}{n^2} < \infty
$$

가 된다. 명제 7.30으로부터 $\boldsymbol{m} \neq O$이면 막걸음은 비재귀적이 됨을 보였다. ■

7.5.2 단순 막걸음의 재귀성과 비재귀성

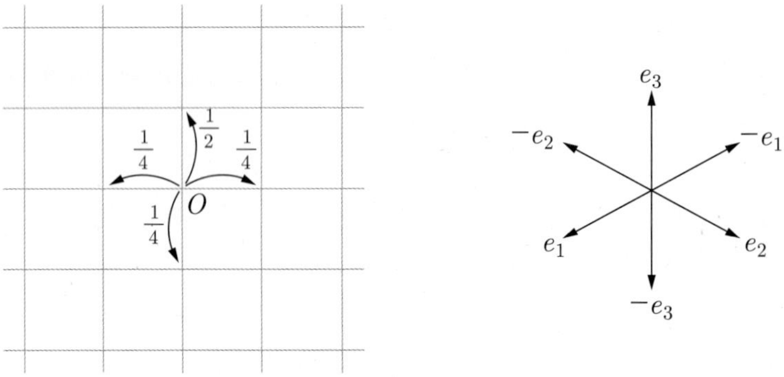

그림 7.4: 단순 막걸음 $d = 2, 3$

d차원 (대칭) **단순 막걸음**(simple random walk)은 추이 행렬이 $z \in \mathbb{Z}^d$에 대하여

$$p_z = \begin{cases} \dfrac{1}{2d}, & |z| = 1 \\ 0, & |z| \neq 1 \end{cases}$$

으로 주어진 경우를 말한다. 단순 막걸음은 $X_n = x$일 때 다음 시각에 x의 $2d$개의 이웃 점에 각각 같은 확률로 이동한다. 특히, $\boldsymbol{m} = O$로 정리 7.31을 적용하는 것은 가능하지 않다. 그러므로 명제 7.30을 적용하여 단순 막걸음의 재귀성·비재귀성을 판정하자.

정리 7.32 (폴리아(Pólya)의 정리)

d차원 단순 막걸음은

(1) $d = 1, 2$일 때 재귀적이고,

(2) $d \geq 3$일 때 비재귀적이다.

[**증명**] 원점 O로부터 출발하는 단순 막걸음은 홀수 번 걸음에 원점에 되돌아오지 못하기 때문에 $n = 1, 3, 5, \ldots$에 대하여 $\bar{p}_n \equiv P(X_n = O) = 0$이 되는 것에 주의하자.

1**단계** ($d = 1$) : 1차원인 경우 원점에서 출발하여 $2n$ 걸음 뒤 원점에 되돌아오기 위해서는 좌우에 각각 n회씩 이동하면 되기 때문에

$$\bar{p}_{2n} = \left(\frac{1}{2}\right)^{2n} \binom{2n}{n} = \left(\frac{1}{2}\right)^{2n} \frac{(2n)!}{n!n!}$$

이다. 그런데 스털링의 공식 (5.19)를 이용하면 $n \to \infty$일 때 이 확률은

$$\bar{p}_{2n} \sim \frac{1}{\sqrt{\pi n}} \tag{7.20}$$

가 된다. 따라서 $\sum_{n=1}^{\infty} \bar{p}_n = \infty$를 얻고 1차원 단순 막걸음은 재귀적임을 보였다.

2**단계** ($d = 2$) : 2차원에서는 단순 막걸음이 진행하는 방향은 상하좌우 네 개가 있다. 원점에서 출발하여 $2n$ 걸음 뒤 원점에 되돌아오기 위해서는 상하에 각각 k회, 좌우에 각각 $n - k$회씩 이동하면 된다. 단, $0 \leq k \leq n$이다. 따라서

$$\begin{aligned} \bar{p}_{2n} &= \left(\frac{1}{4}\right)^{2n} \sum_{k=0}^{n} \frac{(2n)!}{(k!(n-k)!)^2} \\ &= \left(\frac{1}{4}\right)^{2n} \binom{2n}{n} \sum_{k=0}^{n} \binom{n}{k}\binom{n}{n-k} = \left(\frac{1}{4}\right)^{2n} \binom{2n}{n}^2 \end{aligned}$$

이다. 여기서 마지막 등호는 다음과 같이 보일 수 있다. 집합 $\{1, 2, \ldots, 2n\}$에서 n개의 점을 선

택하는 경우의 수는 $\begin{pmatrix} 2n \\ n \end{pmatrix}$개 되지만 한편, 그것은 집합 $\{1, 2, \ldots, n\}$로부터 k개의 점을 선택하고 $\{n+1, n+2, \ldots, 2n\}$로부터 $(n-k)$개의 점을 선택하는 것과 마찬가지이므로

$$\sum_{k=0}^{n} \begin{pmatrix} n \\ k \end{pmatrix} \begin{pmatrix} n \\ n-k \end{pmatrix}$$

가지 있다. 따라서 1단계의 결과 (7.20)과 비교하면 2차원에서는

$$\bar{p}_{2n} \sim \frac{1}{\pi n}$$

을 얻는다. 이것은 $\sum_{n=1}^{\infty} \bar{p}_n = \infty$를 의미하므로 2차원 단순 막걸음도 재귀적임을 알 수 있다.

3**단계** $(d = 3)$: 3차원 단순 막걸음은 각 단계에서 여섯 방향으로 진행하므로

$$\bar{p}_{2n} = \left(\frac{1}{6}\right)^{2n} \sum_{\substack{k,\ell,m \geq 0 \\ k+\ell+m=n}} \frac{(2n)!}{(k!\ell!m!)^2}$$

이다. 그런데 (3항정리로부터) 등식

$$\sum_{\substack{k,\ell,m \geq 0 \\ k+\ell+m=n}} \frac{n!}{k!\ell!m!} = (1+1+1)^n = 3^n$$

이 성립하고 또, 특히 $n = 3N$일 때 다음 식의 좌변은 조건 $k + \ell + m = 3N$ 아래에서는 $k = \ell = m (= N)$일 때 최대가 되어

$$\frac{1}{k!\ell!m!} \leq \frac{1}{N!N!N!}$$

이다. 실제로, 등식 $N! = \int_0^{\infty} x^N e^{-x} dx$에서 $x^N = x^{\frac{k}{3}} x^{\frac{\ell}{3}} x^{\frac{m}{3}}$로 쪼개고 헬더의 부등식을 이용하면 $N! \leq (k!\ell!m!)^{\frac{1}{3}}$이 된다. 따라서 $n = 3N$일 때 $\bar{p}_{2n} \equiv \bar{p}_{6N}$은 스털링의 공식 (5.19)를 이용하여

$$\bar{p}_{2n} \leq \left(\frac{1}{6}\right)^{2n} \frac{(2n)!}{n!} \frac{1}{(N!)^3} \cdot 3^n \sim \frac{1}{2}\left(\frac{3}{\pi n}\right)^{\frac{3}{2}}$$

으로 평가 가능하다는 것을 알 수 있다. 따라서 $\sum_{N=1}^{\infty} \bar{p}_{6N} < \infty$이다. 그런데 간단한 고찰로부터

$$\left(\frac{1}{6}\right)^2 \bar{p}_{6N-2} \leq \bar{p}_{6N}, \quad \left(\frac{1}{6}\right)^4 \bar{p}_{6N-4} \leq \bar{p}_{6N}$$

이므로 $\sum_{n=1}^{\infty} \bar{p}_n < \infty$를 보이고 3차원 단순 막걸음은 비재귀적임을 알 수 있다.

4**단계** $(d \geq 4)$: $X_n = (X_n^1, X_n^2, \ldots, X_n^d) \in \mathbb{Z}^d$를 d차원 단순 막걸음이라고 하고 그의 $1 \sim 3$ 성분을 취하여 $Y_n = (X_n^1, X_n^2, X_n^3) \in \mathbb{Z}^3$으로 두자. 이때, X_n이 $i = 1, 2, 3$ 이외의 방향에 진행하는 시각 n을 세지 않으면 Y_n은 3차원 단순 막걸음이 되므로(연습문제 7.6 참조) Y_n이 언젠가

원점에 되돌아 오는 확률은 3차원 단순 막걸음에 대한 확률과 마찬가지가 되고 3단계의

$$P\big(\text{어떤 } n \geq 1\text{이 존재하여 } X_n = O(\in \mathbb{Z}^d)\big)$$
$$\leq P\big(\text{어떤 } n \geq 1\text{이 존재하여 } Y_n = O(\in \mathbb{Z}^3)\big) < 1$$

이 된다. 따라서 4차원 이상의 단순 막걸음은 비재귀적이다(마찬가지로 2차원의 재귀성으로부터 1차원의 재귀성을 보이는 것도 가능하다). ■

7.6 연속 시간 마르코프 과정

앞 절까지는 시간 매개변수가 이산적인 경우를 논하였는데 여기서는 그를 연속 시간으로 확장하는 것을 고려한다. 단, 지금까지와 마찬가지로 추이 확률은 시간적으로 고른 경우를 다루기로 하자.

7.6.1 체프만–콜모고로프의 등식

집합 I를 상태 공간으로 하는 마르코프 연쇄의 운동은 추이 행렬 $\mathbb{P} = (p_{ij})_{i,j\in I}$에 따라 지배된다. 행렬 $\mathbb{P}$의 n회 곱 $\mathbb{P}^n = (p_{ij}^{(n)})_{i,j\in I}$의 ij 성분 $p_{ij}^{(n)}$는 마르코프 연쇄가 시각 0일 때 상태 i에 있다고 하고 시각 n에 상태 j에 이동하는 확률을 준다. $\mathbb{P}^n$이 만족해야만 하는 기본 성질로

1) 임의의 $i \in I$에 대하여 $\sum_{j\in I} p_{ij}^{(n)} = 1$

2) 임의의 $i, j \in I$와 $n, m = 1, 2, \ldots$에 대하여 $\sum_{k\in I} p_{ik}^{(n)} p_{kj}^{(m)} = p_{ij}^{(n+m)}$

이 있다. 2)는 행렬의 곱 $\mathbb{P}^n\mathbb{P}^m = \mathbb{P}^{n+m}$을 성분으로 쓴 것이다.

집합 I를 일반적인 연속 공간 S로(예를 들어, $S = \mathbb{R}, \mathbb{R}^d$ 또는 더욱 일반적인 폴란드 공간), 동시에 시각 $n = 0, 1, 2, \ldots$을 연속적인 $s \in \mathbb{R}_+ = [0, \infty)$로 확장하는 것을 생각해보자. 이 경우 추이 확률 $p_{ij}^{(n)}$의 성질 1)은 n, i를 고정할 경우 j에 대하여 I 위의 분포가 되는 것을 의미하기 때문에 일반화한 상황에서는 $p_{ij}^{(n)}$ 대신 $s \in \mathbb{R}_+, x \in S$에 대해 $(S, \mathcal{B}(S))$ 위의 확률측도

$$p(s, x, \cdot) \in \mathcal{P}(S)$$

를 생각하는 것이 된다. $p(s, x, \cdot)$는 시각 0에 x로부터 출발하는 마르코프 과정이 시각 s일 때 위치의 분포를 나타낸다. 이 경우 성질 2)는 상태 공간 위의 합을 적분으로 바꿔

$$\int_S p(s, x, dy)\, p(t, y, dz) = p(s+t, x, dz), \quad s, t \in \mathbb{R}_+,\ x, z \in S$$

라고 하는 성질로 일반화된다. 좀 더 자세히 기술하면 임의의 $A \in \mathcal{B}(S)$에 대하여

$$\int_S p(s, x, dy)\, p(t, y, A) = p(s+t, x, A)$$

가 성립한다는 성질이다. 이 관계식은(시간적으로 고른 경우에) **체프만–콜모고로프**(Chapman–Kolmogorov)**의 등식**이라고 한다.

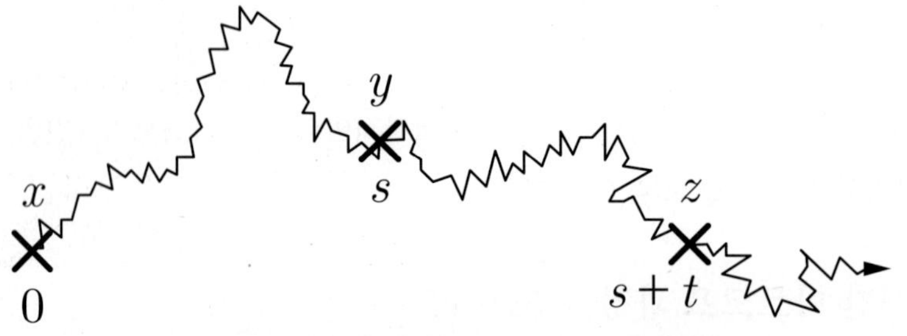

그림 7.5: 체프만–콜모고로프의 등식

7.6.2 가법 과정

§7.5에서 마르코프 연쇄의 특별한 것으로 d차원 정방 격자 $\mathbb{Z}^d$ 위의 막걸음을 생각했다. 추이 행렬은 공간적으로 고른, 즉 $p_{xy} = p_{y-x}$, $x, y \in \mathbb{Z}^d$를 만족하는 막걸음을 구성하였다. 즉, 분포 $p = (p_z)_{z\in\mathbb{Z}^d}$를 가진, 독립이고 같은 분포의 $\mathbb{Z}^d$–값 확률변수의 열 $(Z_n)_{n=1,2,...}$을 취하여 $X_0 = x$,

$$X_n = x + \sum_{k=1}^{n} Z_k, \quad n = 1, 2, \ldots$$

로 두면 (X_n)은 $x \in \mathbb{Z}^d$로부터 출발한 막걸음을 정의한다. 특히, $(X_n)_{n=0,1,2,...}$은 임의의 $k \geq 2$와 임의의 $0 = n_0 \leq n_1 < n_2 < \cdots < n_k$에 대하여

3) $(X_{n_j} - X_{n_{j-1}})_{j=1,2,...,k}$는 독립

이라는 성질을 가진다. $X_n - X_m, 0 \leq m < n,$을 (시각 m부터 시각 n 사이의) (X_n)의 증분(increment)이라고 하는데 이 성질은 (X_n)의 **증분이 독립**이 된다는 것을 의미한다.

공간적으로 고른 추이 행렬을 가진 막걸음의 일반화를 생각해보자. 그를 위해서 $S = \mathbb{R}^d$로 취하고 $s \in \mathbb{R}_+$에 대해

$$p(s, \cdot) \equiv p(s, O, \cdot) \in \mathcal{P}(\mathbb{R}^d)$$

가 주어졌다고 하고 $X_0 = x \in \mathbb{R}^d$일 때

$$P(X_s \in dy) = p(s, dy - x), \quad s \in \mathbb{R}_+,$$

달리 말하면 임의의 $A \in \mathcal{B}(\mathbb{R}^d)$에 대하여

$$P(X_s \in A) = p(s, A - x)$$

를 만족하도록 $\mathbb{R}^d$-값 확률과정 $(X_s)_{s\geq 0}$가 구성된다면 좋다. 단, $A - x = \{y - x; y \in A\}$이다. 그러나, 성질 3)을 일반화하여 임의의 $k \geq 2$와 임의의 $0 = s_0 \leq s_1 < s_2 < \cdots < s_k$에 대하여

$$(X_{s_j} - X_{s_{j-1}})_{j=1,2,\ldots,k} \quad \text{는 독립}$$

이 되도록 하고 싶다. 이렇게 증분이 독립이라는 성질을 가진 $\mathbb{R}^d$-값 확률과정 $(X_s)_{s\geq 0}$는 **가법 과정**(additive process)이라고 부른다. 달리 말하면 추이 확률이 공간적으로(더하여 시간적으로) 고른 마르코프 과정이다. 가법 과정 $(X_s)_{s\geq 0}$가 s에 대하여 확률 연속(즉, 임의의 $s_0 \geq 0$에 대하여 $s \to s_0$일 때 X_s는 X_{s_0}에 확률수렴한다)이고 더욱이 *a.s.* 로 길(표본 경로)이 우연속(더하여 좌극한을 가짐, càdlàg)이라는 조건 아래 (X_s)로 가능한 것은 어느 정도 부류일까, 레비(Lévy)-이토에 의해 완전히 특징지워진 것이 알려져 있다(이토 [4] 정리 32.11 참조). 또한 X_s가 s에 대하여 연속이면 (시간적으로 고른) 가법 과정은 (기댓값과 상수배를 제외하고) 본질적으로 **브라운 운동**이라고 부르는 것이 된다. 표본 경로가 도약을 가진 전형적인 예는 **푸아송 과정**이다. 아래에서는 $d = 1$인 경우에 한하여 생각한다.

7.7 브라운 운동

7.7.1 브라운 운동의 정의

브라운 운동을 공식화하자.

정의 7.33

확률공간 $(\Omega, \mathcal{F}, P)$ 위에서 정의된 (실숫값) 확률과정 $(B_t)_{t\geq 0} = (B_t(\omega))_{t\geq 0}$가 **브라운(Brown) 운동**이라는 것은 다음 세 조건을 만족하는 것이다.

1) $B_0 = 0$ a.s., 즉 $P(B_0 = 0) = 1$이다.

2) B_t는 연속, 즉 임의의 $\omega \in \Omega$에 대하여 $B_t(\omega)$는 t에 대하여 연속이다.

3) 임의의 $n = 2, 3, \ldots$과 임의의 $0 = t_0 < t_1 < \cdots < t_n$에 대하여 증분 $(B_{t_j} - B_{t_{j-1}})_{j=1,2,\ldots,n}$은 독립으로 각각 평균값 0, 분산 $t_j - t_{j-1}$인 정규분포를 따른다.

참고 7.34

조건 2)에서는 *a.s.* ω에 대한 연속성만 가정하는 것이 많다. 그러나, 표본 공간 Ω를 적당히 바꿔 취하면 실질적으로 2)를 가정해도 좋다.

조건 3)의 분포의 정규성(가우스성)은 다른 조건으로부터 자동적으로 따른다는 것이 알려져 있다. 그것은 중심극한정리와 밀접하게 관계하나 자세한 것은 생략한다.

조건 3)을 바꿔 말하면 임의의 $A_1, A_2, \dots, A_n \in \mathcal{B}(\mathbb{R})$에 대하여

$$P(B_{t_j} - B_{t_{j-1}} \in A_j, 1 \le j \le n) = \int_{A_1} dx_1 \int_{A_2} dx_2 \cdots \int_{A_n} dx_n \prod_{j=1}^{n} p(t_j - t_{j-1}, x_j)$$

이다. 여기서

$$p(t,x) = \frac{1}{\sqrt{2\pi t}} e^{-x^2/2t}, \quad t > 0,\ x \in \mathbb{R} \tag{7.21}$$

이다. 또한 $y_0 = 0$으로 하고 변수 변환 $x_j = y_j - y_{j-1}, 1 \le j \le n$을 실행하면 임의의 $A_1, A_2, \dots, A_n \in \mathcal{B}(\mathbb{R})$에 대하여

$$P(B_{t_j} \in A_j, 1 \le j \le n) = \int_{A_1} dy_1 \int_{A_2} dy_2 \cdots \int_{A_n} dy_n \prod_{j=1}^{n} p(t_j - t_{j-1}, y_{j-1}, y_j)$$

를 얻는다. 이것은 n시점에서 브라운 운동의 결합 분포를 준다. 또는 원통 집합의 측도이다. 단,

$$p(t,x,y) = p(t, x-y) = \frac{1}{\sqrt{2\pi t}} e^{-(x-y)^2/2t}, \quad t > 0,\ x, y \in \mathbb{R} \tag{7.22}$$

는 **열핵**(heat kernel, **열방정식의 기본 해**)이다. $p(t,x,dy) \equiv p(t,x,y)dy$가 체프만-콜모고로프의 등식을 만족하는 것을 보일 수 있다.

다음 정리는 가장 기본적인 것인데 증명은 생략한다. 예를 들어, 후나키 [9]를 참조하기 바란다.

정리 7.35

적당한 확률공간 위에서 브라운 운동은 존재한다.

이제 $W = C([0,\infty), \mathbb{R}), W_0 = \{w \in W; w_0 = 0\}$으로 두자. 단, $w \in W$는 $w = (w_t)_{t \ge 0}$를 나타낸다. 이러한 공간에서는 넓은 의미의 고른 수렴 위상을 생각하고 따라서 각각 보렐 집합족 $\mathcal{B}(W), \mathcal{B}(W_0)$이 주어진다.

정의 7.36

정의 7.33에서 $\Omega = W_0, \mathcal{F} = \mathcal{B}(W_0)$로 취하고 $B_t(w) = w_t \left(w = (w_t)_{t \ge 0} \in W_0\right)$가 브라운 운동이 되도록 하는 $(W_0, \mathcal{B}(W_0))$ 위의 확률측도 P를 **위너**(Wiener) **측도**라고 부른다.

어떤 확률공간 $(\Omega, \mathcal{F}, P)$ 위에 브라운 운동이 존재하면 사상

$$\Omega \ni \omega \longmapsto B(\omega) \equiv (B_t(\omega))_{t \ge 0} \in W$$

에 의한 P의 상 측도, 즉 B의 (W 위에서) 분포 P_B는 $P_B(W_0) = 1$을 만족하고 따라서 P_B를 W_0로 제한한 것은 위너 측도를 준다. 위너 측도는 정리 7.35에 의해 존재하고 더욱이 유일하다. $\mathcal{C}$를 W_0의 원통 집합 전체라고 할 때 $\mathcal{C}$ 위에서는 측도값이 유일하게 정해지고 $\mathcal{B}(W_0) = \sigma(\mathcal{C})$이고 $\mathcal{C}$는 π-계이기 때문이다(정리 A.3 참조).

7.7.2 브라운 운동의 성질

$(B_t)_{t\geq 0}$를 확률공간 $(\Omega, \mathcal{F}, P)$ 위에서 정의된 브라운 운동이라고 하자. 브라운 운동의 성질을 몇 개 살펴보자.

보조정리 7.37 (적률)

B_t의 짝수 차 적률은

$$E[B_t^2] = t, \quad E[B_t^4] = 3t^2, \quad E[B_t^6] = 15t^3 (= 5 \cdot 3 \cdot 1 t^3), \ldots$$

으로 주어진다. 한편, $n = 1, 3, 5, \ldots$이 홀수이면 $E[B_t^n] = 0$이다.

[**증명**] 평균값 0, 분산 t인 정규 분포를 따르는 확률변수 X의 특성함수는

$$E\left[e^{i\xi X}\right] = e^{-t\xi^2/2}$$

인데

$$E[X^n] = (-i)^n \frac{d^n}{d\xi^n} E\left[e^{i\xi X}\right]\Big|_{\xi=0}$$

에 유의하면 B_t의 적률을 계산할 수 있다(보기 2.44 참조). 홀수 차의 적률이 0이 되는 것은 B_t의 분포의 대칭성으로부터 명백하다. ■

보조정리 7.38 (공분산)

임의의 $t, s \geq 0$에 대하여 $E[B_t B_s] = t \wedge s$이다.

[**증명**] $0 \leq s < t$라고 하면 정의 7.33-3)으로부터 $B_t - B_s$와 B_s는 독립이므로

$$\begin{aligned} E[B_t B_s] &= E[(B_t - B_s)B_s] + E[B_s^2] \\ &= E[B_t - B_s]E[B_s] + s = s \end{aligned}$$

를 얻는다. ■

브라운 운동의 **독립 증분성**은 다음과 같이 일반화할 수 있다. $t \geq 0$에 대하여

$$\mathcal{F}_t^B = \sigma(B_s; s \leq t)$$

를 브라운 운동 $(B_t)_{t\geq 0}$의 자연스러운 정보계라고 하자.

명제 7.39

$0 \leq s < t$일 때 $B_t - B_s$와 $\mathcal{F}_s^B$는 독립이다.

[**증명**] 임의의 $n = 1, 2, \ldots$과 $0 = s_0 \leq s_1 < \cdots < s_n \leq s < t, f \in C_b(\mathbb{R}), g \in C_b(\mathbb{R}^n)$(함수 공간 C_b에 대해서는 §1.9의 기호 일람 참조)에 대하여

$$
\begin{aligned}
&E[f(B_t - B_s)g(B_{s_1}, B_{s_2}, \ldots, B_{s_n})] \\
&= \int_{\mathbb{R}^{n+2}} f(y_2 - y_1)g(x_1, x_2, \ldots, x_n) \prod_{j=1}^{n} p(s_j - s_{j-1}, x_{j-1}, x_j) \\
&\qquad \times p(s - s_n, x_n, y_1)p(t - s, y_1, y_2)\, dx_1 dx_2 \cdots dx_n dy_1 dy_2 \\
&= \int_{\mathbb{R}^{n+2}} f(y_2' - y_1')g(x_1, x_2, \ldots, x_n) \prod_{j=1}^{n} p(s_j - s_{j-1}, x_{j-1}, x_j) \\
&\qquad \times p(s - s_n, 0, y_1')p(t - s, y_1', y_2')\, dx_1 dx_2 \cdots dx_n dy_1' dy_2' \\
&= E[f(B_t - B_s)]E[g(B_{s_1}, B_{s_2}, \ldots, B_{s_n})].
\end{aligned}
$$

단, $x_0 = 0$이다. 두 번째 등호에서는 $y_1' = y_1 - x_n, y_2' = y_2 - x_n$으로 변수 변환을 하였다. 또, 마지막 등호에서는

$$
\begin{aligned}
&\int_{\mathbb{R}^2} f(y_2' - y_1')p(s - s_n, 0, y_1')p(t - s, y_1', y_2')\, dy_1' dy_2' \\
&\qquad = E[f(B_{t-s_n} - B_{s-s_n})] = E[f(B_t - B_s)]
\end{aligned}
$$

및

$$
\begin{aligned}
&\int_{\mathbb{R}^n} g(x_1, x_2, \ldots, x_n) \prod_{j=1}^{n} p(s_j - s_{j-1}, x_{j-1}, x_j)\, dx_1 dx_2 \cdots dx_n \\
&\qquad = E[g(B_{s_1}, B_{s_2}, \ldots, B_{s_n})]
\end{aligned}
$$

에 주의하여 푸비니의 정리를 이용하였다. 따라서 $B_t - B_s$와 $\sigma(B_{s_1}, B_{s_2}, \ldots, B_{s_n})$의 독립성을 알 수 있고 이로부터 결론을 얻는다. ■

따름정리 7.40

브라운 운동 $(B_t)_{t\geq 0}$는 $(\mathcal{F}_t^B)$에 대하여 마팅게일이다(보기 6.46-(1)의 각주 참조). 그의 2차 변분은 $\langle B \rangle_t = t$로 주어진다.

[**증명**] $0 \leq s < t$에 대해 명제 7.39를 이용하면 $A \in \mathcal{F}_s^B$일 때

$$E[B_t - B_s, A] = E[B_t - B_s] \cdot P(A) = 0$$

을 얻는다. 이것은 $(B_t)_{t\geq 0}$가 $(\mathcal{F}_t^B)$에 대하여 마팅게일이 됨을 의미한다. B_t의 2차 변분이 t가 되는 것을 말하기 위해

$$X_n = \sum_{k=1}^{n} \left(B_{kt/n} - B_{(k-1)t/n}\right)^2, \quad n = 1, 2, \ldots$$

에 대하여

$$\lim_{n\to\infty} E[(X_n - t)^2] = 0 \tag{7.23}$$

을 보이면 된다(보조 정리 6.45 참조). 실제로, $Z_k = (B_{kt/n} - B_{(k-1)t/n})^2 - t/n$으로 두면

$$E[(X_n - t)^2] = E\left[\left(\sum_{k=1}^{n} Z_k\right)^2\right] = \sum_{k=1}^{n} E[Z_k^2] = \frac{2t^2}{n} \to 0$$

이다. 이 계산에서는 증분의 독립성과 보조정리 7.37을 썼다. ■

브라운 운동에 대하여 아래 성질이 알려져 있으나 증명은 생략한다.

- *a.s.* ω에 대하여 $B_t(\omega)$는 t에 대하여 모든 곳에서 미분 불가능하다.

- **반복된 로그의 법칙**(law of iterated logarithm):

$$\limsup_{t\downarrow 0} \frac{B_t}{\sqrt{2t \log\log(1/t)}} = 1 \quad a.s. \tag{7.24}$$

- **연속율**(modulus of continuity): 브라운 운동의 표본 경로는 1/2-헬더보다 약간 나쁜 정도의 연속율을 가진다. 즉,

$$\limsup_{\substack{t_2 - t_1 = \varepsilon \downarrow 0 \\ 0 \leq t_1 < t_2 \leq 1}} \frac{|B_{t_2} - B_{t_1}|}{\sqrt{2\varepsilon \log(1/\varepsilon)}} = 1 \quad a.s. \tag{7.25}$$

7.8 푸아송 과정

도약이 있는 가법 과정 가운데 가장 간단하고 중요한 것은 푸아송 과정이다. 그 정의를 브라운 운동의 정의 7.33과 대비하면서 서술해보자.

정의 7.41

확률공간 $(\Omega, \mathcal{F}, P)$ 위에서 정의된 $\mathbb{Z}_+$-값 확률과정 $(N_t)_{t\geq 0} = (N_t(\omega))_{t\geq 0}$가 매개변수 λ를 가진 **푸아송 과정**(Poisson process)이라고 하는 것은 다음 세 조건을 만족할 때를 말한다. 단, $\lambda > 0$이다.

1) $N_0 = 0$ a.s.

2) 임의의 $\omega \in \Omega$에 대하여 $N_t(\omega)$는 t에 대하여 우연속이고 단조 증가한다.

3) 임의의 $n = 2,3,\ldots$과 임의의 $0 = t_0 < t_1 < \cdots < t_n$에 대하여 증분 $(N_{t_j} - N_{t_{j-1}})_{j=1,2,\ldots,n}$는 독립이고 각각 매개변수 $\lambda(t_j - t_{j-1})$을 가진 푸아송 분포를 따른다.

조건 3)을 달리 말하면 임의의 $\ell_1, \ell_2, \ldots, \ell_n \in \mathbb{Z}_+$에 대하여

$$\begin{aligned} &P(N_{t_j} - N_{t_{j-1}} = \ell_j, 1 \leq j \leq n) \\ &= \prod_{j=1}^{n} e^{-\lambda(t_j - t_{j-1})} \frac{\{\lambda(t_j - t_{j-1})\}^{\ell_j}}{\ell_j!} \end{aligned} \tag{7.26}$$

이다. 푸아송 과정의 독립 증분성은 다음과 같이 일반화할 수 있다. 증명은 명제 7.39와 마찬가지다.

명제 7.42

$0 \leq s < t$일 때 $N_t - N_s$와 $\mathcal{F}_s^N = \sigma(N_u ; u \leq s)$는 독립이다.

따름정리 7.43

$(N_t - \lambda t)_{t\geq 0}$는 $(\mathcal{F}_t^N)$에 대하여 마팅게일이다.

[**증명**] $0 \leq s < t$에 대하여 명제 7.42를 이용하면 $A \in \mathcal{F}_s^N$ 일 때

$$E[N_t - N_s - \lambda(t-s), A] = E[N_t - N_s - \lambda(t-s)] \cdot P(A) = 0$$

을 얻는다. $E[N_t] = \lambda t$에 주의하면 된다. ■

- **푸아송 과정의 구성**

푸아송 과정은 (7.26)으로부터 콜모고로프의 확장정리에 기반하여 구성하는 것이 가능하다. 또는 아래와 같이 구체적으로 구성하는 것도 가능하다.

먼저, 독립인 $\mathbb{R}_+$-값 확률변수의 열 $(S_j)_{j=1,2,\ldots}$로 각각 매개변수 λ를 가진 **지수분포**(exponential distribution, **보기** 2.31-(3))

$$P(S_j \geq t) = e^{-\lambda t}, \quad t > 0$$

를 따르는 것을 적당한 확률공간 위에 준비한다(연습문제 7.8 참조). 이때,

$$Z_0 = 0, \qquad Z_k = \sum_{j=1}^{k} S_j, \quad k = 1, 2, \ldots$$

로 하고

$$N_t = \max\{k; Z_k \leq t\} \in \bar{\mathbb{Z}}_+ \big(\equiv \mathbb{Z}_+ \cup \{\infty\} \big)$$

로 두면 $(N_t)_{t \geq 0}$는 매개변수 λ를 가진 푸아송 과정이 된다. 실제로 큰 수의 강법칙으로부터 $\frac{1}{k} Z_k \to E[S_1] = \frac{1}{\lambda} > 0$ *a.s.* 가 되기 때문에 $P(N_t \in \mathbb{Z}_+) = 1$이다. 증명은 두렛(Durrett) [13] 또는 노리스(Norris) [14] 에 맡긴다. 보기 5.29에서 언급한 상황에서는 Z_k는 k번째 전화가 걸려온 시각을 나타내는 것으로 생각할 수 있다. 또, $\mathbb{R}_+$ 위의 무작위 점의 집합 $(Z_k)_{k=1,2,\ldots}$는 강도 λ의 푸아송 점과정이다(§5.5.2 참조).

연습문제

7.1. $(X_n)_{n=0,1,2,\ldots}$은 $I = \{1,2,3\}$ 위의 마르코프 연쇄로 초기분포는 ν, 추이 행렬은 $\mathbb{P} = (p_{ij})_{i,j \in I}$이다. $\mathbb{P}$는 임의의 $i, j \in I$에 대하여 $p_{ij} > 0$을 만족한다고 가정한다. $f : I \to J = \{1,2\}$를 $f(1) = 1, f(2) = f(3) = 2$로 정하여 J–값 확률과정 $\big(Y_n \equiv f(X_n)\big)_{n=0,1,2,\ldots}$을 생각한다. 이때, 임의의 ν에 대하여 $(Y_n)_{n=0,1,2,\ldots}$이 J 위의 마르코프 연쇄가 되도록 $\mathbb{P}$에 대한 조건을 구하여라. 또한, 이 조건 아래 (Y_n)의 추이 행렬 $\mathbb{Q} = (q_{ij})_{i,j \in J}$를 구하여라.

7.2. 명제 7.17의 증명 안에서 $P_i(\tau < \infty) = 1$을 보여라.

7.3. 보기 7.21-(3)의 확률 행렬 $\mathbb{P}$에 대하여 $n \geq 6$이면 $\mathbb{P}^n$의 모든 성분이 양이 됨을 확인하여라. 특히, $\mathbb{P}$는 에르고딕이다. 또, 대응하는 마르코프 연쇄의 불변분포 π를 구하여라.

7.4. 다음 확률 행렬 $\mathbb{P} = (p_{ij})_{i,j \in I}$를 추이 행렬로 하는 $I = \{1,2,3,4\}$ 위의 마르코프 연쇄는 에르고딕인지 아닌지 각각 판정하여라. 또, 에르고딕인 것에 대해서는 불변분포를 구하여라.

$$(1)\ \frac{1}{3}\begin{pmatrix}1&1&0&1\\1&1&0&1\\2&0&1&0\\1&1&0&1\end{pmatrix}\quad(2)\ \begin{pmatrix}0&1&0&0\\0&0&1&0\\0&0&0&1\\1&0&0&0\end{pmatrix}\quad(3)\ \frac{1}{2}\begin{pmatrix}0&2&0&0\\0&0&1&1\\0&0&0&2\\2&0&0&0\end{pmatrix}$$

7.5. 원점 O로부터 출발한 1차원 단순 막걸음은 재귀적이므로 $\tau = \min\{n \geq 1; X_n = O\}$는 $\tau < \infty$ $a.s.$ 를 만족한다. 그러나, 그 기댓값은 발산(즉, $E[\tau] = \infty$이다)하는 것을 보여라.

7.6. $Y_n \in \mathbb{Z}^3, n = 0,1,2,\ldots$을 정리 7.32의 증명의 4단계에서 정의한 확률과정이라고 하고

$$\sigma_1 = \min\{n > \sigma_0; Y_n \neq Y_{n-1}\},\ \sigma_2 = \min\{n > \sigma_1; Y_n \neq Y_{n-1}\},\ldots$$

을 구하여라. 단, $\sigma_0 = 0$이다. 이때, $P(\sigma_n < \infty) = 1$이고 $(\bar{Y}_n \equiv Y_{\sigma_n})_{n=0,1,2,\ldots}$은 3차원 단순 막걸음이 되는 것을 보여라.

7.7. (**브라운 운동의 스케일 불변성**) $(B_t)_{t\geq 0}$를 브라운 운동이라고 할 때 $c > 0$에 대하여 $(\bar{B}_t \equiv cB_{t/c^2})_{t\geq 0}$도 브라운 운동이 됨을 보여라.

7.8. $\mathbb{R}_+$–값 확률변수 S가 (매개변수 $\lambda > 0$를 가진) 지수분포를 따른다는 것과 임의의 $s,t \geq 0$에 대하여

$$P(S \geq s + t | S \geq s) = P(S \geq t)$$

가 성립한다는 것은 동치임을 보여라. 이 성질을 지수분포의 **무기억성**(memoryless property)이라고 한다.

A

부록

본문에서 이용한 측도론에 대한 정리를 요약해둔다. 딘킨의 π–λ 정리, 라돈–니코딤 정리, 호프의 확장정리 및 콜모고로프의 확장정리이다.

A.1 π–λ 정리

여기서는 딘킨(Dynkin)의 π–λ 정리(또는 딘킨족 정리라고 한다)에 대해 논한다.

정의 A.1

(1) Ω의 집합족 $\mathcal{P}$가 **π–계**(승법족, multiplicative class)라는 것은

1) $\Omega \in \mathcal{P}$

2) $A, B \in \mathcal{P} \Longrightarrow A \cap B \in \mathcal{P}$

의 두 조건을 만족할 때를 말한다.

(2) Ω의 집합족 $\mathcal{L}$이 **λ–계**(딘킨족, Dynkin class)라는 것은

2) $\Omega \in \mathcal{L}$

2) $A, B \in \mathcal{L}$로 $A \subset B \Longrightarrow B \setminus A \in \mathcal{L}$

3) $A_n \in \mathcal{L} \nearrow A$(즉 $A_1 \subset A_2 \subset \cdots$, $\bigcup_{n=1}^{\infty} A_n = A$)$\Longrightarrow A \in \mathcal{L}$

의 세 조건을 만족할 때를 말한다.

정리 A.2 (딘킨의 π–λ 정리)

(1) π–계 $\mathcal{P}$와 λ–계 $\mathcal{L}$이 주어지고 $\mathcal{P} \subset \mathcal{L}$을 만족하면 $\sigma(\mathcal{P}) \subset \mathcal{L}$이 성립한다.

(2) $\mathcal{P}$를 포함하는 가장 작은 λ–계를 $\mathcal{L}(\mathcal{P})$로 두면 $\mathcal{P}$가 π–계일 때 $\mathcal{L}(\mathcal{P}) = \sigma(\mathcal{P})$이다.

[**증명**] 1**단계**: 먼저 (1)에 대해 말해보자. 만일 $\mathcal{L}(\mathcal{P})$가 π–계가 되는 것을 보이면 연습문제 A.1로부터 $\mathcal{L}(\mathcal{P})$는 σ–집합대수이다. 따라서 $\sigma(\mathcal{P}) \subset \mathcal{L}(\mathcal{P})$를 알 수 있다. 그런데 가정 「$\mathcal{P} \subset \mathcal{L}$, $\mathcal{L}$은 λ–계」로부터 $\mathcal{L}(\mathcal{P}) \subset \mathcal{L}$이다. 그러므로 (1)의 결론 $\sigma(\mathcal{P}) \subset \mathcal{L}$를 보인다.

2**단계**: $\mathcal{L}(\mathcal{P})$가 π–계가 되는 것을 보이자. 그러기 위해 $A \subset \Omega$에 대하여

$$\mathcal{G}_A = \{B; A \cap B \in \mathcal{L}(\mathcal{P})\}$$

로 두자. 그러면 연습문제 A.2($\mathcal{L}$을 대신하여 $\mathcal{L}(\mathcal{P})$를 취하자)로부터 「$A \in \mathcal{L}(\mathcal{P}) \Longrightarrow \mathcal{G}_A$는 λ–계」이다. 그런데, 「$A \in \mathcal{P} \Longrightarrow \mathcal{P} \subset \mathcal{G}_A$」이다. 말하자면, $\mathcal{P}$는 π–계이므로, 임의의 $B \in \mathcal{P}$에 대하여 $A \cap B \in \mathcal{P} \subset \mathcal{L}(\mathcal{P})$, 즉 $\mathcal{P} \subset \mathcal{G}_A$이다.

이제, $A \in \mathcal{P}$일 때 $\mathcal{G}_A$가 λ–계가 되는 것에 주목하면, 이상으로부터 「$A \in \mathcal{P} \Longrightarrow \mathcal{L}(\mathcal{P}) \subset \mathcal{G}_A$」가 증명되었다. 달리 말하면 「$A \in \mathcal{P}, B \in \mathcal{L}(\mathcal{P}) \Longrightarrow A \cap B \in \mathcal{L}(\mathcal{P})$」이다. 즉, 「$B \in \mathcal{L}(\mathcal{P}) \Longrightarrow \mathcal{P} \subset \mathcal{G}_B$」를 알았다. 그런데, $B \in \mathcal{L}(\mathcal{P})$일 때 $\mathcal{G}_B$는 λ–계이므로 $\mathcal{L}(\mathcal{P}) \subset \mathcal{G}_B$이다. 결국, 「$B, C \in \mathcal{L}(\mathcal{P}) \Longrightarrow B \cap C \in \mathcal{L}(\mathcal{P})$」를 말할 수 있고 $\mathcal{L}(\mathcal{P})$가 π–계가 되는 것을 증명하여 (1)을 보였다.

3**단계**: 마지막으로 (2)를 보이자. $\sigma(\mathcal{P})$는 σ–집합대수이므로 λ–계이고 따라서 $\mathcal{L}(\mathcal{P}) \subset \sigma(\mathcal{P})$는 명백하다. 그런데 (1)로부터 $\sigma(\mathcal{P}) \subset \mathcal{L}(\mathcal{P})$이므로 $\mathcal{L}(\mathcal{P}) = \sigma(\mathcal{P})$임을 알 수 있다. ■

π–λ정리를 응용하면 **측도의 유일성**을 보증하는 다음 정리를 얻는다(연습문제 A.3 참조).

정리 A.3

$\mathcal{P}$를 π–계라고 하자. 그러면 $\sigma(\mathcal{P})$ 위의 두 확률측도 $\mu, \tilde{\mu}$가 $\mathcal{P}$에서 일치하면 $\mu = \tilde{\mu}$이다. 즉, $\sigma(\mathcal{P})$ 위에서도 일치한다.

[**증명**] 1**단계**: $\mathcal{L} = \{A \in \sigma(\mathcal{P}); \mu(A) = \tilde{\mu}(A)\}$로 두자. $\mathcal{L}$이 λ–계가 되는 것을 말할 수 있으면 가정으로부터 $\mathcal{P} \subset \mathcal{L}$이므로 π–λ정리에 의해 $\sigma(\mathcal{P}) \subset \mathcal{L}$이다. 즉, $\sigma(\mathcal{P})$ 위에서 $\mu = \tilde{\mu}$가 됨을 알 수 있다.

2**단계**: $\mathcal{L}$이 λ–계가 되는 것을 보이자. 먼저, 「$\Omega \in \mathcal{L}$」는 명백하다. 다음, $A, B \in \mathcal{L}$로 $A \subset B$라고 하면

$$\mu(B \setminus A) = \mu(B) - \mu(A) = \tilde{\mu}(B) - \tilde{\mu}(A) = \tilde{\mu}(B \setminus A)$$

이므로 $B \setminus A \in \mathcal{L}$이다. 마지막으로 $A_n \in \mathcal{L} \nearrow A$라고 하자. 그러면 정리 2.10-2)에 주목하면

$$\mu(A) = \lim_{n \to \infty} \mu(A_n) = \lim_{n \to \infty} \tilde{\mu}(A_n) = \tilde{\mu}(A)$$

이므로 $A \in \mathcal{L}$를 보였다. ■

참고 A.4 (π–λ 정리의 의의)

($\star$)를 어떤 사실이라고 하고, 집합족 $\mathcal{P}$ 위에서 ($\star$)가 성립하는 것이 알려져 있다고 하자. 그러면 $\mathcal{P}$을 포함하는 최소 σ–집합대수 $\sigma(\mathcal{P})$ 위에서도 ($\star$)가 성립하는 것을 보이고자 할 때가 종종 있다(정리 A.3, 정리 3.34 등). 그를 위해서 $\mathcal{L} = \{(\star)$가 성립$\}$으로 두고 $\sigma(\mathcal{P}) \subset \mathcal{L}$를 말할 수 있으면 좋다. 그러므로, 예를 들어 $\mathcal{L}$ 자신이 σ–집합대수가 되는 것을 말하려고 할 때 σ–집합대수(정의 2.1-(1))의 조건 3): $A_n \in \mathcal{L}, n = 1, 2, \ldots \Longrightarrow \bigcup_{n=1}^{\infty} A_n \in \mathcal{L}$ 을 보일 필요가 있다. 그러나 이 작업은 종종 번거로울 수 있다. 말하자면 이대로 집합 A_n은 꼭 단조인 것은 아니기 때문이다. π–λ 정리에 의하면($\mathcal{P}$가 π–계가 되는 것을 별도로 보였다면) 기본적으로 A_n이 단조증가인 경우에만 조건을 확인하면 충분하게 되고 그것은 정리 2.10-2)이나 적분의 단조수렴정리 등을 적용하면 되고 논의는 훨씬 쉽게 된다.

같은 목적으로 다음 단조족의 정리도 자주 이용된다.

정리 A.5

$\mathcal{L}$이 **단조족**(monotone class)이라는 것은 정의 A.1-(2)의 조건 3)과

3)′ $A_n \in \mathcal{L} \searrow A$(즉, $A_1 \supset A_2 \supset \cdots$, $\bigcap_{n=1}^{\infty} A_n = A$) $\Longrightarrow A \in \mathcal{L}$

을 만족하는 것을 말한다.

정리 A.6 (단조족의 정리)

(1)$\mathcal{L}$이 단조족이며 유한 가법족이면 $\mathcal{L}$은 σ–집합대수이다.

(2) 유한 가법족 $\mathcal{P}$와 단조족 $\mathcal{L}$이 주어지고 $\mathcal{P} \subset \mathcal{L}$을 만족하면 $\sigma(\mathcal{P}) \subset \mathcal{L}$이 성립한다.

A.2 라돈–니코딤 정리

조건부 확률의 정의(정의 3.25)를 명확히 기술하기 위해 라돈–니코딤의 정리를 이용하였다. 그 결과를 정리해 보자.

측도공간 $(S, \mathcal{S}, \mu)$와 S 위의 실숫값 가적분 함수 f가 주어졌다고 하자. 즉, f는 사상 $f : (S, \mathcal{S}) \to (\mathbb{R}, \mathcal{B}(\mathbb{R}))$로 가측이고 $\int_S |f(x)| \mu(dx) < \infty$를 만족한다고 하자. 이때, $A \in \mathcal{S}$에 대하여

$$\nu(A) = \int_A f(x) \mu(dx) \tag{A.1}$$

로 두면 집합함수 ν는 부호를 가진 유한한 측도로 μ에 대하여 절대연속이다. 즉,

1) (유한성) 임의의 $A \in \mathcal{S}$에 대하여 $|\nu(A)| < \infty$ (즉, $\nu(A) \in \mathbb{R}$).

2) (σ–가법성) $A_n \in \mathcal{S}, n = 1, 2, \ldots$은 서로소인 집합이면

$$\nu\left(\bigcup_{n=1}^{\infty} A_n\right) = \sum_{n=1}^{\infty} \nu(A_n).$$

3) (**절대연속성**) $\mu(A) = 0, A \in \mathcal{S}$ 이면 $\nu(A) = 0$.

거꾸로 이와 같은 조건을 만족하는 ν가 주어졌을 때 함수 f를 적당히 취하면 ν는 (A.1)의 형태로 표현 가능하다는 것을 보증하는 것이 **라돈–니코딤의 정리**이다.

정리 A.7

μ는 $(S, \mathcal{S})$ 위의 유한 측도(즉, $\mu(S) < \infty$), ν는 $(S, \mathcal{S})$ 위의 부호를 가진 유한한 측도로 μ에 대하여 절대연속이라고 가정하자. 그러면

1) S 위에서 $\mathbb{R}$ 값 $\mathcal{S}$–가측함수 f로 μ에 대하여 가적분인 것이 존재하여 ν는 (A.1)과 같이 표현 가능하다.

2) (f의 유일성) 조건 (A.1)을 만족하는 함수 $\tilde{f}$가 또 존재하면

$$f(x) = \tilde{f}(x), \quad \mu\text{-}a.e.\, x$$

가 성립한다.

정의 A.8

정리 A.7이 정하는 함수 f를 ν의 μ에 대한 **밀도함수**(density function)라고 부르고

$$\frac{d\nu}{d\mu}(x)$$

로 쓰기도 한다.

참고 A.9

라돈–니코딤의 정리는 μ가 꼭 유한측도가 아니고 σ–유한측도인 경우에도 성립하는 것이 알려져 있다. 여기서는 정리 A.7의 증명은 생략하나 야지마 [3] 등을 참조하기 바란다. 2)에서 f의 유일성은 명백하다. 말하자면, $g(x) = f(x) - \tilde{f}(x)$로 두면 (A.1)로부터 임의의 $A \in \mathcal{S}$에 대하여

$$\int_A g(x)\mu(dx) = 0$$

이므로 예를 들어, $A = \{g > 1/n\}$로 취하면 $\mu(\{g > 1/n\}) = 0, n = 1, 2, \ldots$ 을 알 수 있고 μ의 σ–가법성으로부터 $\mu(\{g > 0\}) = 0$을 얻는다. 마찬가지로 $\mu(\{g < 0\}) = 0$도 보일 수 있으므로 $\mu(\{g \neq 0\}) = 0$, 즉 $g(x) = 0$, μ-$a.e.$ x를 알 수 있다.

A.3 호프의 확장정리와 콜모고로프의 확장정리

정리 A.10 (호프 (Hopf)의 확장정리)

$\mathcal{C}$는 Ω의 유한집합대수이고 μ는 $(\Omega,\mathcal{C})$ 위의 유한 가법적 확률측도라고 하자. 그러면

(1) μ가 $\mathcal{C}$ 위에서 σ–가법적

이라면 μ는 $(\Omega,\sigma(\mathcal{C}))$ 위에서 확률측도로 유일하게 확장 가능하다.

조건 (1)은 다음 조건과 동치이다(정리 2.10의 증명 참조).

(2) $C_n \in \mathcal{C} \searrow \emptyset \implies \lim_{n\to\infty} \mu(C_n) = 0$

또는 그의 대우를 취하면

(2)′ $C_n \in \mathcal{C} \searrow$이고 $\lim_{n\to\infty} \mu(C_n) > 0 \implies \bigcap_{n=1}^{\infty} C_n \neq \emptyset$

응용에서는 이 조건이 자주 사용된다.

이 정리는 **카라테오도리**(Carathéodory)**의 확장정리**라고 부르기도 한다. 콜모고로프의 확장정리는 호프의 확장정리를 이용하여 증명한다.

[**정리 7.1의 증명**] 후나키 [9] 정리 A.1에서도 증명했지만 여기서는 줄거리만 서술하고자 한다.
1**단계**: $\mathbb{R}^{\mathbb{N}}$의 원통형 집합 전체를 $\mathcal{C}$라고 하자. 즉, $\mathcal{C} = \bigcup_{n=1}^{\infty}\{A\times\mathbb{R}^{\mathbb{N}}; A\in\mathcal{B}(\mathbb{R}^n)\}$이다. 정합조건으로부터 μ를 $\mathcal{C}$ 위에서 $\mu(A\times\mathbb{R}^{\mathbb{N}}) = \mu_n(A)$로 유일하게 정의할 수 있다. 이 μ가 정리 A.10의 (2)′를 만족한다는 것을 말할 수 있으면 된다.
2**단계**: (2)′의 C_n은 $C_n = A_n\times\mathbb{R}^{\mathbb{N}}, A_n\in\mathcal{B}(\mathbb{R}^n)$의 형태라고 가정해도 된다. 그러면 각 μ_n은 내부 정칙(연습문제 5.3 참조)이므로 A_n은 필요하다면 작게 하여 콤팩트 집합이라고 가정해도 된다. 이렇게 C_n을 고치면 $\bigcap_{n=1}^{\infty} C_n \neq \emptyset$을 보이는 것은 비교적 쉽다. ■

연습문제

A.1. Ω의 집합족 $\mathcal{A}$가 π–계이고 λ–계이면 σ–집합대수가 됨을 보여라(정리 A.2를 이미 안다고 하면 $\mathcal{P} = \mathcal{L}$로 취하여 바로 말할 수 있지만 여기서는 정리 A.2를 가정하지 말고 보여라).

A.2. $\mathcal{L}$을 λ–계라고 하고 $A\in\mathcal{L}$를 취하면 $\mathcal{G} = \{B; A\cap B\in\mathcal{L}\}$는 λ–계가 됨을 보여라.

A.3. $\mathcal{P}$가 π–계가 아니면 정리 A.3이 반드시 성립하지 않는다. 반례를 보여라.

연습문제 해답

제 2장

2.1. $\mathcal{A}_1 \subset \mathcal{O} \equiv \{\mathbb{R}$의 열린집합 전체$\}$이므로 $\sigma(\mathcal{A}_1) \subset \mathcal{B}(\mathbb{R})$은 명백하다. 거꾸로 $\mathcal{B}(\mathbb{R}) \subset \sigma(\mathcal{A}_1)$을 말하기 위해서 임의의 $O \in \mathcal{O}$가 가산개의 열린 구간의 열 $J_n \in \mathcal{A}_1, n = 1, 2, \ldots$에 따라 $O = \bigcup_{n=1}^{\infty} J_n$으로 나타낼 수 있음을 보이면 충분하다. 그래서 $\mathcal{A}_1$에 들어가는 $J = (a, b)$ 가운데 끝점 a, b가 모두 유리수인 것 전체를 $\mathcal{A}_1^{\mathbb{Q}}$로 나타내자. 이때, $\mathcal{A}_1^{\mathbb{Q}}$는 가산 무한집합이다. 그러면 임의의 $x \in O$에 대하여 $J(x) \in \mathcal{A}_1^{\mathbb{Q}}$가 존재하여 $x \in J(x) \subset O$가 된다. 따라서 $O = \bigcup_{x \in O} J(x)$이다. 그러나 우변은 많아야 가산 합이다. 그러므로 $O \in \sigma(\mathcal{A}_1)$, 따라서 $\mathcal{B}(\mathbb{R}) \subset \sigma(\mathcal{A}_1)$를 보였다.

예를 들어, $\sigma(\mathcal{A}_2) \subset \sigma(\mathcal{A}_1)$을 말할 때는 $[a, b) = \bigcap_{n=1}^{\infty}(a - \frac{1}{n}, b)$가 되는 것에 주의하면 된다. 나머지 같은 논의가 가능하다.

2.2. 명제 2.20의 증명과 마찬가지로 $\mathcal{G} = \{A \subset \mathbb{R}^n; X^{-1}(A) \in \mathcal{F}\}$는 σ–집합대수가 됨을 알 수 있다. 또, $\mathbb{R}^n$에서 직방체의 집합 $\mathcal{P} = \{A_1 \times A_2 \times \cdots \times A_n; A_k \in \mathcal{B}(\mathbb{R}), k = 1, 2, \ldots, n\}$를 생각하면 각 X_k의 가측성으로부터 $\mathcal{P} \subset \mathcal{G}$이다. 또한, 문제 1의 해답과 마찬가지로 $\mathcal{B}(\mathbb{R}^n) = \sigma(\mathcal{P})$를 보일 수 있다. 따라서 $\mathcal{B}(\mathbb{R}^n) \subset \mathcal{G}$, 즉「$A \in \mathcal{B}(\mathbb{R}^n) \Longrightarrow X^{-1}(A) \in \mathcal{F}$」를 알 수 있다.

2.3. $A_n \in \mathcal{B}(\mathbb{R}), n = 1, 2, \ldots$은 서로소라고 하자. 그러면

$$
\begin{aligned}
P_X\left(\bigcup_{n=1}^{\infty} A_n\right) &= P\left(X^{-1}\Big(\bigcup_{n=1}^{\infty} A_n\Big)\right) = P\left(\bigcup_{n=1}^{\infty} X^{-1}(A_n)\right) \\
&= \sum_{n=1}^{\infty} P\big(X^{-1}(A_n)\big) = \sum_{n=1}^{\infty} P_X\big(A_n\big)
\end{aligned}
$$

이다.

2.4. $j = 1, 2, \ldots$에 대하여 $J_j = \{a; F(a+) - F(a-) \geq \frac{1}{j}\}$는 기껏해야 j개의 점으로 된 집합이다. 말하자면, 만일 이 집합에 $j + 1$개 이상의 점이 있다면 $\lim_{x \to \infty} F(x) - \lim_{x \to -\infty} F(x) \geq$

$\frac{j+1}{j}$ 이 되어 조건 2)에 반하기 때문이다. 그런데 F의 불연속점의 집합은 $\bigcup_{j=1}^{\infty} J_j$로 쓸 수 있기 때문에 결론을 말할 수 있다.

2.5. $y = \frac{x-m}{\sqrt{v}}$ 로 두고 치환적분을 실행하면

$$\int_{\mathbb{R}} p_{m,v}(x)\,dx = \frac{1}{\sqrt{2\pi}} \int_{\mathbb{R}} e^{-\frac{y^2}{2}}\,dy$$

이다. 그러나 우변이 1이 되는 것은 이중적분의 응용으로 미적분학에서 배웠다.

2.6. 함수 $f(z) = 1/(1+z^2)$을 $\mathbb{C}$의 상반평면에서 생각하면 f의 극은 $z = i$이고 그 유수는 $1/2i$이다. 따라서 유수정리를 응용하여 적분을 계산할 수 있다.

2.7. $\mathrm{Cov}(X, X^2) = 0$이다.

2.8. 등식 $\sum_{\ell=0}^{\infty}(1-p)^{\ell} = 1/p,\ 0 < p < 1$의 양변을 p에 대하여 미분하여 $E[X]$를 구한다. 또, 한번 더 미분하여 $\mathrm{Var}(X)$를 구한다.

2.9. $g = 1_A, A \in \mathcal{B}(\mathbb{R})$일 때는 명백하다. 따라서 g가 단순함수일 때 말할 수 있고 또 극한을 취하면 일반적인 g에 대해서도 (2.7)을 보인다.

2.10. 먼저 $d(X,Y)$가 거리의 공리「(1) $d(X,Y) \geq 0$, $d(X,Y) = 0 \Longleftrightarrow X = Y$; (2) $d(X,Y) = d(Y,X)$; (3) (삼각부등식) $d(X,Z) \leq d(X,Y) + d(Y,Z)$」를 만족함을 말한다. (1)은 $X = Y$ *a.s.* 일때 X와 Y를 같게 여기는 것에 주의하면 되고 (2)는 명백하다. 또, (3)은 함수 $\psi(x) = \frac{x}{1+x}, x \geq 0$가 x에 대하여 단조증가하고 $\psi(x+y) \leq \psi(x) + \psi(y), x, y \geq 0,$를 만족하는 것을 이용하면 된다.

다음「$d(X_n, X) \to 0 \Longleftrightarrow X_n \to X$(확률수렴)」을 보이자. 먼저, 체비셰프의 부등식으로부터 임의의 $\varepsilon > 0$에 대하여

$$P(|X_n - X| > \varepsilon) \leq \frac{1}{\psi(\varepsilon)} E[\psi(|X_n - X|)] = \frac{1}{\psi(\varepsilon)} d(X_n, X)$$

이므로 $d(X_n, X) \to 0$이면 $X_n \to X$(확률수렴)이다. 거꾸로 $Y_n = |X_n - X|$으로 두고 $\psi(x) \leq 1, \psi(\varepsilon) \leq \varepsilon$에 주의하면

$$d(X_n, X) = E[\psi(Y_n), Y_n > \varepsilon] + E[\psi(Y_n), Y_n \leq \varepsilon] \leq P(Y_n > \varepsilon) + \varepsilon$$

이다. 따라서 $X_n \to X$(확률수렴)이면 $\limsup_{n\to\infty} d(X_n, X) \leq \varepsilon$이고 $\varepsilon > 0$은 임의이므로 $\limsup_{n\to\infty} d(X_n, X) = 0$, 즉 $d(X_n, X) \to 0$을 보인다.

2.11. (Durrett [13] Chapter 1, Exercise 6.2 참조) 만일 대개 수렴이 거리 부여가 가능하다면「$X_n \to X$ (*a.s.*) $\Longleftrightarrow$ (X_n)의 임의의 부분열 $(X_{n'})$은 X로 대개 수렴하는 부분열

$(X_{n''})$을 가진다」가 성립한다. 그런데 X_n이 X에 확률수렴하면 후반의 주장을 보이므로 (명제 2.49 참조)「확률수렴 $\Longrightarrow$ 대개 수렴」이 된다. 그러나 이것은 반드시 성립하는 것은 아니므로(보기 2.48 참조) 모순이다.

2.12. $k = 1, 2, \ldots$에 대하여 $n_k \in \mathbb{N}$가 존재해서 $P(|X_{n_k} - X| \geq 2^{-k}) \leq 2^{-k}$가 된다. 특히, $\sum_{k=1}^{\infty}$(우변) $< \infty$이므로 보렐-칸텔리의 보조정리(보조정리 4.4)로부터 $P(|X_{n_k} - X| \geq 2^{-k}\ i.o.) = 0$이다. 즉, $a.s.$-ω에 대하여「$k_0 = k_0(\omega)$가 존재해서 $k \geq k_0 \Longrightarrow |X_{n_k} - X| < 2^{-k}$」가 성립한다.

2.13. 귀류법을 이용하라. 즉, 결론이 성립하지 않는다고 가정하고 모순을 유도한다.

2.14. 정리 2.57-1)의 증명과 같다.

제 3장

3.1. (1), (2)는 명백하다. (3)도 우변의 분모는 (2)로부터 $P(A)$와 같은데 쉽게 보일 수 있다.

3.2. 예를 들어,「(1) $\Longrightarrow$ (2)」는 다음과 같이 보이면 된다.

$$\begin{aligned} P(A^c \cap B) &= P(B \setminus (A \cap B)) = P(B) - P(A \cap B) \\ &= P(B) - P(A)P(B) = (1 - P(A))P(B) = P(A^c)P(B). \end{aligned}$$

다른 것도 마찬가지이다.

3.3. $\Omega = \{0, 1, 2, 3\}$으로 하고 Ω 위의 확률측도 P를 $P(\{1\}) = P(\{2\}) = P(\{3\}) = \alpha, P(\{0\}) = 1 - 3\alpha$로 정하자. 단, $\alpha = (3 - \sqrt{3})/4$이다. 이때, $A_1 = \{0, 1\}, A_2 = \{0, 2\}, A_3 = \{0, 3\}$으로 취하면 $\{A_k\}_{k=1,2,3}$는 조건 (3.3)을 만족하지만 독립은 아니다. 또는, $\Omega = \{0, 1, 2, 3, 4\}$로 취하고 Ω 위의 확률측도 P를 $P(\{k\}) = \frac{8}{27}, k = 1, 2, 3, P(\{0\}) = \frac{1}{27}, P(\{4\}) = \frac{2}{27}$로 정하여 위와 마찬가지로 사건 $A_k = \{0, k\}$를 생각한다. 이때, $\{A_k\}_{k=1,2,3}$는 (3.3)을 만족하지만 독립이 아니다.

3.4. $\Omega = \{0, 1, 2, 3\}$으로 하고 Ω 위에 고른 확률측도 P를 생각하자. 즉, 임의의 $k \in \Omega$에 대하여 $P(\{k\}) = \frac{1}{4}$이다. 이때, 사건 $A_k = \{0, k\}$, $k = 1, 2, 3,$를 취하여 $\mathcal{F}_k = \mathcal{F}_{A_k} \equiv \{\emptyset, A_k, A_k^c, \Omega\}$로 하면 $\{\mathcal{F}_k\}_{k=1,2,3}$는 쌍으로 독립이지만 독립은 아니다.

3.5. 결론을 말하려면 임의의 $A_1, A_2, \ldots, A_n \in \mathcal{B}(\mathbb{R})$에 대하여

$$P(X_k \in A_k, k = 1, \ldots, n) = \prod_{k=1}^{n} P(X_k \in A_k) \qquad (\star)$$

가 성립함을 보이면 된다. 그런데 주어진 조건으로부터 ($\star$)는 임의의 $A_1, A_2, \ldots, A_n \in \mathcal{P}$에 대하여 성립한다. 단, $\mathcal{P}$는 $\mathbb{R}$의 닫힌구간 전체: $\mathcal{P} = \{[a,b],[a,\infty),(-\infty,b]; -\infty < a \leq b < \infty\} \cup \{\emptyset, \mathbb{R}\}$이다. ($\star$)를 보이기 위해 i에 관하여 귀납법을 이용하여 「($\star$)가 임의의 $A_1, \ldots, A_{i-1} \in \mathcal{B}(\mathbb{R}), A_i, \ldots, A_n \in \mathcal{P}$에 대하여 성립하면 ($\star$)는 임의의 $A_1, \ldots, A_i \in \mathcal{B}(\mathbb{R}), A_{i+1}, \ldots, A_n \in \mathcal{P}$에 대하여 성립하는」 것을 보이면 충분하다. 이미 주의한 바와 같이 $i = 1$일 때는 ($\star$)가 성립한다. 그러므로 i까지 성립한다고 하자. 즉, ($\star$)가 $A_1, \ldots, A_{i-1} \in \mathcal{B}(\mathbb{R}), A_i, \ldots, A_n \in \mathcal{P}$에 대하여 말할 수 있다고 하자. 이때, $A_1, \ldots, A_{i-1} \in \mathcal{B}(\mathbb{R}), A_{i+1}, \ldots, A_n \in \mathcal{P}$을 임의로 취하여 고정하자. 그 위에서 $\mathcal{L} = \{A_i \subset \mathbb{R}; (\star)\text{가 성립}\}$으로 두면 귀납법의 가정으로부터 $\mathcal{P} \subset \mathcal{L}$이고 $\mathcal{L}$은 λ-계이다. 그런데 $\mathcal{P}$는 π-계이므로 정리 A.2로부터 $\sigma(\mathcal{P}) = \mathcal{B}(\mathbb{R}) \subset \mathcal{L}$을 얻고 $i+1$일때도 성립하는 것을 알 수 있다.

3.6. 세 조건 $P(X > 0) > 0, P(X < 0) > 0, P(X = 0) = 0$을 만족하는 확률변수 X와 임의로 취한 $Y = \mathrm{sgn} X$로 두자. 이때, $Y^2 \equiv 1$ $(a.s.)$이므로 X^2과 Y^2은 독립이다(X와 Y^2도 독립). 그러나,

$$P(X > 0, Y = 1) = P(X > 0) \neq P(X > 0)^2 = P(X > 0)P(Y = 1)$$

이므로 X와 Y는 독립이 아니다.

3.7. 임의의 $A \in \mathcal{B}(\mathbb{R}^i)$, $A_{i+1}, \ldots, A_n \in \mathcal{B}(\mathbb{R})$에 대하여

$$\begin{aligned} &P(X \in A, X_{i+1} \in A_{i+1}, \ldots, X_n \in A_n) \\ &= P(X \in A)P(X_{i+1} \in A_{i+1}) \cdots P(X_n \in A_n) \qquad (\star) \end{aligned}$$

을 보이면 된다. 그리하여 $A_{i+1}, \ldots, A_n$을 고정하고 집합족 $\mathcal{L} = \{A \subset \mathbb{R}^i; (\star)\text{가 성립}\}$을 생각하자. 이때, $\mathcal{L}$은 $\mathbb{R}^i$의 λ-계이다. 또, $\mathcal{P} = \{A_1 \times \cdots \times A_i; A_k \in \mathcal{B}(\mathbb{R}), k = 1, \ldots, i\}$로 취하면 $\mathcal{P}$는 π-계로 $\mathcal{P} \subset \mathcal{L}$을 만족한다. 따라서 정리 A.2로부터 $\sigma(\mathcal{P}) = \mathcal{B}(\mathbb{R}^i) \subset \mathcal{L}$임을 알고 ($\star$)가 임의의 $A \in \mathcal{B}(\mathbb{R}^i)$에 대하여 성립함을 증명하였다.

3.8. 연습문제 3.3의 두 개의 해답 예에서 $X_k = 1_{A_k}, k = 1, 2, 3,$로 취하면 $(X_k)_{k=1,2,3}$는 참고 3.18의 조건을 $n = 3$에 대해 만족하나 독립이 아니다.

$n = 2$인 경우를 생각하자. 예를 들어, 확률공간 $(\Omega, \mathcal{F}, P) = \big((0,1), \mathcal{B}((0,1)), m\big)$($m$은 르베그 측도) 위의 확률변수 X_1, X_2를 각각 $X_1 = 2\,(\omega \in (0, \frac{1}{2})), 0\,(\omega \in [\frac{1}{2}, 1))$; $X_2 = 1\,(\omega \in (0, \frac{1}{2})), 4x - 2\,(\omega \in [\frac{1}{2}, 1))$로 정의하면 $E[X_1 X_2] = E[X_1] = E[X_2] = 1$이지만

$$P(X_1 = 2, X_2 = 1) = \frac{1}{2} \neq P(X_1 = 2)P(X_2 = 1) = \frac{1}{4}$$

이므로 X_1과 X_2는 독립이 아니다. 또는, X_1, X_2는 모두 $\{-1,0,1\}$의 세 개의 값을 취하는 확률변수로 $(X_1,X_2) = (1,0),(-1,0),(0,1),(0,-1)$의 확률이 각각 $\frac{1}{4}$이고 그밖의 경우의 확률은 0이라고 하자. 이때, $E[X_1X_2] = E[X_1] = E[X_2] = 0$이지만

$$P(X_1 = 1, X_2 = 1) = 0 \neq P(X_1 = 1)P(X_2 = 1) = \frac{1}{16}$$

이므로 X_1과 X_2는 독립이 아니다.

마지막으로 X_1과 X_2가 모두 기껏해야 두 개의 값밖에 취하지 않는 경우를 생각하자 (한쪽이 단지 한 개의 값만을 취하는 경우는 X_1과 X_2는 명백하게 독립이므로 둘 다 정확히 두 개의 값을 취한다고 해도 된다). 필요하다면 X_1과 X_2의 1차 변환을 생각해서 취하는 값은 $\{0,1\}$이라고 해도 일반성을 잃지 않는다. 이 경우, 주어진 조건으로부터

$$P(X_1 = 1, X_2 = 1) = E[X_1X_2] = E[X_1]E[X_2] = P(X_1 = 1)P(X_2 = 1)$$

을 얻고 이것으로부터 X_1과 X_2의 독립성을 알 수 있다.

3.9. $S = \{0,1\}, p(\{1\}) = p, p(\{0\}) = 1 - p$로 베르누이 시행 $\Omega = S^n$을 만들어 확률변수 $X_k(\omega) = \omega_k, \omega = (\omega_1, \omega_2, \ldots, \omega_n) \in \Omega$를 생각하면 보기 3.21로부터 $X = \sum_{k=1}^n X_k (= \sum_{k=1}^n 1_{\{\omega_k = 1\}})$는 이항분포를 따른다. 이것에 유의하여 보여라.

3.10. 결론을 말하기 위해 임의의 유계인 보렐 가측함수 $g : \mathbb{R} \to \mathbb{R}$에 대하여

$$E[f(X,Y)g(X)] = E[F(X)g(X)] \qquad (\star)$$

가 성립하는 것을 말하면 충분하다. 그러므로 먼저 함수 f가 $f(x,y) = \varphi(x)\psi(y)$의 형태일 때를 생각하자. 이 경우 (좌변)$= E[\varphi(X)\psi(Y)g(X)] = E[\varphi(X)g(X)]E[\psi(Y)]$. 한편, $F(x) = \varphi(x)E[\psi(Y)]$에 유의하면 (우변)$= E[\varphi(X)g(X)]E[\psi(Y)]$이다. 따라서 $(\star)$가 성립한다. 등식 $(\star)$는 f가 이러한 형태의 함수에 대한 1차 결합의 경우: $f(x,y) = \sum_{j=1}^n \varphi_j(x)\psi_j(y)$에 쉽게 확장 가능하다. 일반적인 f는 그러한 함수로 근사 가능하므로 극한 조작을 실행하여 $(\star)$를 증명할 수 있다.

3.11. 임의의 $Z \in L^2_{\mathcal{G}}$를 취하여 $X = E[Y|\mathcal{G}] - Z$로 두자. 이때, $X \in L^2_{\mathcal{G}}$이므로 (3.8)로부터

$$\begin{aligned} E[(Y-Z)^2] &= E\left[\left(Y - E[Y|\mathcal{G}] + X\right)^2\right] \\ &= E\left[\left(Y - E[Y|\mathcal{G}]\right)^2\right] + E[X^2] \geq E\left[\left(Y - E[Y|\mathcal{G}]\right)^2\right] \end{aligned}$$

을 알 수 있다.

제 4장

4.1. ε–δ 논법을 쓰면 쉽다. 실제로 임의의 $\varepsilon > 0$에 대하여 $k_0 \in \mathbb{N}$가 존재하여 $k \geq k_0 \Longrightarrow |a_k| \leq \varepsilon$이 된다. 따라서 $n \geq k_0$일 때

$$\frac{1}{n}\sum_{k=1}^{n} a_k = \frac{1}{n}\sum_{k=1}^{k_0-1} a_k + \frac{1}{n}\sum_{k=k_0}^{n} a_k$$

로 분해하면 좌변에서 |제 2항| $\leq \varepsilon$이고, 한편 제 1항은 $n \to \infty$일 때 0에 수렴하므로 결론을 말할 수 있다.

4.2. 두렛 [13] Chapter 1, (8.1)(2판에서는 (8.5))을 참조하라.

4.3. $k = 1, 2, \ldots, \ell$에 대하여 $\sigma_{\ell,k}$를

$$\sigma_{\ell,k} = \min\{n \geq 1; \sharp\{X_1, X_2, \ldots, X_n\} = k\}$$

로 정하면 $\sigma_{\ell,1} = 1$이고 $\{\sigma_{\ell,k} - \sigma_{\ell,k-1}\}_{k=2,3,\ldots,\ell}$는 독립이고 각각 매개변수 $\frac{\ell-k+1}{\ell}$을 가진 기하분포를 따르는 확률변수이다. 단, $\sharp\{\cdots\}$는 집합 $\{\cdots\}$의 점의 개수를 나타낸다. 따라서 $\tau_\ell = \sigma_{\ell,\ell}$에 유의하면 연습문제 2.8로부터

$$E[\tau_\ell] = \sum_{k=1}^{\ell} \frac{\ell}{\ell-k+1} = \ell \sum_{k=1}^{\ell} \frac{1}{k} \sim \ell \log \ell$$

$$\mathrm{Var}(\tau_\ell) = \sum_{k=1}^{\ell} \frac{k-1}{\ell} \cdot \left(\frac{\ell}{\ell-k+1}\right)^2 = \ell \sum_{k=1}^{\ell} \frac{\ell-k}{k^2} \leq \ell^2 \sum_{k=1}^{\infty} \frac{1}{k^2} = \frac{\pi^2}{6}\ell^2$$

이므로

$$\mathrm{Var}\left(\frac{\tau_\ell}{E[\tau_\ell]}\right) = \frac{\mathrm{Var}(\tau_\ell)}{E[\tau_\ell]^2} \longrightarrow 0$$

을 알 수 있다.

4.4. 각각 「$\omega \in \limsup_{n\to\infty} A_n \Longleftrightarrow \omega$는 무한개의 A_n에 들어감 $\Longleftrightarrow \limsup_{n\to\infty} 1_{A_n}(\omega) = 1$」, 「$\omega \in \liminf_{n\to\infty} A_n \Longleftrightarrow \sharp\{n; \omega \notin A_n\} < \infty \Longleftrightarrow \liminf_{n\to\infty} 1_{A_n}(\omega) = 1$」에 유의하면 된다.

4.5. 제 1 부등식은 연습문제 4.4와 파토우의 보조정리로부터 보일 수 있다:

$$P\left(\liminf_{n\to\infty} A_n\right) = E\left[\liminf_{n\to\infty} 1_{A_n}\right] \leq \liminf_{n\to\infty} E\left[1_{A_n}\right] = \liminf_{n\to\infty} P(A_n).$$

제 2 부등식은 여집합을 취하면 제 1 부등식에 귀착한다.

4.6. 예를 들어 $(\Omega, \mathcal{F}, P) = \Big((0,1), \mathcal{B}((0,1)), m\Big)$($m$은 르베그 측도)이고 $A_n = \left(0, \frac{1}{n}\right)$로 취하면 $\limsup_{n\to\infty} A_n = \emptyset$이므로 $P\left(\limsup_{n\to\infty} A_n\right) = 0$이다. 그러나 $\sum_{n=1}^{\infty} P(A_n) = \infty$.

4.7. 정리 3.23(의 증명)으로부터 $X_n(\omega) = \omega_n$, $\omega = (\omega_1, \omega_2, \ldots) \in \mathbb{R}^{\mathbb{N}}$, $n = 1, 2, \ldots,$ 으로 취하면 $(X_n)_{n=1,2,\ldots}$ 은 확률측도 P^a 아래 *i.i.d.*로 각각의 분포는 μ^a 이다. $f : \mathbb{R} \to \mathbb{R}$를 유계인 보렐 가측함수로 하고

$$\Omega^a = \left\{ \omega \in \mathbb{R}^{\mathbb{N}}; \lim_{n\to\infty} \frac{1}{n} \sum_{k=1}^{n} f(\omega_k) = \int_{\mathbb{R}} f(x)\mu^a(dx) \right\}$$

로 취하면 P^a 아래 $(f(\omega_n))_{n=1,2,\ldots}$ 은 *i.i.d.*(게다가 유계)이므로 큰 수의 강법칙(정리 4.10)에 의해 $P^a(\Omega^a) = 1$ 이다. 특히, $\mu^0 = \mu$ 이므로 $P(\Omega^0) = 1$ 이다. 그런데 $a \neq 0$ 일 때 f를 적당히 취하면 $\int_{\mathbb{R}} f(x)\mu^a(dx) \neq \int_{\mathbb{R}} f(x)\mu(dx)$가 가능하다(만약 임의의 f에 대하여 적분이 같으면 $\mu^a = \mu$가 되지만 $\mathbb{R}$ 위의 확률측도에 대해서는 그러한 것은 존재하지 않는다). 이때, $\Omega^a \cap \Omega^0 = \emptyset$이므로 P와 P^a는 서로 특이임을 알 수 있다.

제 5장

5.1. 예를 들어, $f(x) = \cos \pi x$로 취하면 $f \in C_b(\mathbb{R})$이지만 $\int_{\mathbb{R}} f(x)\delta_n(dx) = f(n) = (-1)^n$ 은 $n \to \infty$일 때 수렴하지 않는다. 그러나, $f \in C_0(\mathbb{R})$이면 $\lim_{n\to\infty} f(n) = 0$이 되기 때문에 δ_n은 0–측도에 막연히 수렴함을 알 수 있다.

5.2. $x \in \mathbb{R}$에 대하여

$$\begin{aligned} \lim_{\varepsilon\downarrow 0} F(x+\varepsilon) &= \lim_{\varepsilon\downarrow 0} \inf\left\{\tilde{F}(y); y \in \mathbb{Q}, y > x + \varepsilon\right\} \\ &= \inf\left\{\tilde{F}(y); y \in \mathbb{Q}, y > x\right\} = F(x) \end{aligned}$$

이므로 F는 우연속이다.

5.3. 임의의 $\varepsilon > 0$에 대하여 콤팩트 집합 K가 존재하여 $\mu(K) > 1 - \varepsilon$이 된다. (5.22)에서 $A = S$로 취하면 된다. 그런데 K'을 $K \subset (K')^\circ$을 만족하는 집합으로 취하면 $1_{K'} \geq f \geq 1_K$ 이 되게 하는 함수 $f \in C_0(S)$를 취할 수 있다. 따라서 $n \to \infty$일 때

$$\mu_n(K') \geq \int_S f(x)\mu_n(dx) \longrightarrow \int_S f(x)\mu(dx) \geq \mu(K) \geq 1 - \varepsilon$$

이 된다. 적분의 수렴은 μ_n이 μ에 막연히 수렴하는 것을 이용하였다. 이것으로부터 $(\mu_n)_n$이 긴밀함을 알 수 있다.

5.4. $m \in \mathbb{Z}$에 대하여 $e^{2\pi imx}$는 $\mathbb{R}$ 위에서 주기 1인 주기함수이므로

$$E\left[e^{2\pi imY_n}\right] = E\left[e^{2\pi im\sum_{k=1}^{n} X_k}\right] = \prod_{k=1}^{n} E\left[e^{2\pi imX_k}\right]$$
$$= \left(\int_{\mathbb{R}} e^{2\pi imx}\,\mu(dx)\right)^n \underset{n\to\infty}{\longrightarrow} \begin{cases} 0 & (m \neq 0), \\ 1 & (m = 0). \end{cases}$$

이것으로부터 결론을 말할 수 있다.

5.5. 고른분포, 지수분포, 코시 분포, 기하분포의 특성함수는 각각 다음과 같다.

$$\frac{e^{i\xi b} - e^{i\xi a}}{i\xi(b-a)}, \qquad \frac{\lambda}{\lambda - i\xi}, \qquad e^{-|\xi|}, \qquad \frac{p}{1-(1-p)e^{i\xi}}.$$

5.6. $Z = \limsup_{n\to\infty} Z_n \in \mathbb{R}\cup\{\infty\}$ $(a.s.)$로 두면 Z는 $\left(\sigma(X_n)\right)_{n=1,2,\dots}$의 꼬리 집합대수 $\mathcal{T}$에 대하여 가측이므로 콜모고로프의 0–1 법칙이 적용 가능하고 $a.s.$ 로 상수이다. 그러나 만일 $Z \equiv c \in \mathbb{R}$라면 정리 5.24의 결론과 모순이므로 $Z \equiv \infty$ $(a.s.)$이다. 다음, Z_n이 어떤 확률변수 Y에 확률수렴한다고 하자. 이때, 명제 2.49로부터 적당히 부분열 $\{n'\}$을 선택하여 $Z_{n'} \to Y$ $(a.s.)$가 된다. Y는 역시 $\mathcal{T}$–가측이므로 위와 같은 논의로부터 $Y \equiv \infty$ $(a.s.)$가 되고 Z_n이 확률수렴하는 것에 반한다.

5.7. Z_n의 특성함수는 $n \to \infty$일 때

$$\varphi_{Z_n}(\xi) = \prod_{k=1}^{n}\left(1 + p_{n,k}(e^{i\xi} - 1)\right) \longrightarrow \exp\{\lambda(e^{i\xi} - 1)\}, \quad \xi \in \mathbb{R}$$

로 행동한다. 상세한 것은, 예를 들어 두렛(Durrett) [13] 2장, (6.1) 정리 등을 참조하라.

제 6장

6.1. 임의의 $A \in \mathcal{B}(\mathbb{R})$에 대하여 $X^{-1}(A) = \bigcup_{n=1}^{\infty}\left(\{n\} \times X_n^{-1}(A)\right) \in \mathcal{B}(\mathbb{N}) \times \mathcal{F}$가 되어 X는 가측이다. 여기서 $\{n\} \in \mathcal{B}(\mathbb{N}), X_n^{-1}(A) \in \mathcal{F}$가 되는 것을 이용하였다.

6.2. $Y_n = E[X_{n+1}|\mathcal{F}_n] - X_n$으로 두면 (X_n)은 열마팅게일이므로 $Y_n \geq 0$ $(a.s.)$이다. 또, 가정으로부터 $E[Y_n] = 0$이다. 이것으로부터 $Y_n = 0$ $(a.s.)$임을 알 수 있다. 또는, 두브의 분해에서 $E[A_n] = 0$을 얻고, 이것으로부터 $A_n = 0$ $(a.s.)$을 알 수 있다고 해도 된다.

6.3. $E[X_{n+1} \vee Y_{n+1}|\mathcal{F}_n] \geq E[X_{n+1}|\mathcal{F}_n] \geq X_n$ $a.s.$ 이고 마찬가지로 (좌변) $\geq Y_n$ $a.s.$을 만족하므로 (우변) $\geq X_n \vee Y_n$ $a.s.$이다. $X_n \vee Y_n$의 가적분성: $E[|X_n \vee Y_n|] \leq E[|X_n|] + E[|Y_n|] < \infty$에도 주의하라.

6.4. 정리 6.11의 증명의 3단계를 조금 수정하면 된다. 실제로, A가 임의의 사건일 때

$$A \cap \{\sigma \le n\} = \Big[A \cap \{\tau \le \sigma \le n\}\Big] \cup \Big[A \cap \{\tau > \sigma, \sigma \le n\}\Big] \equiv A_1 \cup A_2$$

로 분해된다. 여기서

$$A_1 = \bigcup_{1 \le j \le k \le n} \Big[A \cap \{\tau = j\} \cap \{\sigma = k\}\Big]$$

로 고쳐 쓰면, $A \in \mathcal{F}_\tau$ 이라면 $A \cap \{\tau = j\} \in \mathcal{F}_j \subset \mathcal{F}_n$ 이고 $\{\sigma = k\} \in \mathcal{F}_k \subset \mathcal{F}_n$ 이므로 $A_1 \in \mathcal{F}_n$ 임을 알 수 있다. 한편, $\tau \le \sigma$ *a.s.*와 가정으로부터 $A_2 \subset \{\tau > \sigma\} \in \mathcal{N}$ 이고 $(\mathcal{F}_n)$에 대한 가정으로부터 $A_2 \in \mathcal{F}_1 \subset \mathcal{F}_n$을 말할 수 있다. 그러므로 임의의 $n = 1, 2, \ldots$에 대하여 $A \cap \{\sigma \le n\} \in \mathcal{F}_n$ 을 말할 수 있고 $A \in \mathcal{F}_\sigma$ 임을 알 수 있다.

6.5. 정리 6.9로부터 $\tau \wedge \sigma$는 마르코프시각으로 $\tau \wedge \sigma \le \tau$이고 $\tau \wedge \sigma \le \sigma$이므로 정리 6.11로부터 $\mathcal{F}_{\tau\wedge\sigma} \subset \mathcal{F}_\tau \cap \mathcal{F}_\sigma$ 임을 알 수 있다. 거꾸로 $A \in \mathcal{F}_\tau \cap \mathcal{F}_\sigma$ 라고 하면 임의의 $n = 1, 2, \ldots$에 대하여

$$\begin{aligned} A \cap \{\tau \wedge \sigma \le n\} &= A \cap \Big[\{\tau \le n\} \cup \{\sigma \le n\}\Big] \\ &= \Big[A \cap \{\tau \le n\}\Big] \cup \Big[A \cap \{\sigma \le n\}\Big] \in \mathcal{F}_n \end{aligned}$$

이므로 $A \in \mathcal{F}_{\tau\wedge\sigma}$를 말할 수 있다. 따라서 $\mathcal{F}_{\tau\wedge\sigma} = \mathcal{F}_\tau \cap \mathcal{F}_\sigma$ 이다.

또, 임의의 $n = 1, 2, \ldots$에 대하여

$$\{\tau < \sigma\} \cap \{\sigma \le n\} = \bigcup_{k=2}^{n} \{\tau < k, \sigma = k\} \in \mathcal{F}_n$$

$$\{\tau \le \sigma\} \cap \{\sigma \le n\} = \bigcup_{k=1}^{n} \{\tau \le k, \sigma = k\} \in \mathcal{F}_n$$

이므로 $\{\tau < \sigma\}, \{\tau \le \sigma\} \in \mathcal{F}_\sigma$를 알 수 있다. 이것들의 여집합을 취하면 각각 $\{\tau \ge \sigma\}, \{\tau > \sigma\} \in \mathcal{F}_\sigma$ 이고 τ와 σ를 바꿔 쓰면 $\{\tau \le \sigma\}, \{\tau < \sigma\} \in \mathcal{F}_\tau$를 얻는다. 따라서 $\{\tau < \sigma\}, \{\tau \le \sigma\} \in \mathcal{F}_\tau \cap \mathcal{F}_\sigma$를 보였다. $\{\tau = \sigma\} = \{\tau \le \sigma\} \setminus \{\tau < \sigma\}$에 유의하면 $\{\tau = \sigma\} \in \mathcal{F}_\tau \cap \mathcal{F}_\sigma$도 알 수 있다.

6.6. $n = 2, 3, \ldots$에 대하여

$$\{\tilde{\tau}_A = n\} = \bigcup_{k=1}^{n-1} \{\sigma = k, \tilde{\tau}_A = n\}$$

으로 고쳐 쓰고 보기 6.8-(2)와 마찬가지로 논의하면 된다.

6.7. 먼저 슈바르츠의 부등식을 이용하고, 다음에 명제 6.29로부터 $(M_n^2 - [M]_n)$은 마팅게

일이 되는 것에 주의하여

$$\sup_n E[M_n^+]^2 \le \sup_n E[M_n^2] = \sup_n E\Big[[M]_n\Big] \le \sum_{k=1}^{\infty} E\Big[|M_k - M_{k-1}|^2\Big] < \infty$$

로 평가할 수 있다. 따라서 열마팅게일의 수렴정리(정리 6.24)를 적용할 수 있게 되고 M_n은 $n \to \infty$일 때 어떤 M에 대개 수렴함을 알 수 있다. 또, $m > n$이라고 할 때

$$E\Big[(M_m - M_n)^2\Big] = E\Big[M_m^2\Big] - E\Big[M_n^2\Big] = E\Big[[M]_m - [M]_n\Big] = \sum_{k=n+1}^{m} E\Big[(M_k - M_{k-1})^2\Big] \longrightarrow 0 \quad (n \to \infty)$$

이므로 (M_n)이 $L^2(\Omega) = L^2(\Omega, \mathcal{F}, P)$에서 코시열이 됨을 알 수 있고 M_n은 M에 2차 평균수렴한다. 윗식에서 처음 등호는 (M_n)의 마팅게일성을 이용하였다.

6.8. X_n이 $\mathcal{F}_n$-가측이 되는 것은(귀납적으로 보이면) 명백하다. 또,

$$E[X_{n+1}|\mathcal{F}_n] = \sum_{j=1}^{\infty} 1_{\{X_n=j\}} E\Big[\sum_{k=1}^{j} Y_{n+1,k}|\mathcal{F}_n\Big] = \sum_{j=1}^{\infty} 1_{\{X_n=j\}} j \cdot \lambda = \lambda X_n$$

이므로 $(\lambda^{-n}X_n)$이 마팅게일이 됨을 알 수 있다. 두 번째 등호에서는 $Y_{n+1,k}$와 $\mathcal{F}_n$이 독립임을 이용하였다.

6.9. 먼저, $\lambda < 1$일 때 $P(X_n \ge 1) \le E[X_n] = \lambda^n \to 0$ $(n \to \infty)$이므로 $X_n \to 0$(확률수렴)임을 알 수 있다. 그러나 X_n은 일단 0이 되면 이후 항상 0이므로 결론을 말할 수 있다. 또, $\lambda = 1$일 때는 (X_n)은 마팅게일로 $E[X_n^+] = E[X_n] = 1$이므로 열마팅게일의 수렴정리(정리 6.24)로부터 X_n은 어떤 확률변수 X에 대개 수렴한다. 그러나 X_n이 $\mathbb{Z}_+$-값을 가지는 것에 주의하면 $P(n$이 충분히 클 때 $X_n = X) = 1$임을 알 수 있다. $P(Y_{1,1} = 1) < 1$이면 개체수는 $X = 0$이외의 경우에는 양의 확률로 증가하지 않으면 안 된다. 따라서 결국 $X = 0$ $(a.s.)$이 되는 것을 알 수 있다.

제 7장

7.1. 구하는 $\mathbb{P}$의 조건은 $p_{21} = p_{31}$이다. 또, 이때 $q_{11} = p_{11}$, $q_{12} = p_{12} + p_{13}$, $q_{21} = p_{21}(= p_{31})$, $q_{22} = p_{22} + p_{23}(= p_{32} + p_{33})$이다.

7.2. 보기 7.14에서 생각한 마르코프 연쇄가 점 $0, x$에 도달하는 시각을 각각 $\tau_{\{0\}}, \tau_{\{x\}}$로 나타내면 $\tau = \tau_{\{0\}} \wedge \tau_{\{x\}}$이다. 그런데 보기 7.14로부터 $p \leq q$일 때는 $P_i(\tau_{\{0\}} < \infty) = 1$. 한편, $p > q$일 때는 좌변을 거꾸로 생각하여 $P_i(\tau_{\{x\}} < \infty) = 1$(정확히는 이 경우 $\mathbb{Z} \cap (-\infty, x]$ 위에서 막걸음을 생각하는 것이 된다). 따라서 어느 경우든 $P_i(\tau < \infty) = 1$임을 알 수 있다.

7.3. $\mathbb{P}^6$를 계산해보면 된다. $\mathbb{P}^5$는 성분 가운데 한 군데(즉, (1,3) 성분)가 0이다. 이것은 다섯 걸음에 천이「$1 \to 3$」은 일어나지 않는다는 것을 반영한다. 또, 확률벡터 π에 관하여 1차방정식 $\pi\mathbb{P} = \pi$를 풀어 $\pi = (\frac{1}{5}, \frac{1}{5}, \frac{1}{5}, \frac{2}{5})$가 불변분포가 되는 것을 알 수 있다.

7.4. (1)은 $\{1, 2, 4\}$로부터 $\{3\}$에 이동 가능하지 않으므로 에르고딕이 아니다. (2)는 주기적이서 에르고딕이지 않다. (3)은 에르고딕이다. 실제로 $n \leq 9$에 대하여 $\mathbb{P}^n$은 성분에 0을 포함하지만 $\mathbb{P}^{10}$은 모든 성분이 양이 된다. (3)의 불변분포는 $(\frac{2}{7}, \frac{2}{7}, \frac{1}{7}, \frac{2}{7})$이다.

7.5. $a, b \in \mathbb{Z}$로, a로부터 출발한 단순 막걸음에 대하여 $\tau_{a,b} = \min\{n \geq 1; X_n = b\}$로 두자. 먼저 $E[\tau_{O,1}] = \infty$를 보이자. 실제로 O로부터 출발한 막걸음은 처음에 $\frac{1}{2}$씩 확률로 1 또는 -1에 이동하므로 만일 $E[\tau_{O,1}] < \infty$이면

$$E[\tau_{O,1}] = \frac{1}{2} + \frac{1}{2}\left(1 + E[\tau_{-1,1}]\right)$$

이 성립한다. 그런데 $E[\tau_{-1,1}] = E[\tau_{-1,O}] + E[\tau_{O,1}] = 2E[\tau_{O,1}]$에 유의하면

$$E[\tau_{O,1}] = 1 + E[\tau_{O,1}]$$

을 얻는다. 그러나 $E[\tau_{O,1}] < \infty$일 때 이것은 성립하지 않으므로 모순이다. 결국, $E[\tau_{O,1}] = \infty$가 됨을 알았다. 이제 $E[\tau]$를 구하는 데에는, O로부터 출발한 막걸음은 먼저 $\frac{1}{2}$씩의 확률로 1이나 -1에 이동하므로 1 또는 -1로부터 출발한 막걸음에 대하여 O에 되돌아오는 시간의 기댓값을 계산하면 된다. 그런데 $E[\tau_{1,O}] = E[\tau_{-1,O}] = \infty$이므로 $E[\tau] = \infty$를 말할 수 있다. 이상 결론에는 단순 막걸음(에 관한 기댓값)의 대칭성·평행이동 불변성을 이용한 것에 유의하기 바란다.

7.6. $y \in \mathbb{Z}^3$에 대하여 $q_y = 1 - \frac{3}{d}$ ($|y| = 0$일 때), $\frac{1}{2d}$ ($|y| = 1$일 때), 0 ($|y| \neq 0, 1$일 때)로 두면 (Y_n)은 추이 확률 $(q_y)_{y \in \mathbb{Z}^3}$를 가지고 원점에서 출발하는 $\mathbb{Z}^3$ 위의 막걸음이 된다. 이것에 유의하여 (Y_n)의 공간적 고름성과 강마르코프성을 이용하면 된다.

7.7. $(\bar{B}_t)_{t \geq 0}$가 정의 7.33의 세 조건을 만족하는 것을 보이면 된다. 조건 1), 2)는 명백하다. 또, 조건 3)의 독립성도 명백하다. 다음 X가 평균값 0, 분산 t/c^2의 정규분포를 따르는 확률변수라면 cX는 평균값 0, 분산 t의 정규분포를 따르는 것에 유의하면 된다.

7.8. S가 지수분포를 따르면

$$P(S \geq s+t|S \geq s) = \frac{P(S \geq s+t)}{P(S \geq s)} = \frac{e^{-\lambda(s+t)}}{e^{-\lambda s}} = e^{-\lambda t} = P(S \geq t)$$

이다. 거꾸로, S가 무기억성을 가지면 $\varphi(t) = P(S \geq t)$는 $\varphi(s+t) = \varphi(s)\varphi(t)$를 만족한다. 이것으로부터 φ가 지수함수가 됨을 알 수 있다(φ가 t에 대하여 단조감소하는 것에 유의하라).

부록

A.1. 「$\Omega \in \mathcal{A}$」と「$A \in \mathcal{A} \Longrightarrow A^c = \Omega \setminus A \in \mathcal{A}$」는 $\mathcal{A}$가 λ-계이므로 명백하다. 다음 「$A_n \in \mathcal{A}, n = 1,2,\ldots \Longrightarrow \bigcup_{n=1}^{\infty} A_n \in \mathcal{A}$」를 말하면 된다. 그를 위해 먼저, $A, B \in \mathcal{A} \Longrightarrow A^c, B^c \in \mathcal{A} \Longrightarrow A^c \cap B^c \in \mathcal{A} \Longrightarrow A \cup B = (A^c \cap B^c)^c \in \mathcal{A}$, 즉 「$A, B \in \mathcal{A} \Longrightarrow A \cup B \in \mathcal{A}$」에 유의하자($\mathcal{A}$가 π-계가 되는 것을 이용하였다). 이제 $A_n \in \mathcal{A}, n = 1,2,\ldots$라고 하면 위의 주의로부터 $\bigcup_{n=1}^{N} A_n \in \mathcal{A}$이지만, 이 집합은 $N \to \infty$일 때 단조로 $\bigcup_{n=1}^{\infty} A_n$에 가까워지지만 $\mathcal{A}$는 λ-계이므로 $\bigcup_{n=1}^{\infty} A_n \in \mathcal{A}$임을 알 수 있다.

A.2. $A \in \mathcal{L}$이므로 「$\Omega \in \mathcal{G}$」이다. 다음, 「$B, C \in \mathcal{G}$이고 $C \subset B \Longrightarrow B \setminus C \in \mathcal{G}$」를 말하자. 실제로 이 경우 $A \cap (B \setminus C) = (A \cap B) \setminus (A \cap C) \in \mathcal{L}$이므로 $B \setminus C \in \mathcal{G}$임을 알 수 있다. 마지막으로 「$B_n \in \mathcal{G} \nearrow B \Longrightarrow B \in \mathcal{G}$」를 말하면 된다. 그러나, $(A \cap B_n) \in \mathcal{L} \nearrow A \cap B$이므로 $A \cap B \in \mathcal{L}$를 알 수 있고 $B \in \mathcal{G}$를 보인다.

A.3. $\Omega = \{1,2,3,4\}, \mathcal{P} = \Big\{\{1,2\},\{1,3\}\Big\}$이라고 하자. 이때 $\sigma(\mathcal{P}) = \{\Omega$의 부분집합 전체$\}$이지만 $\mathcal{P}$는 π-계가 아니다. $0 \leq \alpha \leq \frac{1}{2}$에 대하여 Ω 위의 확률측도 $\mu \equiv \mu^{\alpha}$를

$$\mu(\{1\}) = \mu(\{4\}) = \alpha, \quad \mu(\{2\}) = \mu(\{3\}) = \frac{1}{2} - \alpha$$

로 정하면 α가 다를 때 μ^{α}는 $\mathcal{P}$ 위에서는 일치하나 Ω 위의 확률측도로서는 다른 것이 된다.

참고 문헌

[1] A.N. 콜모고로프, 확률론의 기초개념 (제 2판), 도쿄도서, 1975 (네모토 신지 역, 원저 제 1판 1933, 제 2판 1974).

[2] H. 르베그, 적분·길이 및 면적, 교리츠출판, 1969 (요시다 코사쿠, 마츠바라 미노루 역, 원저 1902).

[3] 야지마 켄지, 르베그적분과 함수 해석, 본강좌, 아사쿠라서점, 2002.

[4] 이토 키요시, 이와나미 서점, 1953.

[5] 니시오 마키코, 확률론, 지쿄출판, 1978.

[6] Ya.G. 시나이, 확률론 입문 코스, Springer Verlag Tokyo, 1995 (모리 마코토 역, 원저 1985).

[7] 고타니 신이치, 측도와 확률 1, 2, 이와나미 서점, 1997.

[8] 후쿠시마 마사토시, 확률론, 쇼카보, 1998.

[9] 후나키 타다히사, 확률미분방정식, 이와나미 서점, 1997.

[10] I. 카라자스 슈레브, 브라운 운동과 확률적분, Springer Verlag Tokyo, 2001 (와타나베 히사오 역, 원저 제 1판 1988, 제 2판 1991).

[11] J.W. Lamperti, Probability, A Survey of the Mathematical Theory (2nd edition), Wiley, 1996.

[12] S.R.S. Varadhan, Probability Theory, Courant Lecture Notes in Mathematics, American Mathematical Society, 2001.

[13] R. Durrett, Probability: Theory and Examples, Wadsworth, 1991 (2nd edition, Duxbury Press, 1996).

[14] J.R. Norris, Markov Chains, Cambridge University Press, 1997.

[15] P. Billingsley, Convergence of Probability Measures (2nd edition), Wiley, 1999.

[16] C. Dellacherie and P.-A. Meyer, Probabilités et Potentiel, 2 vols, Herman, 1975–80 (영역 Probabilities and Potential).

[17] D.W. Stroock and S.R.S. Varadhan, Multidimensional Diffusion Processes, Springer, 1979.

[18] N. Ikeda and S. Watanabe, Stochastic Differential Equations and Diffusion Processes (2nd edition), Kodansha/North–Holland, 1989.

찾아보기

확률론

지은이 舟木直久(Tadahisa Funaki)
옮긴이 유현재
펴낸이 조경희
펴낸곳 경문사
펴낸날 2025년 3월 4일 1판 1쇄
등 록 1979년 11월 9일 제1979-000023호
주 소 04057, 서울특별시 마포구 와우산로 174
전 화 (02)332-2004 팩스 (02)336-5193
이메일 kyungmoon@kyungmoon.com

값 23,000원

ISBN 979-11-6073-747-9